新訂　ステップアップのための

一級小型船舶操縦士
試験問題　【模範解答と解説】

改訂増補版

海事補佐人
海事代理士　片寄洋一
富山高等専門学校
校長　國枝佳明
共著

成 山 堂 書 店

本書の利用にあたって

本書で用いている練習用海図 W150, W200 は，一般財団法人 日本水路協会の許可を得て，使用しています。

利用許諾：(一財) 日本水路協会承諾第 250102 号

海上保安庁許可第 242509 号（水路業務法第 25 条に基づく類似刊行物）

© (一財) 日本水路協会 2013

【練習用海図使用上の注意点】

練習用海図（W150, W200）は，小型船舶操縦士試験受験者用に調整されたものです。

最新の海図上の潮位記号の記載方法や海図図式とは，異なる場合があります。

【航海上の海図使用の注意点】

実際の航海では，海上保安庁刊行物を常に適切な最大縮尺で使用し，更新を維持してください。

海図上では，浅瀬などの周辺には他にも未発見の浅瀬などが存在することがあり得るので，十分注意してください。

海図に記載されている灯台の光達距離は，実効光度などを用いた名目的光達距離です。

本書に用いている学科試験問題は，一般財団法人 日本海洋レジャー安全・振興協会の許可を得て，使用しています。

MP001　©2023（一財）日本海洋レジャー安全・振興協会

改訂増補版発行にあたって

本書は2006年の初版から皆様にご活用いただき，おかげさまで数年おきに版を重ねてきました。このたびの改訂増補版発行にあたっては全体の内容を見直し，下記の点を改訂しました。

1　収録問題を見直し，新しい問題を加えました。

2　すべての解答に解説を加えました。

3　解説のための図や写真を追加しました。

4　難しい表現をできるだけわかりやすく改めました。

海上保安庁が発表した2022年における海難の発生状況によると，小型船舶が全体の74%，そのうちプレジャーボートが最も多く，50%を占めています。中でもプレジャーボート海難では，機関故障による運航不能が全体の21%と最も多くなっています。これらは，定期的な点検整備と発航前検査を実施することで未然に防止できる可能性がある海難です。

海は広く，自然の美しさを楽しめ，癒しとリラクゼーションを提供するとともに皆さんの冒険心をくすぐるアクティビティをも提供してくれます。本書を活用していただき，海を知り，船を学んでいただき，無限の可能性と魅力溢れる海を堪能ください。試験を受ける読者の皆様は，本書を参考にしていただいて楽しく学ぶとともに海や船の面白さにも触れていただければ幸いです。

2024年2月

片寄洋一・國枝佳明

はじめに

本書は，二級（旧四級）小型船舶操縦士免許受有者が一級小型船舶操縦士を受験するための既出問題（平成18年4月以降に出題された），類似問題の解説･考え方を実践的にまとめています。

小型船舶操縦士の免許は，エンジンを搭載した小型船舶（総トン数20トン未満の船舶）を操縦するために必要な資格です。モーターボート，水上オートバイ，エンジン付きクルーザーヨット等を操縦するための免許ですが，船舶の種類，大きさ，航行区域によって免許（資格）が異なります。

小型船舶操縦士免許の種類

一級小型船舶操縦士：総トン数20トン未満の船舶（水上オートバイを除く）で，全ての海域を航行できる外洋免許。

二級小型船舶操縦士：総トン数20トン未満の船舶（水上オートバイを除く）で，平水区域と海岸線から5海里以内の海域を航行できる沿岸免許。

二級小型船舶操縦士（湖川小出力限定）：航行区域が湖川に限定，エンジン出力を15kw（約20馬力）未満に限定する免許。

特殊小型船舶操縦士：水上オートバイ専用の操縦免許。

ステップアップ（進級）時等の試験免除措置の拡大

平成15年6月の法律改正により，試験制度の合理化が図られ，進級時や総トン数の限定等の試験の免除が拡大されました。

ステップアップ（進級：プロモーションシステム）について

二級（旧四級）小型船舶操縦士免許受有者が，一級小型船舶操縦士試験を受験する場合，身体検査と学科試験の上級科目（上級運航Ⅰ，8問，上級運航Ⅱ，6問，計14問）のみとなり，実技試験は免除されます。

小型船舶操縦士免許証の未取得者は，学科試験を全て受験する必要があります。

二級（旧四級）から一級へのステップアップの場合

⑴　実技試験：免除

⑵　学科試験：①　操縦者の心得及び遵守事項・・・免除

②　交通の方法　　　　　　　・・・免除

③　運航　　　　　　　　　　・・・免除

④　上級運航Ⅰ　　　　　　　・・・必要

⑤　上級運航Ⅱ　　　　　　　・・・必要

⑶　合格基準：④が 8 問中 4 問以上正解，⑤が 6 問中 3 問以上正解，かつ④＋⑤が 10 問以上正解であること。

身体検査

視力：両眼とも 0.5 以上（矯正可）。

弁色力（色覚）：夜間において船舶の灯火の色が識別できること（赤，緑，白の灯火の識別の検査）。

聴力：5m の距離で話声語（普通の大きさの話声語）が聴取できること（補聴器の使用可）。

疾病及び身体機能の障害：軽症で小型船舶操縦士の業務に支障をきたさないと認められること。

一級小型船舶操縦士　試験科目　　（一財）日本海洋レジャー安全・振興協会

試験科目		試験科目の細目	問
上級運航Ⅰ	航海計画	全航程の距離と所要時間（海図使用）	51
		船位の測定（海図使用）	52
		潮流航法（海図使用）	53
		航海計画に関する注意事項・航海中の注意事項・航海計器・救命設備・通信設備	54
	気象・海象	気象予測・潮流・海流	55
		潮汐	56
	荒天航法	荒天航法・台風避航	57
	海難防止	海難事例	58
上級運航Ⅱ	機関の保守・整備	燃料消費・航続距離・ディーゼルエンジン及びガソリンエンジンの基本・安全装置	59
		燃料油系統・潤滑油系統	60
		冷却水系統・電気系統	61
		動力伝達系統	62
	機関故障時の対処	始動不良・停止・オーバーヒート	63
		異常な振動・臭気・異音	64

目　　次

上級運航 I

海図の読み方

海図に関する問題は，航海計画，船位の測定，潮流航法の３題が出題されます。そのため，海図を読む基礎知識が必要となります。

試験で使用する海図は，沿岸航海に使用する海図で，陸岸の細部が詳しく描かれた「海岸図」です。

海図には，W150，W200 海図の２種類があり，試験時には両面にそれぞれ W150，W200 が印刷された海図が配布されます。

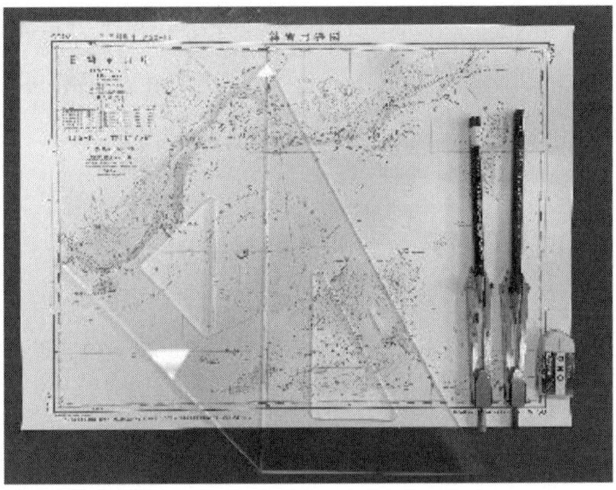

準備するもの

① 練習用海図　W150，W200
② デバイダ　１本
③ 大きめの三角定規　１組
④ コンパス　１本
⑤ 鉛筆：B 又は 2B，きれいに削っておく
⑥ 良質な消しゴム（プラスチック消しゴムなど）
注：受験時には，上記の用具を持参すること（ルーペは使用可，計算機は使用不可）。

海図の基礎知識

地球上の位置を数値的に表現する方法の一つです。

緯度は赤道を 0° とし，南北へそれぞれ 90° まで表します。北緯 90°，南緯 90° は，それぞれ北極と南極です。

北半球を北緯（N），南半球を南緯（S）で表します。

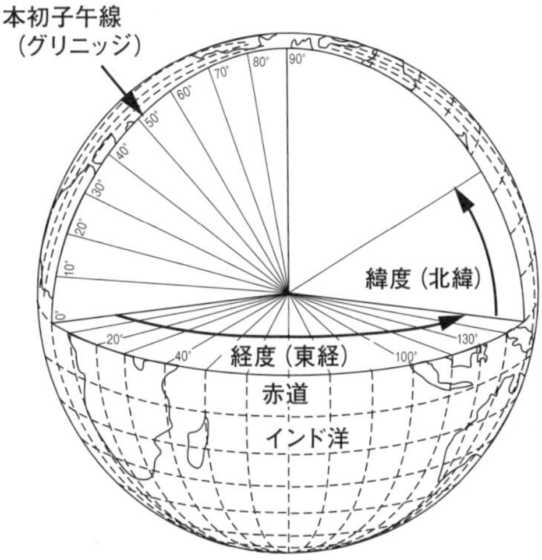

緯度と経度（(9)を一部改変）

経度はその地点と北極・南極を通る大円と本初子午線（国際基準子午線：旧グリニッジ天文台付近）を通る大円とのなす角度で表されます。

度，分，秒と海里の換算

緯度は，赤道（0度）から極（90度）までの角度で，同じ角度を地表上に引いた線を緯線（緯度線）と言います。

- 1°（度）を60等分すると1′（分），更に60等分すると1″（秒）となります。
- 緯度1°（度）＝60′（分）＝60海里（miles）≒111km
- 緯度1′（分）＝60″（秒）＝1海里（mile）＝1,852m＝10ケーブル（cables）
- 緯度1″（秒）
- 海里（マイル：mile）：地球中心角1分に対する子午線の弧の長さを1海里と言い，国際的に1,852mと定められており，1海里の1/10を1ケーブル（cable）と言います。

船の速力の計算

- 緯度1°（度）＝緯度60′（分）＝60海里（マイル）
- 緯度1′（分）＝1海里（マイル）＝1,852m
- 1ノット（knot）=1,852m/h（時速）

航海

① 針路

船首が向いている方向を「針路（コンパスコース）」と言います。小型船の大半は，磁気コンパスを使用しているので，「磁針路（マグネティック・コンパスコース）」と言います。

② 実航針路

針路を定めて航行しても，海上では海潮流や風の影響を受けて実際の進路が異なる（流される）状況が生ずる場合があります。実際に進んだ方位を実航針路，又は対地針路と言います。

船位を海図上に記入し，磁針路との差を確認して修正する必要があります。

海図のコンパス図

① 海図にはコンパス図（コンパスローズ）が記入されています。コンパス図に☆印のある外側の円は，縦の線が真子午線で，☆印が真北を指しています。これを基点として右回りに真方位目盛りが度数（360°）で記入されています。

② 内側の円は，磁北の北（矢印）を0°として右回りに磁針方位目盛りが度数（360°）で記入されています。磁気コンパスで方位を測定するため，磁針方位は内側の円を用いて記入します。

航 海 計 画

問 51　全航程の距離と所要時間

全航程の距離と所要時間

問51-1　次のような航海計画を立案した。全航程を 16 ノットで航行し，D 点に 16 時 00 分に到着するには, A 点を何時何分頃に出航すればよいか？下のうちから選べ。ただし，風や海潮流の影響はないものとする。（試験用海図 W150 使用）

出航点 A：馬島南東方海域　馬島南東端灯台（Fl.15s）を磁針方位 339°，中島灯台（Fl.10s）を磁針方位 245° に見る地点から磁針路 220° で航行

第一変針点 B：中島灯台を右舷正横に見る地点で磁針路 260° に変針

第二変針点 C：大島北側の白埼灯台を左舷正横に見る地点で変針

到着点 D：弁天島北方海域 30° -03.6′ N，134° -53.4′ E

(1)　13 時 45 分頃　(2)　14 時 05 分頃　(3)　14 時 25 分頃　(4)　14 時 45 分頃

作図の手順

① 試験用海図 W150 の中央にコンパス図があります。外側のコンパスは上に☆印があり，真北（0°）を指しています。内側のコンパス図は左に約 6 度（5° 40′）傾いており，矢印が磁北（0°）を指しています。

≪出発点 A の記入≫

② 左手に二等辺三角形定規，右手に直角三角定規を持って，内側の磁針方位を用いて，定規をコンパス図の中心点を通るようにして磁針方位 339° に合わせます。（反対側は 159° に合わせ，3 点を合わせて正確を期します。）

③ 馬島南東端灯台はコンパス図から離れているので，右手の直角三角定規の方位がずれないように，左手の二等辺三角定規の位置を工夫して固定しながら平行移動させます。馬島南東端灯台から 159°（339° の反方位）の線を引きます。

④　同様に中島灯台から 065°（245° の反方位）の線を引きます。

⑤　③と④の線の交点が出航点 A 点となります。

≪出航点 A から第一変針点 B ≫

⑥　A 点から磁針路 220° の線を引きます。

⑦　中島灯台から 130°（220° − 90° の方位）の線を引き，⑥の 220° の線との交点を第一変針点 B とします。

≪第一変針点 B から第二変針点 C ≫

⑧　第一変針点 B から磁針路 260° の線を引きます。

⑨　大島北側の白埼灯台から 350°（260° + 90°）の線を引き，⑧の 260° の線との交点を第二変針点 C とします。

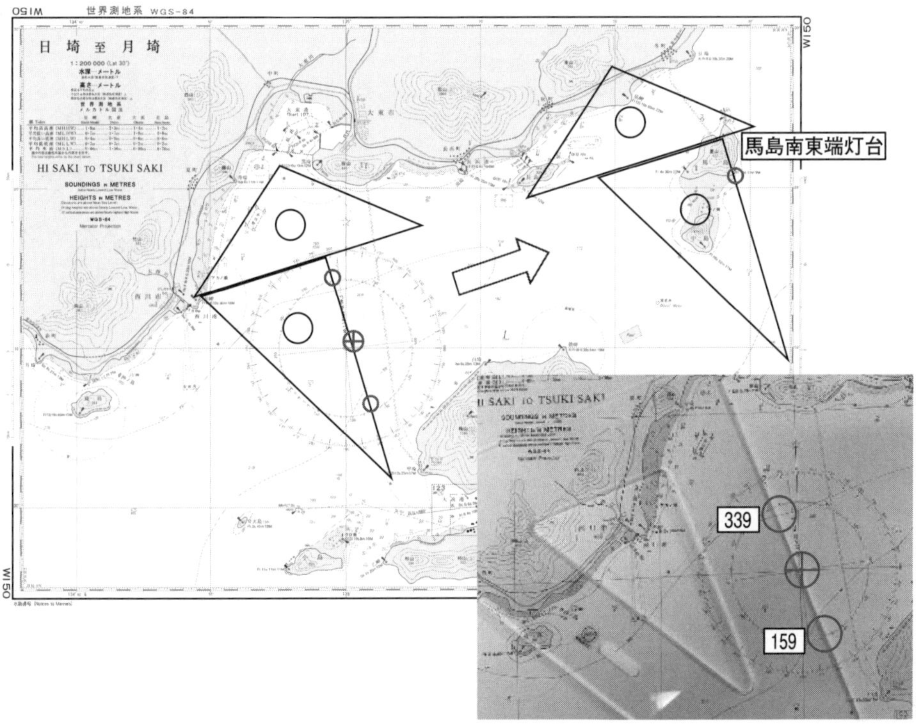

≪到着点 D の記入≫

⑩　到着点 D の緯度 30°-03.6′ N の緯度線を記入します。緯度線の記入は海図の両横に記載されている緯度目盛りを使い，海図の上下の経度目盛から経度 134°-53.4′ E 付近に緯度

線を記入します。

⑪ 到着点Dの経度 134°-53.4′ Eの経度線を記入し，緯度線との交点を到着点Dとします。

≪第二変針点Cから到着点D≫

⑫ 第二変針点Cから到着点Dまでの線を引きます。

⑬ CからDの方位をコンパス図で測れば，最終の針路が分かります。(解答には無関係)

≪全航程≫

⑭ A，B，C，Dを結び，AB，BC，CDを結ぶ線が全航程となるので，AB間，BC間，CD間の距離をデバイダで測ります。デバイダを利用して距離を測る方法は，2点間を1回で測る方法，デバイダを10海里に合わせて，10海里＋残りの○.○海里として測る方法など，デバイダの使用方法に慣れましょう。

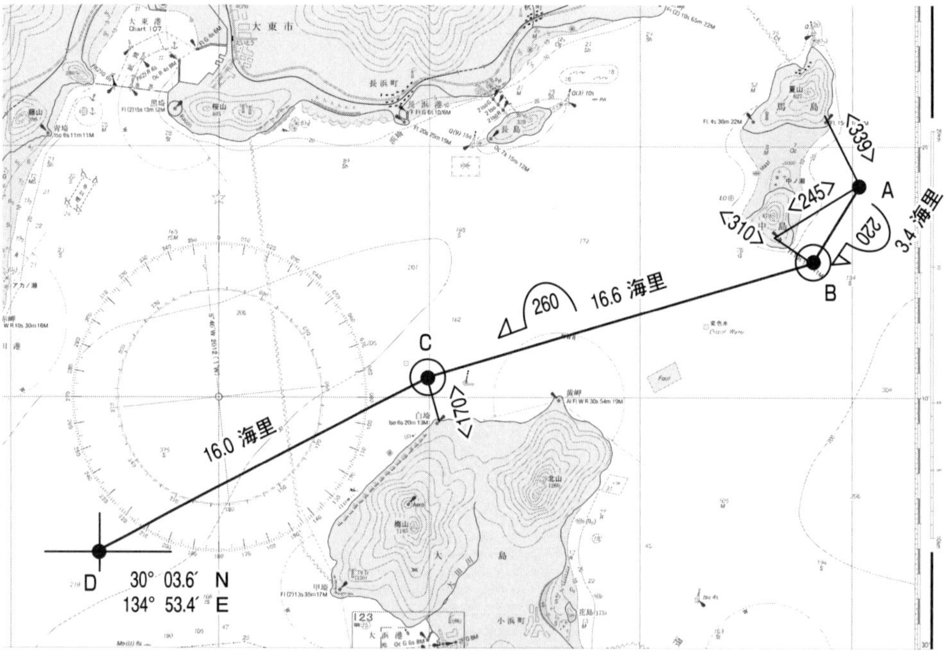

解　答

全航程距離（AB間の距離）3.4（海里）＋（BC間の距離）16.6（海里）＋（CD間の距離）16.0（海里）＝36.0（海里）

全航程を16ノットで航行しているので，36.0（海里）÷16（ノット）＝2.25（時間）

2時間と0.25時間となり1時間は60分なので，0.25（時間）×60＝15（分）となります。

したがって所要時間は 2 時間 15 分となります。

D 到着地点は 16 時 00 分なので，16 時 00 分 − 2 時間 15 分 = 13 時 45 分，すなわち出航点 A を 13 時 45 分頃に出航すれば良いことになります。

答 (1)

問51-2　次のような航海計画を立案した。全航程を 16 ノットで航行し，D 点に 16 時 00 分に到着するには，A 点を何時何分頃に出航すればよいか？下のうちから選べ。ただし，風や海潮流の影響はないものとする。（試験用海図 W200 使用）

出航点 A：冬島南方海域　冬島灯台（Oc 6s）を磁針方位 022°，山野港南東方の角埼灯台を磁針方位 265° に見る地点から磁針路 326° で航行

第一変針点 B：山野港北東方の牛埼灯台を左舷正横に見る地点で磁針路 315° に変針

第二変針点 C：西浜町北東方の梅岬灯台を左舷正横に見る地点で変針

到着点 D：夏島北西方海域　40°-22.2′ N，139° 41.0′ E

(1) 13 時 10 分頃　(2) 13 時 30 分頃　(3) 13 時 50 分頃　(4) 14 時 10 分頃

作図の手順

≪出航点 A の記入≫

① 試験用海図 W200 の右下の冬島南東端灯台から 202°（022° の反方位）の線を引きます。

② 同様に山野港南東方の角埼灯台から 085°（265° の反方位）の線を引きます。

③ ①と②の線の交点が出航点 A 点となります。

≪出航点 A から第一変針点 B ≫

④ A 点から磁針路 326° の線を引きます。

⑤ 山野港北東方の牛埼灯台から 056°（(326° + 90°) − 360° の方位）の線を引き，④の 326° の線との交点を第一変針点 B とします。

≪第一変針点 B から第二変針点 C ≫

⑥ 第一変針点 B から磁針路 315° の線を引きます。

⑦ 西浜町北東方の梅岬灯台から 045°（(315° + 90°) − 360° の方位）の線を引き，⑥の 315° の線との交点を第二変針点 C とします。

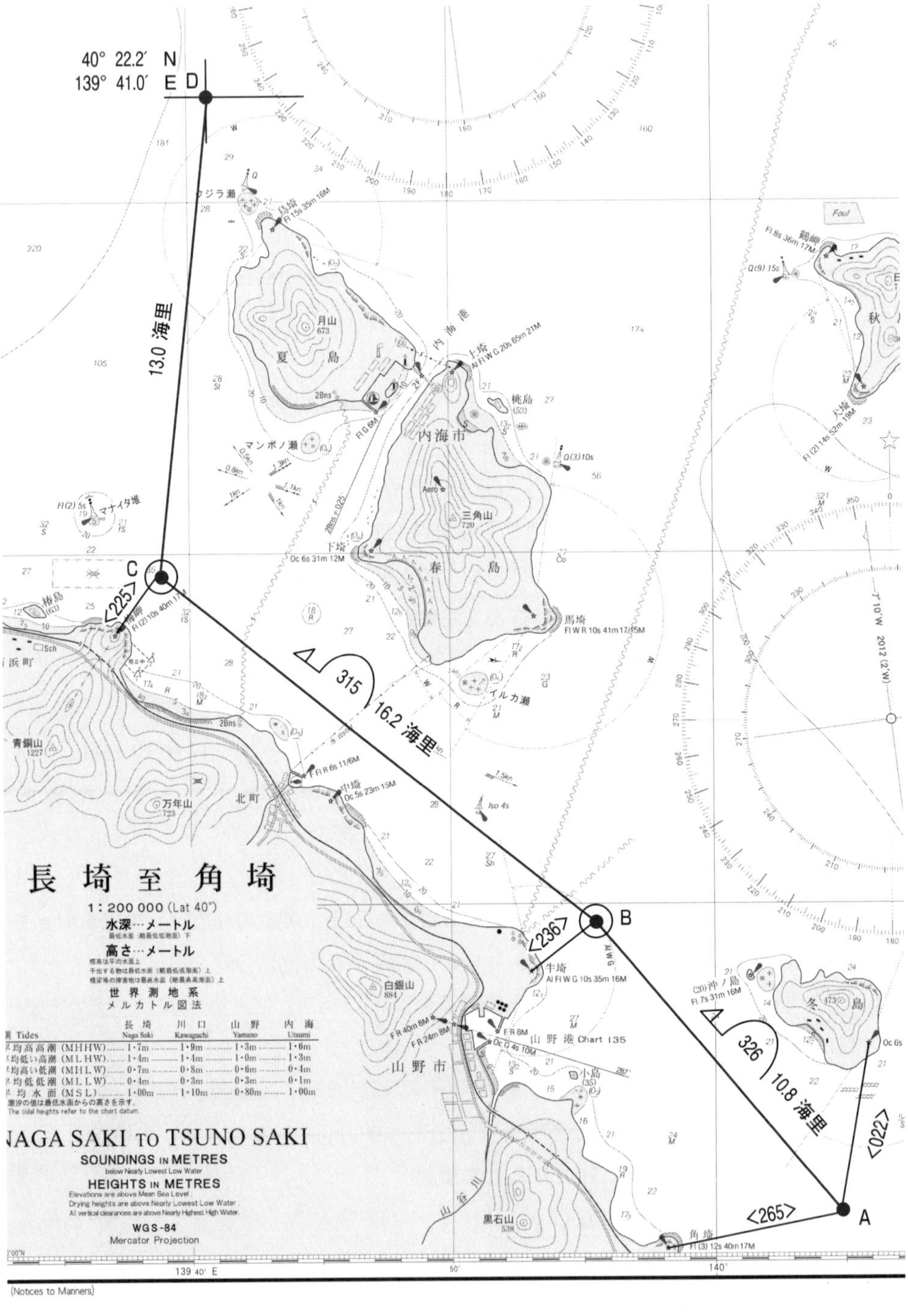
40° 22.2′ N
139° 41.0′ E
D
C
B
A
13.0 海里
16.2 海里
10.8 海里
315
326
<225>
<236>
<265>
<022>
クジラ瀬
鳥埼
Fl 15s 35m 16M
月山
673
夏島
内海港
上埼
Al Fl W G 20s 65m 21M
桃島
内海市
マンボノ瀬
Fl G 6M
Q(3)10s
Aero
三角山
720
春島
下埼
Oc 6s 31m 12M
馬埼
Fl W R 10s 41m 17/15M
マナイタ堆
Fl(2) 5s
椿島
Fl(2) 10s 40m 17M
浜町
Sch
イルカ瀬
青銅山
1227
万年山
723
北町
F Fl R 6s 11/6M
中埼
Oc 5s 23m 15M
Iso 4s
牛埼
Al Fl W G 10s 35m 16M
白銀山
884
F R 40m 8M
F R 24m 8M
F R 8M
Oc G 4s 10M
山野港 Chart 135
山野市
小島
沖ノ島
Fl 7s 31m 16M
冬島
Oc 6s
黒石山
538
角埼
Fl (3) 12s 40m 17M
鶏岬
Fl 8s 36m 17M
Q(9) 15s
秋
大埼
Fl (2) 14s 52m 19M
Foul
7° 10′W 2012 (2′W)
長埼 至 角埼
1 : 200 000 (Lat 40°)
水深…メートル
最低水面（略最低低潮面）下
高さ…メートル
標高は平均水面上
干出する物は最低水面（略最低低潮面）上
橋梁等の障害物は最高水面（略最高高潮面）上
世界測地系
メルカトル図法
Tides 長埼 Naga Saki 川口 Kawaguchi 山野 Yamano 内海 Utsumi
均高高潮 (MHHW) 1·7m 1·9m 1·3m 1·6m
均低い高潮 (MLHW) 1·4m 1·4m 1·0m 1·3m
均高い低潮 (MHLW) 0·7m 0·8m 0·6m 0·4m
均低低潮 (MLLW) 0·4m 0·3m 0·3m 0·1m
均水面 (MSL) 1·00m 1·10m 0·80m 1·00m
潮汐の値は最低水面からの高さを示す。
The tidal heights refer to the chart datum.
NAGA SAKI TO TSUNO SAKI
SOUNDINGS IN METRES
below Nearly Lowest Low Water
HEIGHTS IN METRES
Elevations are above Mean Sea Level.
Drying heights are above Nearly Lowest Low Water.
All vertical clearances are above Nearly Highest High Water.
WGS-84
Mercator Projection
139 40′ E
50′
140°
(Notices to Manners)

≪到着点Ｄの記入≫

⑧　到着点Ｄの緯度 40°-22.2′ Ｎの緯度線を記入します。緯度線の記入は海図の両横に記載されている緯度目盛りを使い，海図の上下の経度目盛から経度 139°-41.0′ Ｅ付近に緯度線を記入します。

⑨　到着点Ｄの経度 139°-41.0′ Ｅの経度線を記入し，緯度線との交点を到着点Ｄとします。

≪第二変針点Ｃから到着点Ｄ≫

⑩　第二変針点Ｃから到着点Ｄまでの線を引きます。

⑪　ＣからＤの方位をコンパス図で測れば，最終の針路が分かります。（解答には無関係）

≪全航程≫

⑫　A，B，C，Ｄを結び，AB，BC，CD を結ぶ線が全航程となるので，AB 間，BC 間，CD 間の距離をデバイダで測ります。

解　答

全航程距離（AB 間の距離）10.8（海里）＋（BC 間の距離）16.2（海里）＋（CD 間の距離）13.0（海里）＝ 40.0（海里）

全航程を 16 ノットで航行しているので，40.0（海里）÷ 16（ノット）＝ 2.5（時間）

2 時間と 0.5 時間となり 1 時間は 60 分なので，0.5（時間）× 60 ＝ 30（分）となります。したがって所要時間は 2 時間 30 分となります。

D 到着地点は 16 時 00 分なので，16 時 00 分－ 2 時間 30 分＝ 13 時 30 分，すなわち出航点Ａを 13 時 30 分頃に出航すれば良いことになります。

答　(2)

問51-3　次の航海計画を海図上に記入し，全航程を速力 12 ノットで航行した場合の所要時間を求め，下のうちから選べ。ただし，風や海潮流の影響はないものとする。（試験用海図 W200 使用）

出航点Ａ：前島北西海域　40°-31.0′ N，139° 34.0′ E

第一変針点Ｂ：前島灯台を左舷正横 2 海里に見る地点で磁針路 135°に変針

第二変針点Ｃ：秋島の犬埼灯台を左舷正横に見る地点で変針

到着点Ｄ：秋島南東方海域　40°-12.0′ N，140° 12.0′ E

(1)　約2時間50分　　(2)　約3時間　　(3)　約3時間10分　　(4)　約3時間20分

作図の手順

≪出発点Aの記入≫

① 出航点Aの緯度40°-31.0′ Nの緯度線を記入します。緯度線の記入は海図の両横に記載されている緯度目盛りを使い，海図の上下の経度目盛から経度139°-34.0′ E付近に緯度線を記入します。

② 出航点Aの経度139°-34.0′ Eの経度線を記入し，緯度線との交点を出航点Aとします。

≪第一変針点Aの記入≫

③ この問題では出航点からの針路がないので，第一変針点を以下の要領で求めます。

・第一変針点は前島灯台を左舷正横2海里に見る地点なので，コンパスで2海里の距離を測って，前島灯台を中心に半径2海里の円を描きます。次に出航点Aから，この円に接線（前島灯台が左舷正横側になる接線）を引きます。この時の接線が出航点から第一変針点までの針路となり，接点が第一変針点Bとなります。

④ 第二変針点Bから磁針路135°の線を引きます。

≪第一変針点Bから第二変針点C≫

⑤ 秋島の犬埼灯台225°（135° + 90°の方位線）の方位線を引き，④の135°の線との交点を第二変針点Cとします。

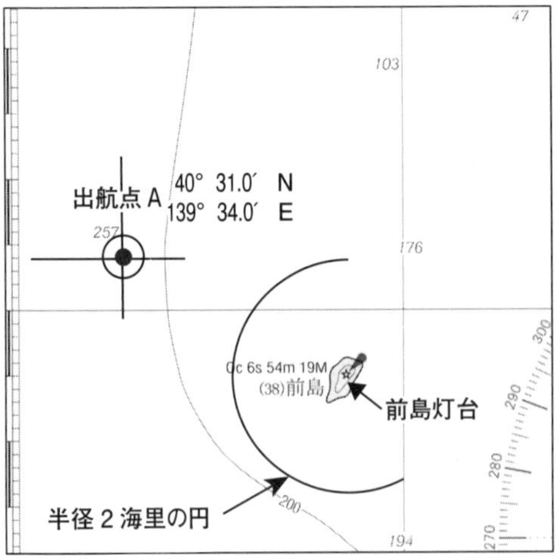

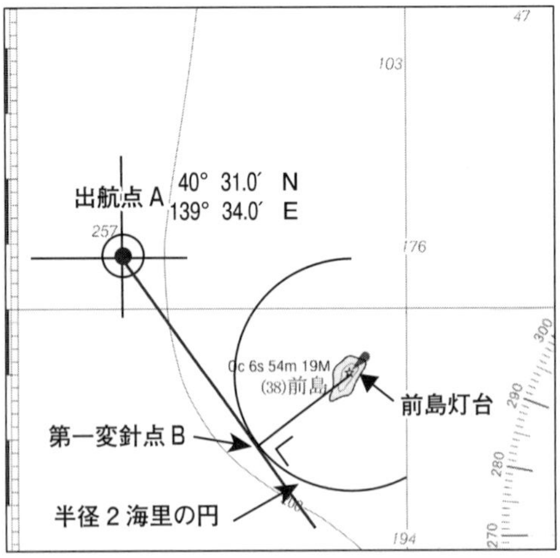

≪到着点Ｄの記入≫

⑥　到着点Ｄの緯度 40°-12.0′ Ｎの緯度線を記入します。緯度線の記入は海図の両横に記載されている緯度目盛りを使い，海図の上下の経度目盛から経度 140°-12.0′ Ｅ付近に緯度線を記入します。

⑦　到着点Ｄの経度 140°-12.0′ Ｅの経度線を記入し，緯度線との交点を到着点Ｄとします。

≪第二変針点Ｃから到着点Ｄ≫

⑧　第二変針点Ｃから到着点Ｄまでの線を引きます。

⑨　ＣからＤの方位をコンパス図で測れば，最終の針路が分かります。（解答には無関係）

≪全航程≫

⑩　A，B，C，Ｄを結び，AB，BC，CDを結ぶ線が全航程となるので，AB 間，BC 間，CD 間の距離をデバイダで測ります。

解　答

全航程距離（AB 間の距離）3.6（海里）＋（BC 間の距離）25.6（海里）＋（CD 間の距離）6.8（海里）＝ 36.0（海里）

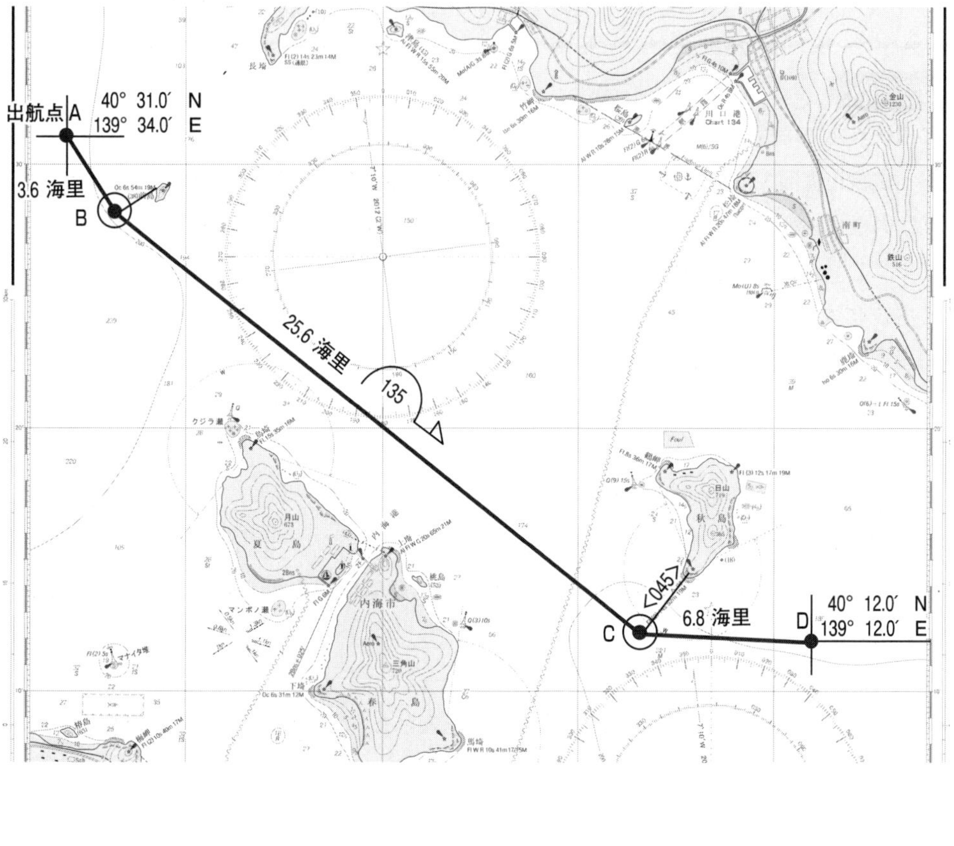

全航程を速力 12 ノットで航行しているので，36.0（海里）÷ 12（ノット）＝ 3（時間）

答 (2)

問51-4 次のような航海計画を立案した。全航程を速力 8 ノットで航行し，D 点に 15 時 00 分に到着するには，A 点を何時何分頃に出航すればよいか？下のうちから選べ。ただし，風や海潮流の影響はないものとする。（試験用海図 W200 使用）

出航点 A：冬島南方海域　冬島灯台（Oc 6s）を磁針方位 022°，山野港南東方の角埼灯台を磁針方位 265° に見る地点から磁針路 040° で航行
第一変針点 B：冬島灯台（Oc 6s）を左舷正横に見る地点で磁針路 014° に変針
第二変針点 C：秋島北東端灯台（Fl(3) 12s）を左舷正横に見る地点で変針
到着点 D：秋島北方海域　40°-22.8′ N，140° 06.2′ E

(1) 10 時 05 分頃　(2) 10 時 25 分頃　(3) 10 時 45 分頃　(4) 11 時 05 分頃

作図の手順

≪出航点 A の記入≫

① 試験用海図 W200 の右下の冬島灯台から 202°（022° の反方位）の線を引きます。

② 同様に山野港南東方の角埼灯台から 085°（265° の反方位）の線を引きます。

③ ①と②の線の交点が出航点 A 点となります。

≪出航点 A から第一変針点 B ≫

④ A 点から磁針路 040° の線を引きます。

⑤ 冬島灯台から 130°（040° ＋ 90° の方位）の線を引き，④の 040° の線との交点を第一変針点 B とします。

≪第一変針点 B から第二変針点 C ≫

⑥ 第一変針点 B から磁針路 014° の線を引きます。

⑦ 秋島北東端灯台から 104°（014° ＋ 90° 方位）の線を引き，⑥の 014° の線との交点を第二変針点 C とします。

≪到着点 D の記入≫

⑧ 到着点 D の緯度 40°-22.8′ N の緯度線を記入します。緯度線の記入は海図の両横に記載

されている緯度目盛りを使い，海図の上下の経度目盛から経度 140°-06.2′ E 付近に緯度線を記入します。

⑨　到着点 D の経度 140°-06.2′ E の経度線を記入し，緯度線との交点を到着点 D とします。

≪第二変針点 C から到着点 D ≫

⑩　第二変針点 C から到着点 D までの線を引きます。

⑪　C から D の方位をコンパス図で測れば，最終の針路が分かります。（解答には無関係）

≪全航程≫

⑫　A，B，C，D を結び，AB，BC，CD を結ぶ線が全航程となるので，AB 間，BC 間，CD 間の距離をデバイダで測ります。

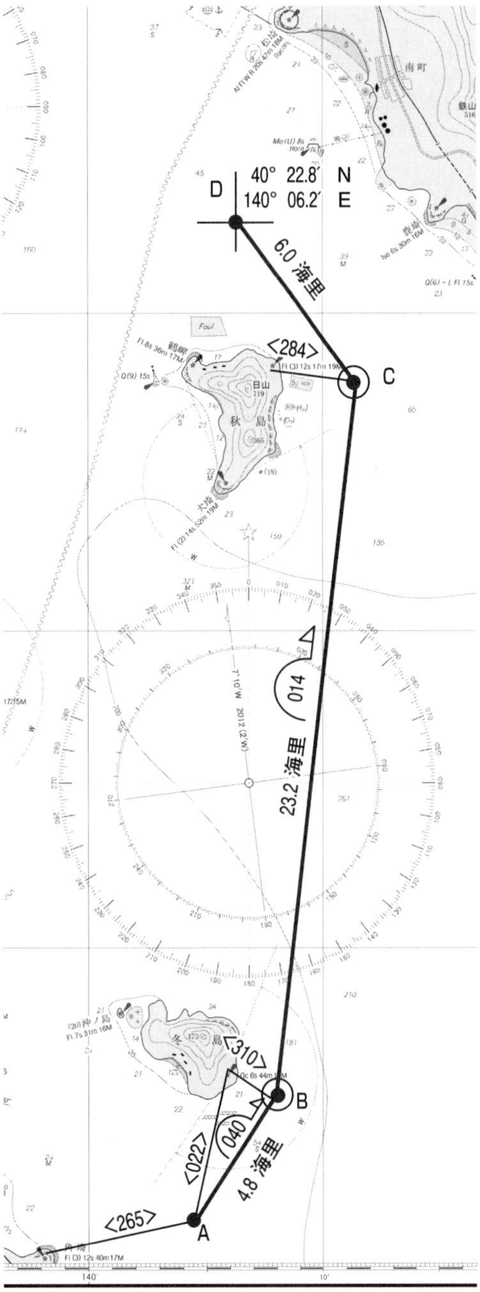

解　答

全航程距離（AB 間の距離）4.8（海里）+（BC 間の距離）23.2（海里）+（CD 間の距離）6.0（海里）= 34.0（海里）

全航程を 8 ノットで航行しているので，34.0（海里）÷ 8（ノット）= 4.25（時間）

4 時間と 0.25 時間となり 1 時間は 60 分なので，0.25（時間）× 60 = 15（分）となります。したがって所要時間は 4 時間 15 分となります。

D 到着地点は 15 時 00 分なので，15 時 00 分 − 4 時間 15 分 = 10 時 45 分，すなわち出航点 A を 10 時 45 分頃に出航すれば良いことになります。

答　(3)

問51-5 次のような航海計画を立案した。全航程を速力12ノットで航行し，D点に16時00分に到着するには，A点を何時何分頃に出航すればよいか？下のうちから選べ。ただし，風や海潮流の影響はないものとする。（試験用海図W150使用）

出航点A：馬島北西方海域　星岬灯台（Fl(2) 10s）を磁針方位300°，日埼灯台を磁針方位015°に見る地点から磁針路245°で航行
第一変針点B：長嶋灯台（Oc 7s）を右舷正横に見る地点で磁針路255°に変針
第二変針点C：西川市東方の赤岬灯台（Fl W R 10s）を右舷正横に見る地点で変針
到着点D：鹿島南東海域　30°-04.6′ N，134°42.8′ E

(1) 11時30分頃　(2) 11時50分頃　(3) 12時10分頃　(4) 12時30分頃

作図の手順

≪出航点Aの記入≫

① 試験用海図W150の右上の星岬灯台から120°（300°の反方位）の線を引きます。

② 同様に日埼灯台から195°（015°の反方位）の線を引きます。

③ ①と②の線の交点が出航点A点となります。

≪出航点Aから第一変針点B≫

④ A点から磁針路245°の線を引きます。

⑤ 長島灯台から155°（245° − 90°の方位）の線を引き，④の245°の線との交点を第一変針点Bとします。

≪第一変針点Bから第二変針点C≫

⑥ 第一変針点Bから磁針路255°の線を引きます。

⑦ 西川市東方の赤岬灯台から165°（255° − 90°方位）の線を引き，⑥の255°の線との交点を第二変針点Cとします。

≪到着点Dの記入≫

⑧ 到着点Dの緯度30°-04.6′ Nの緯度線を記入します。緯度線の記入は海図の両横に記載されている緯度目盛りを使い，海図の上下の経度目盛から経度134°-42.8′ E付近に緯度線を記入します。

⑨ 到着点Dの経度134°-42.8′ Eの経度線を記入し，緯度線との交点を到着点Dとします。

≪第二変針点Ｃから到着点Ｄ≫

⑩　第二変針点Ｃから到着点Ｄまでの線を引きます。

⑪　ＣからＤの方位をコンパス図で測れば，最終の針路が分かります。（解答には無関係）

≪全航程≫

⑫　A，B，C，Dを結び，AB，BC，CDを結ぶ線が全航程となるので，AB 間，BC 間，CD 間の距離をデバイダで測ります。

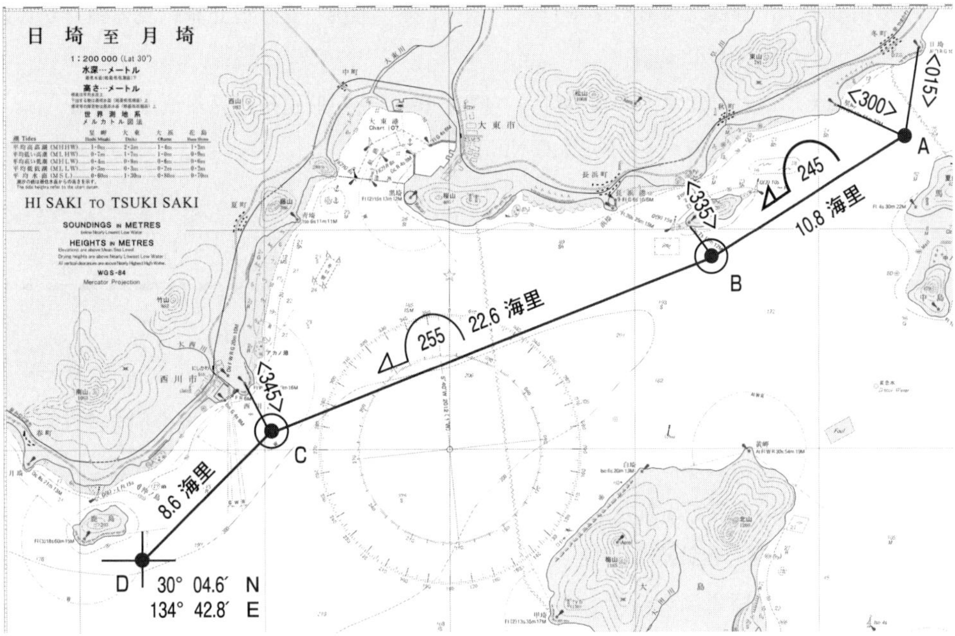

解　答

全航程距離（AB 間の距離）10.8（海里）＋（BC 間の距離）22.6（海里）＋（CD 間の距離）8.6（海里）＝ 42.0（海里）

全航程を 12 ノットで航行しているので，42.0（海里）÷ 12（ノット）＝ 3.5（時間）

3 時間と 0.5 時間となり 1 時間は 60 分なので，0.5（時間）× 60 ＝ 30（分）となります。したがって所要時間は 3 時間 30 分となります。

D 到着地点は 16 時 00 分なので，16 時 00 分 − 3 時間 30 分＝ 12 時 30 分，すなわち出航点 A を 12 時 30 分頃に出航すれば良いことになります。

答　(4)

問51-6 次のような航海計画を立案した。10時00分にA地点を出航し，全航程を速力20ノットで航行した場合，D点への到着時間は何時何分頃になるか？下のうちから選べ。ただし，風や海潮流の影響はないものとする。（試験用海図W200使用）

出航点A：冬島南方海域　冬島灯台（Oc 6s）を磁針方位022°，山野港南東方の角埼灯台（Fl (3) 12s）を磁針方位265°に見る地点から磁針路326°で航行

第一変針点B：山野港北東方の牛埼灯台（Al Fl W G 10s）を左舷正横に見る地点から磁針路315°に変針

第二変針点C：西浜町北東方の梅岬灯台（Fl (2) 10s）を左舷正横に見る地点で変針

到着点D：夏島北西方海域　40°-21.2′N，139°37.4′E

(1) 11時57分頃　(2) 12時17分頃　(3) 12時37分頃　(4) 12時57分頃

作図の手順

≪出航点Aの記入≫

① 試験用海図W200の下方の冬島灯台から202°（022°の反方位）の線を引きます。

② 同様に山野港南東方の角埼灯台から085°（265°の反方位）の線を引きます。

③ ①と②の線の交点が出航点A点となります。

≪出航点Aから第一変針点B≫

④ A点から磁針路326°の線を引きます。

⑤ 山野港北東方の牛埼灯台から056°（(326°＋90°）－360°の方位）の線を引き，④の326°の線との交点を第一変針点Bとします。

≪第一変針点Bから第二変針点C≫

⑥ 第一変針点Bから磁針路315°の線を引きます。

⑦ 西浜町北東方の梅岬灯台から045°（(315°＋90°）－360°の方位）の線を引き，⑥の315°の線との交点を第二変針点Cとします。

≪到着点Dの記入≫

⑧ 到着点Dの緯度40°-21.2′Nの緯度線を記入します。緯度線の記入は海図の両横に記載されている緯度目盛りを使い，海図の上下の経度目盛から経度139°-37.4′E付近に緯度線を記入します。

⑨ 到着点Dの経度139°-37.4′Eの経度線を記入し，緯度線との交点を到着点Dとします。

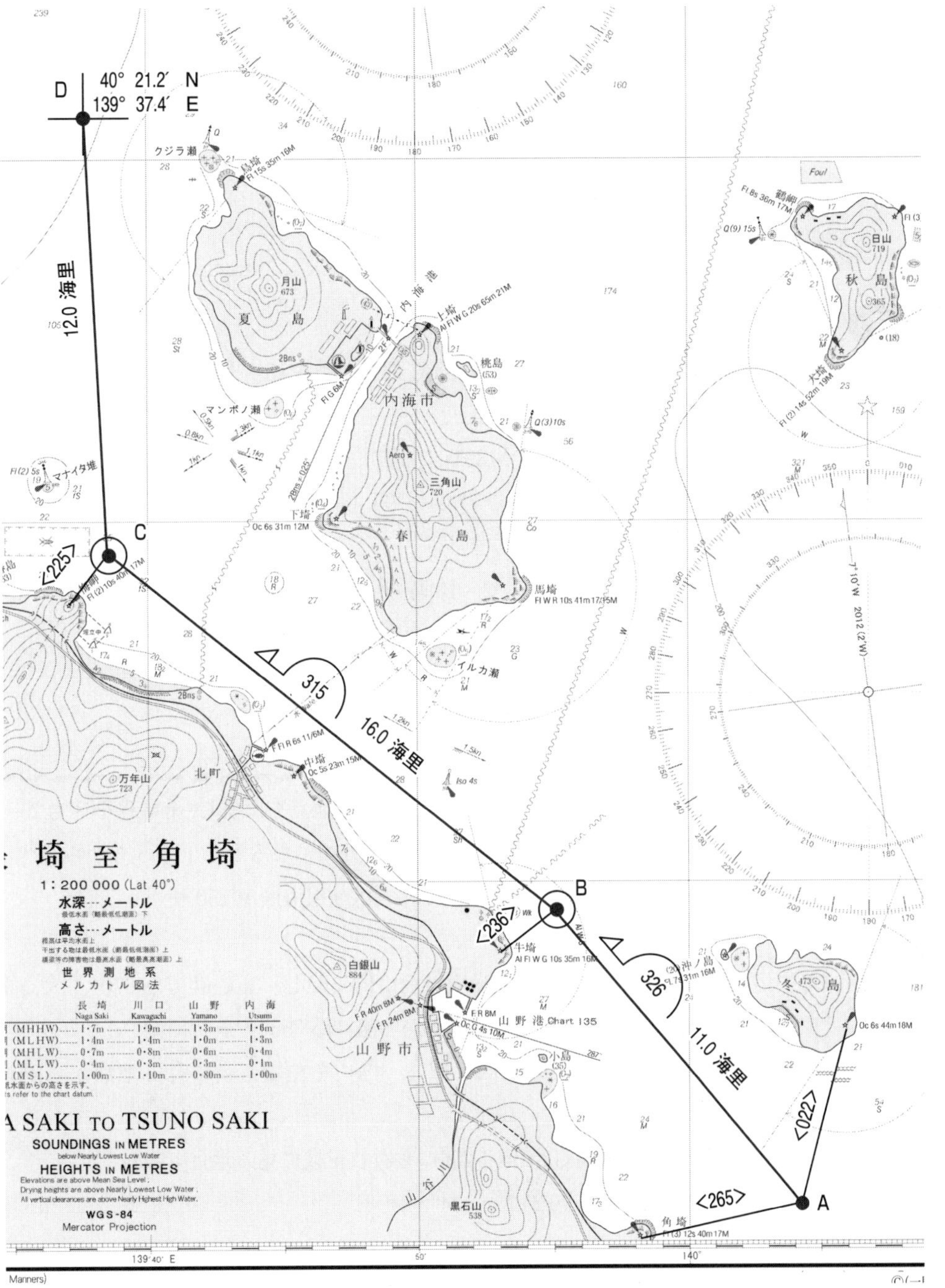
D
40° 21.2′ N
139° 37.4′ E
12.0 海里
C
<225>
315
16.0 海里
B
<236>
326
11.0 海里
<022>
A
<265>
夏島
月山 673
春島
三角山 720
内海市
内海港
秋島
日山 719
冬島
沖ノ島
桃島
クジラ瀬
マンボノ瀬
マナイタ堆
イルカ瀬
鳥埼
上埼
下埼
馬埼
鶴岬
犬埼
中埼
牛埼
角埼
北町
万年山 723
白銀山 884
山野市
山野港 Chart 135
小島
黒石山 538
埼至角埼
1：200 000 (Lat 40°)
水深…メートル
高さ…メートル
世界測地系
メルカトル図法
長埼　川口　山野　内海
A SAKI TO TSUNO SAKI
SOUNDINGS IN METRES
below Nearly Lowest Low Water
HEIGHTS IN METRES
Elevations are above Mean Sea Level ;
Drying heights are above Nearly Lowest Low Water ;
All vertical clearances are above Nearly Highest High Water.
WGS-84
Mercator Projection
139°40′ E
140°

≪第二変針点Ｃから到着点Ｄ≫

⑩ 第二変針点Ｃから到着点Ｄまでの線を引きます。

⑪ ＣからＤの方位をコンパス図で測れば，最終の針路が分かります。（解答には無関係）

≪全航程≫

⑫ A，B，C，Dを結び，AB，BC，CDを結ぶ線が全航程となるので，AB間，BC間，CD間の距離をデバイダで測ります。

解 答

全航程距離（AB間の距離）11.0（海里）＋（BC間の距離）16.0（海里）＋（CD間の距離）12.0（海里）＝39.0（海里）

全航程を20ノットで航行しているので，39.0（海里）÷20（ノット）＝1.95（時間）

1時間と0.95時間となり1時間は60分なので，0.95（時間）×60＝57（分）となります。

したがって所要時間は1時間57分となります。

A出航点の出航時刻は10時00分なので，10時00分＋1時間57分＝11時57分となり，到着点Dには11時57分頃に到着することになります。

答 (1)

問51-7 次のような航海計画を立案した。10時00分にA地点を出航し，全航程を速力20ノットで航行した場合，D点への到着時間は何時何分頃になるか？下のうちから選べ。ただし，風や海潮流の影響はないものとする。（試験用海図W150使用）

出航点Ａ：牛島北西方海域　牛島北端の緑埼灯台（Fl(2) 14s）を磁針方位070°，大島東端丙埼灯台を磁針方位300°に見る地点から磁針路355°で航行開始

第一変針点Ｂ：大島北端の黄岬灯台（Al Fl W R 30s）を左舷正横に見る地点から磁針路312°に変針

第二変針点Ｃ：長浜町南方の浜埼灯台（Fl 20s）を右舷正横に見る地点で変針

到着点Ｄ：大東港南方海域　30°-19.2′ N，134°56.4′ E

(1) 11時28分頃　(2) 11時48分頃　(3) 12時08分頃　(4) 12時28分頃

作図の手順

≪出航点 A の記入≫

① 試験用海図 W150 の下方の牛島北端の緑埼灯台から 250°（070° の反方位）の線を引きます。

② 同様に大島東端丙埼灯台から 120°（300° の反方位）の線を引きます。

③ ①と②の線の交点が出航点 A 点となります。

≪出航点 A から第一変針点 B ≫

④ A 点から磁針路 355° の線を引きます。

⑤ 大島北端の黄岬灯台から 085°（(355° + 90°) − 360° の方位）の線を引き，④の 355° の線との交点を第一変針点 B とします。

≪第一変針点 B から第二変針点 C ≫

⑥ 第一変針点 B から磁針路 312° の線を引きます。

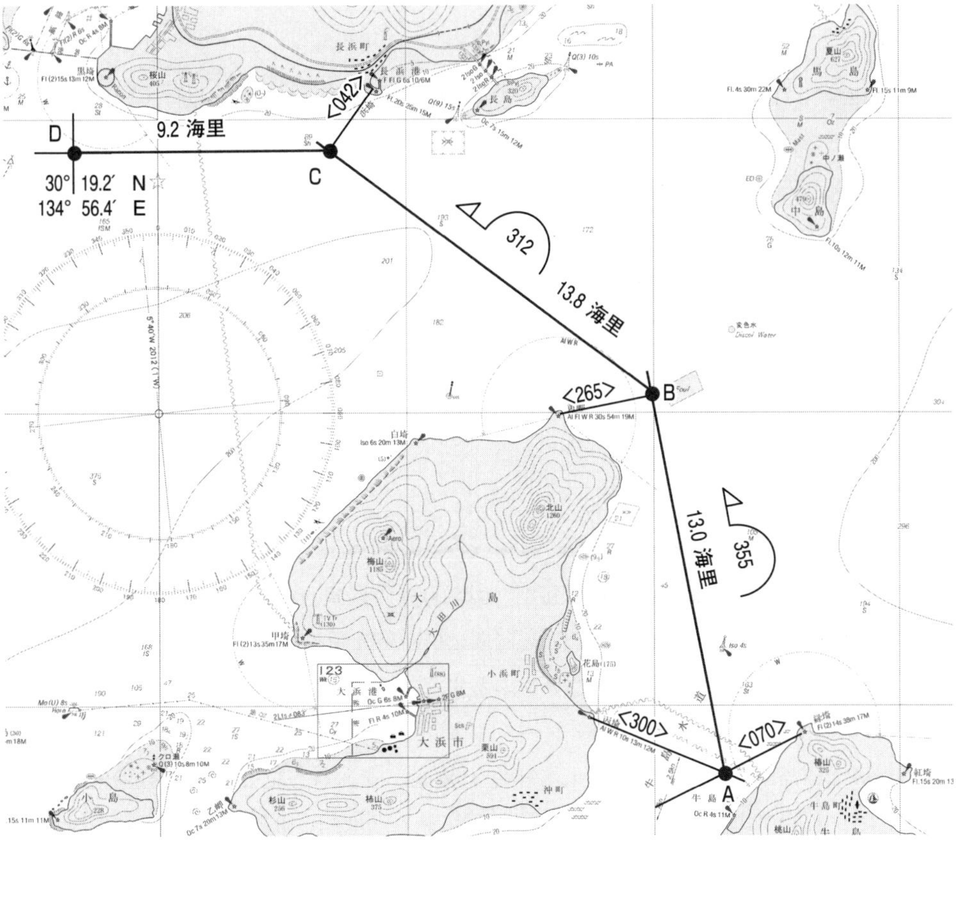

⑦　長浜町南方の浜埼灯台から 222°（(312° − 90°）の方位）の線を引き，⑥の 312° の線との交点を第二変針点 C とします。

≪到着点 D の記入≫

⑧　到着点 D の緯度 30°-19.2′ N の緯度線を記入します。緯度線の記入は海図の両横に記載されている緯度目盛りを使い，海図の上下の経度目盛から経度 134°-56.4′ E 付近に緯度線を記入します。

⑨　到着点 D の経度 134°-56.4′ E の経度線を記入し，緯度線との交点を到着点 D とします。

≪第二変針点 C から到着点 D ≫

⑩　第二変針点 C から到着点 D までの線を引きます。

⑪　C から D の方位をコンパス図で測れば，最終の針路が分かります。（解答には無関係）

≪全航程≫

⑫　A，B，C，D を結び，AB，BC，CD を結ぶ線が全航程となるので，AB 間，BC 間，CD 間の距離をデバイダで測ります。

解　答

全航程距離（AB 間の距離）13.0（海里）＋（BC 間の距離）13.8（海里）＋（CD 間の距離）9.2（海里）＝ 36.0（海里）

全航程を 20 ノットで航行しているので，36.0（海里）÷ 20（ノット）＝ 1.8（時間）

1 時間と 0.8 時間となり 1 時間は 60 分なので，0.8（時間）× 60 ＝ 48（分）となります。したがって所要時間は 1 時間 48 分となります。

A 出航点の出航時刻は 10 時 00 分なので，10 時 00 分＋ 1 時間 48 分＝ 11 時 48 分となり，到着点 D には 11 時 48 分頃に到着することになります。

答　(2)

問51-8　次のような航海計画を立案した。10 時 00 分に A 地点を出航し，全航程を速力 10 ノットで航行した場合，D 点への到着時間は何時何分頃になるか？下のうちから選べ。ただし，風や海潮流の影響はないものとする。（試験用海図 W200 使用）

出航点 A：冬島南方海域　冬島南東端灯台（Oc 6s）を磁針方位 022°，山野港南東方の角埼灯台（Fl(3) 12s）を磁針方位 265° に見る地点から磁針路 327° で航行。

第一変針点 B：春島西端の下埼灯台（Oc 6s）を右舷正横に見る地点で磁針路 339° に変針。

第二変針点 C：夏島北端の鳥埼灯台（Fl 15s）を右舷正横に見る地点で変針。

到着点 D：前島西方海域　40° -28.4′ N，139° 36.2′ E

⑴　13 時 44 分頃　　⑵　14 時 04 分頃　　⑶　14 時 24 分頃　　⑷　14 時 44 分頃

作図の手順

≪出航点 A の記入≫

①　試験用海図 W200 の下方の冬島南東端灯台から 202°（022° の反方位）の線を引きます。

②　同様に山野港南東方の角埼灯台から 085°（265° の反方位）の線を引きます。

③　①と②の線の交点が出航点 A 点となります。

≪出航点 A から第一変針点 B ≫

④　A 点から磁針路 327° の線を引きます。

⑤　春島西端の下埼灯台から 237°（(327° － 90°）の方位）の線を引き，④の 327° の線との交点を第一変針点 B とします。

≪第一変針点 B から第二変針点 C ≫

⑥　第一変針点 B から磁針路 339° の線を引きます。

⑦　夏島北端の鳥埼灯台から 249°（(339° － 90°）の方位）の線を引き，⑥の 339° の線との交点を第二変針点 C とします。

≪到着点 D の記入≫

⑧　到着点 D の緯度 40° -28.4′ N の緯度線を記入します。緯度線の記入は海図の両横に記載されている緯度目盛りを使い，海図の上下の経度目盛から経度 139° -36.2′ E 付近に緯度線を記入します。

⑨　到着点 D の経度 139° -36.2′ E の経度線を記入し，緯度線との交点を到着点 D とします。

≪第二変針点 C から到着点 D ≫

⑩　第二変針点 C から到着点 D までの線を引きます。

⑪　C から D の方位をコンパス図で測れば，最終の針路が分かります。（解答には無関係）

≪全航程≫

⑫　A，B，C，D を結び，AB，BC，CD を結ぶ線が全航程となるので，AB 間，BC 間，CD 間の距離をデバイダで測ります。

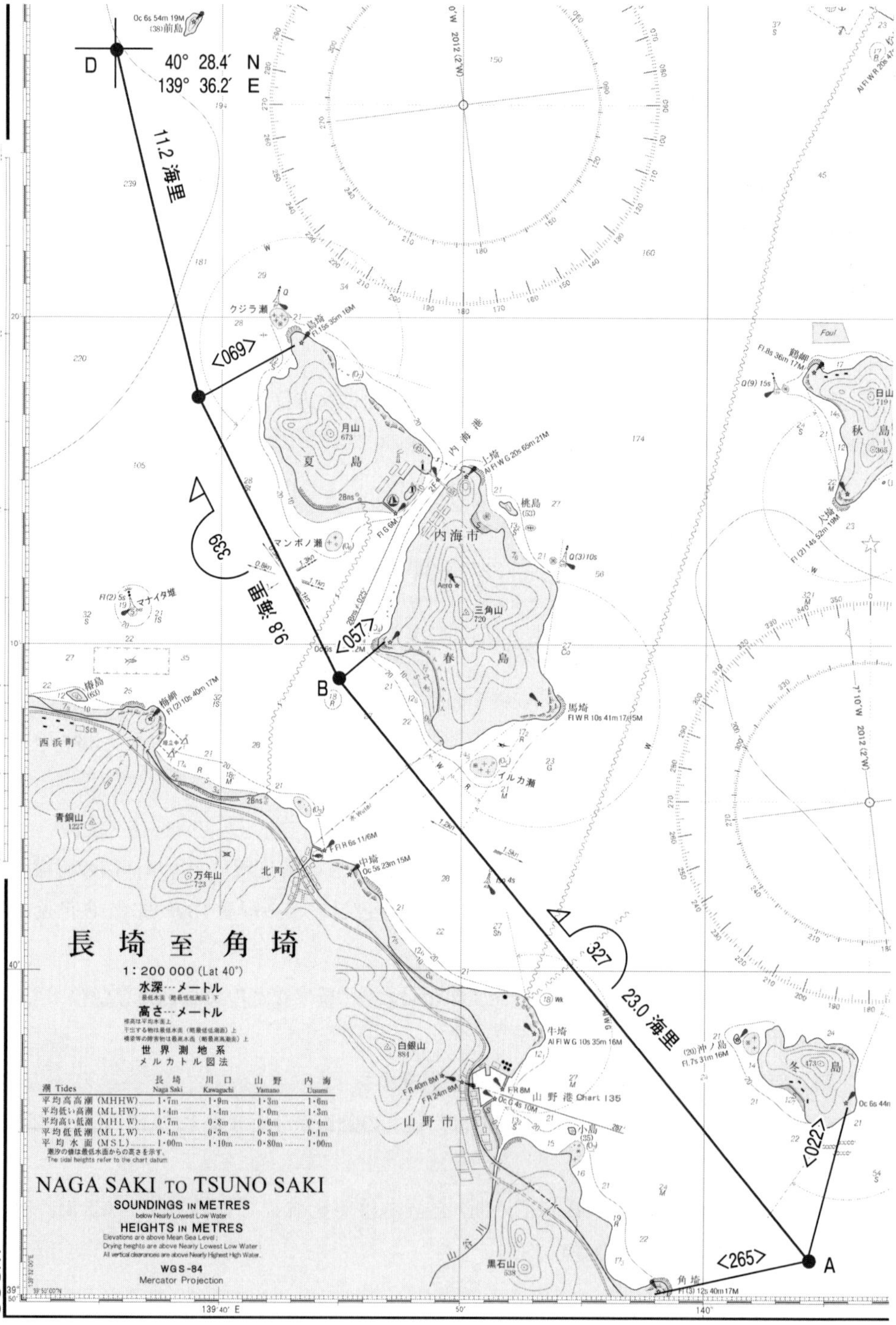
D
40° 28.4′ N
139° 36.2′ E
11.2 海里
<069>
339
9.8 海里
<057>
B
327
23.0 海里
<022>
<265>
A
前島
クジラ瀬
鳥埼
夏島
月山 673
内海港
上埼
桃島
内海市
マンボノ瀬
三角山 720
春島
馬埼
イルカ瀬
マナイタ堆
椿島
梅岬
西浜町
青銅山 1227
万年山 723
北町
中埼
白銀山 884
牛埼
山野港
山野市
小島
黒石山 538
角埼
沖ノ島
冬島
鶴岬
秋島
日山
大埼
長埼至角埼
1：200 000 (Lat 40°)
水深…メートル
最低水面（略最低低潮面）下
高さ…メートル
標高は平均水面上
干出する物は最低水面（略最低低潮面）上
橋梁等の障害物は最高水面（略最高高潮面）上
世界測地系
メルカトル図法
潮 Tides　長埼 Naga Saki　川口 Kawaguchi　山野 Yamano　内海 Utsumi
平均高高潮 (MHHW) 1·7m 1·9m 1·3m 1·6m
平均低い高潮 (MLHW) 1·4m 1·4m 1·0m 1·3m
平均高い低潮 (MHLW) 0·7m 0·8m 0·6m 0·4m
平均低低潮 (MLLW) 0·4m 0·3m 0·3m 0·1m
平均水面 (MSL) 1·00m 1·10m 0·80m 1·00m
潮汐の値は最低水面からの高さを示す。
The tidal heights refer to the chart datum
NAGA SAKI TO TSUNO SAKI
SOUNDINGS IN METRES
below Nearly Lowest Low Water
HEIGHTS IN METRES
Elevations are above Mean Sea Level ;
Drying heights are above Nearly Lowest Low Water ;
All vertical clearances are above Nearly Highest High Water.
WGS-84
Mercator Projection
139°40′ E
50′
140°

解　答

全航程距離（AB 間の距離）23.0（海里）＋（BC 間の距離）9.8（海里）＋（CD 間の距離）11.2（海里）＝ 44.0（海里）

全航程を 10 ノットで航行しているので，44.0（海里）÷ 10（ノット）＝ 4.4（時間）

4 時間と 0.4 時間となり 1 時間は 60 分なので，0.4（時間）× 60 ＝ 24（分）となります。したがって所要時間は 4 時間 24 分となります。

A 出航点の出航時刻は 10 時 00 分なので，10 時 00 分＋ 4 時間 24 分＝ 14 時 24 分となり，到着点 D には 14 時 24 分頃に到着することになります。

答　(3)

問51-9　次のような航海計画を立案した。09 時 40 分に A 地点を出航し，全航程を速力 10 ノットで航行した場合，D 点への到着時間は何時何分頃になるか？下のうちから選べ。ただし，風や海潮流の影響はないものとする。（試験用海図 W150 使用）

出航点 A：馬島北西方海域　星岬灯台（Fl(2) 10s）を磁針方位 300°，日埼灯台を磁針方位 015° に見る地点から磁針路 245° で航行

第一変針点 B：長島灯台（Oc 7s）を右舷正横に見る地点から磁針路 255° に変針

第二変針点 C：西川市東方の赤岬灯台（Fl W R 10s）を右舷正横に見る地点で変針

到着点 D：鹿島南東方海域　30° -02.0′ N，134° 42.8′ E

(1)　13 時 04 分頃　　(2)　13 時 24 分頃　　(3)　13 時 44 分頃　　(4)　14 時 04 分頃

作図の手順

≪出航点 A の記入≫

①　試験用海図 W150 の右上方の馬島の北西方海域で星灯台から磁針方位 120°（300° の反方位）の線を引きます。

②　同様に日埼灯台から 195°（015° の反方位）の線を引きます。

③　①と②の線の交点が出航点 A 点となります。

≪出航点 A から第一変針点 B ≫

④　A 点から磁針路 245° の線を引きます。

⑤　長島灯台から 155°（(245° − 90°）の方位）の線を引き，④の 245° の線との交点を第一

変針点Ｂとします。

≪第一変針点Ｂから第二変針点Ｃ≫

⑥　第一変針点Ｂから磁針路 255°の線を引きます。

⑦　西川市東方の赤岬灯台から 165°（(255° − 90°）の方位）の線を引き，⑥の 255°の線との交点を第二変針点Ｃとします。

≪到着点Ｄの記入≫

⑧　到着点Ｄの緯度 30°-02.0′ Ｎの緯度線を記入します。緯度線の記入は海図の両横に記載されている緯度目盛りを使い，海図の上下の経度目盛から経度 134°-42.8′ Ｅ付近に緯度線を記入します。

⑨　到着点Ｄの経度 134°-42.8′ Ｅの経度線を記入し，緯度線との交点を到着点Ｄとします。

≪第二変針点Ｃから到着点Ｄ≫

⑩　第二変針点Ｃから到着点Ｄまでの線を引きます。

⑪　ＣからＤの方位をコンパス図で測れば，最終の針路が分かります。(解答には無関係)

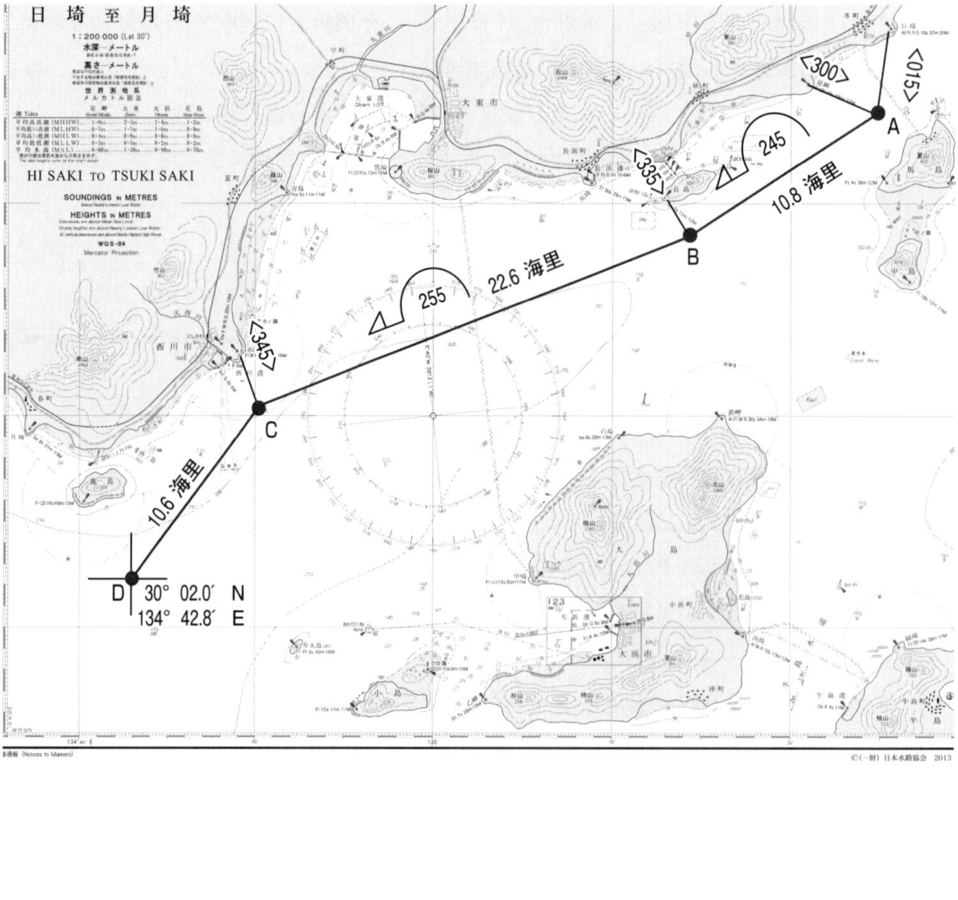

≪全航程≫

⑫　A，B，C，D を結び，AB，BC，CD を結ぶ線が全航程となるので，AB 間，BC 間，CD 間の距離をデバイダで測ります。

解　答

全航程距離（AB 間の距離）10.8（海里）＋（BC 間の距離）22.6（海里）＋（CD 間の距離）10.6（海里）＝ 44.0（海里）

全航程を 10 ノットで航行しているので，44.0（海里）÷ 10（ノット）＝ 4.4（時間）

1 時間と 0.4 時間となり 1 時間は 60 分なので，0.4（時間）× 60 ＝ 24（分）となります。したがって所要時間は 4 時間 24 分となります。

A 出航点の出航時刻は 09 時 40 分なので，09 時 40 分 + 4 時間 24 分 = 14 時 04 分となり，到着点 D には 14 時 04 分頃に到着することになります。

答　(4)

問51-10　次のような航海計画を立案した。12 時 00 分に A 点を出航し，全航程を 10 ノットで航行した場合，D 点への到着時間は何時何分頃になるか？下のうちから選べ。ただし，風や海潮流の影響はないものとする。（試験用海図 W200 使用）

出航点 A：川口港南東方海域　松埼灯台を磁針方位 005°，南町南東方の鹿埼灯台を磁針方位 115° に見る地点から磁針路 232° で航行

第一変針点 B：秋島北西方の鶴岬灯台を左舷正横に見る地点で磁針路 207° に変針

第二変針点 C：春島南東方の馬埼灯台を右舷正横に見る地点で変針

到着点 D：春島南方海域　40°-03.4′ N，139°-49.4′ E

(1)　14 時 22 分頃　(2)　14 時 42 分頃　(3)　15 時 02 分頃　(4)　15 時 22 分頃

作図の手順

≪出航点 A の記入≫

①　試験用海図 W200 の右上の松埼灯台から 185°（005° の反方位）の線を引きます。

②　同様に南町南東方の鹿埼灯台から 295°（115° の反方位）の線を引きます。

①と②の線の交点が出航点A点となります。

≪出航点Aから第一変針点B≫

③　A点から磁針路232°の線を引きます。

④　秋島北西方の鶴岬灯台から322°（232°＋90°の方位）の線を引き，232°の線との交点を第一変針点Bとします。

≪第一変針点Bから第二変針点C≫

⑤　第一変針点Bから磁針路207°の線を引きます。

⑥　春島南東方の馬埼灯台117°（207°－90°）の線を引き，207°との交点を第二変針点Cとします。

≪到着点Dの記入≫

⑦　到着点Dの緯度40°-03.4′Nの緯度線を記入します。経度139°-49.4′Eの経度線を記入し，緯度線との交点を到着点Dとします。

≪第二変針点Cから到着点D≫

⑧　第二変針点Cから到着点Dまでの線を引きます。

⑨　CからDの方位を測れば，最終の針路が分かります。（解答には無関係）

≪全航程≫

⑩　A，B，C，Dを結び，AB，BC，CDを結ぶ線が全航程となるので，AB間，BC間，CD間の距離をデバイダで測ります。

解　答

全航程距離（AB間の距離）6.5（海里）＋（BC間の距離）14.0（海里）＋（CD間の距離）6.5（海里）＝27.0（海里）

全航程を10ノットで航行しているので，27.0（海里）÷10（ノット）＝2.7（時間）

2時間と0.7時間となり1時間は60分なので，0.7（時間）×60＝42（分）となります。

したがって所要時間は2時間42分となります。

A出航点の出航時刻は12時00分なので，12時00分＋2時間42分＝14時42分となり，到着点Dには14時42分頃に到着することになります。

答　(2)

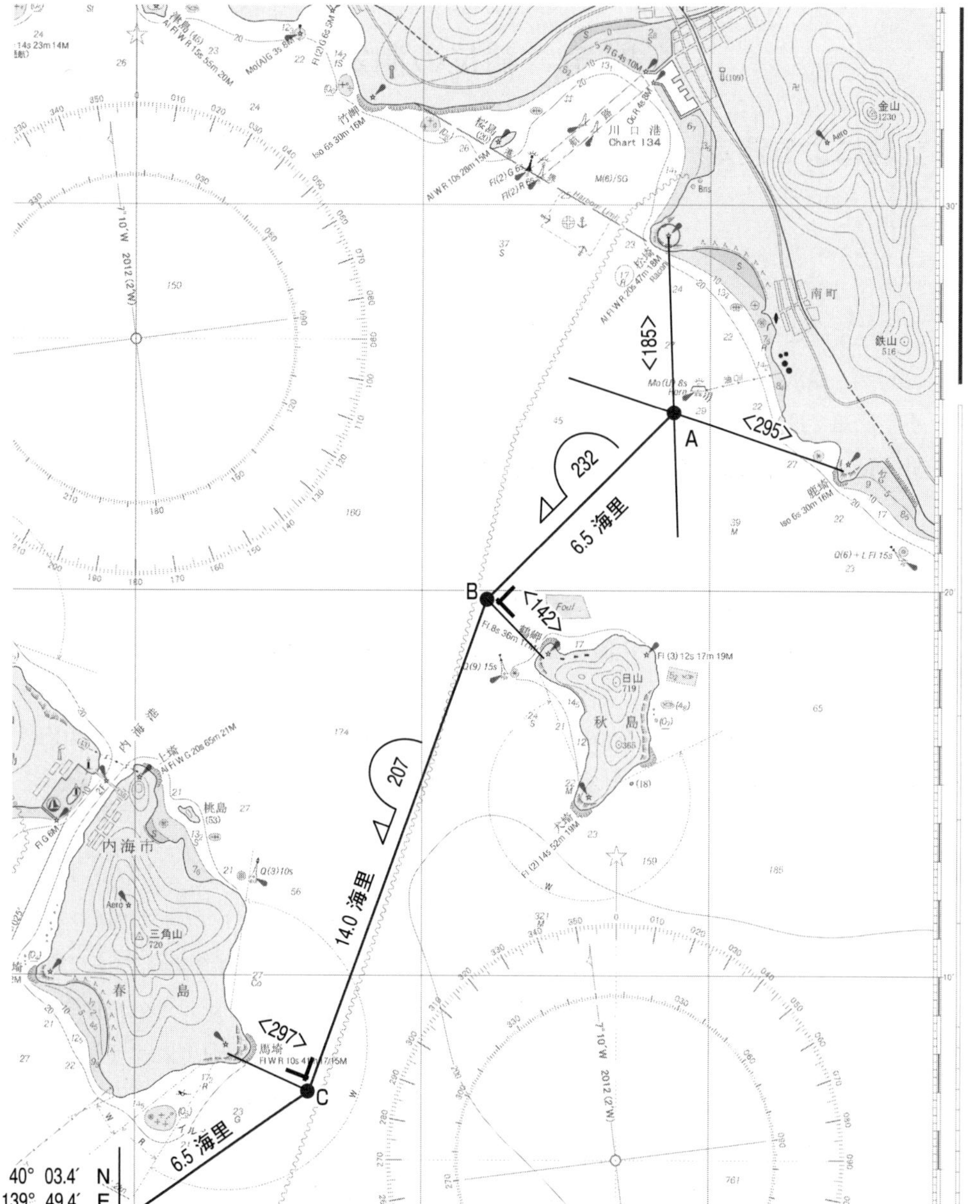
川口港
Chart 134
金山
1230
南町
鉄山
516
<185>
A
<295>
232
6.5 海里
B
<142>
Foul
日山
719
秋島
207
14.0 海里
内海港
内海市
桃島
三角山
720
春島
馬埼
<297>
C
6.5 海里
40°　03.4′　N
139°　49.4′　E
D
7°10′W　2012 (2′W)

問 52　船位の測定

航海計器による測定（交差方位法（クロスベアリング），海図の見方・使い方）

・コンパス

コンパスには高速で回転するコマの原理を利用して地球の真北を示すジャイロコンパス（Gyro Compass）と，磁気を利用して地球の磁北を示す磁気コンパス（Magnetic Compass）とがあります。小型船舶では，通常磁気コンパスを使用しているので，磁気コンパスについて出題されます。磁針方位，磁針路とは磁気コンパスを用いて測定又は設定した方位です。

・自差

船内に備え付けられた磁気コンパスは，船体や船内にある鋼材，計器類の発する磁力の影響を受けて，磁気子午線の方向が左右に偏ります。磁気子午線の方向と磁気コンパスの南北線の差を自差と言います。

自差の原因は船体自体にあり，かつ船首方向が変化すると自差も変わることから，コンパス針路の 8 方位点，又は 16 方位点に対する自差の値を測定して表や自差曲線を作成しています。

・偏差

磁気コンパスの示す方位線は，地磁気による磁気子午線上の北（磁北）と南（磁南）を結ぶ線との角度です。この磁針方位と真北（真子午線上の北）および真南（真子午線上の南）を結ぶ方向とがなす角度は，現在の地球表面付近の多くの場所において 0 ではなく，この角度を「偏差」と呼びます。偏差はバリエーションとも呼ばれ，記号では「Var.」と略記されます 偏差の向きおよび大きさは，地球上の地域によって異なり，時間的にも常に変化しています。海図のコンパス図の外側の円が真方位を示し,内側の円が磁針方位を示しています。内側の円内に記された○°○′ E 又は W 西暦年がその地のその年の偏差であり，括弧内の数値 E 又は W は一年間に生じる偏差のずれで年差と言います。

・用語の解説

真方位：物標と船を結ぶ線と真子午線とのなす角を真方位と言い，真方位の度数は 360° で表します。

磁針方位：物標と船を結ぶ線と磁気子午線のなす角を磁針方位と言い，真方位と偏差の角度だけ差があります。

コンパス方位：物標と船を結ぶ線とコンパスの南北線のなす角をコンパス方位と言い，真方位とは，偏差と自差を合わせた（E,W の符号も含めた合計）差があります。

・偏差，自差及びコンパス誤差

磁針方位とコンパス方位の差を自差と言い，船のコンパス自体の誤差であるので，その値はそれぞれの船（コンパス）で異なります。

真方位とコンパス方位の差をコンパス誤差（Compass Error）と言い，偏差と自差を加減したものとなります。

同一目標をコンパス方位と真方位で測ったとき，例えばコンパス方位 015°，真方位 020° とすると，真方位がコンパス方位の 5° 右側にあることになり，この場合はコンパス誤差は偏東（E）で，この反対の場合は偏西（W）となります。

磁針方位がコンパス方位の右側にあるときは，自差は偏東（E）。また，真方位が磁針方位の右側にあるときは，偏差は偏東（E）となります。

クロスベアリング（交差方位法）

2 つ以上の物標のコンパス方位を測定し，その 2 方位線以上の交点を自船の位置（船位）とする船位測定法を言います。

コンパス方位とは，自船のコンパスで測定した方位のことです。この方位線を海図上のコンパス図で測定してみると，少し異なった数値となります。これが自差であり，プラスの場合は偏東（E）で，マイナスの場合は（W）となります。

問52-1　山野港沖を一定針路で航行中の G 船は，山野港北東方の牛埼灯台をコンパス方位 306°，沖ノ島灯台（Fl.7s）をコンパス方位 055° に測定した。G 船の船位（緯度，経度）は，次のうちどれか？ただし，このときの船首方向に対する自差は 6° W であった。（試験用海図 W200 使用）

(1)　39° -55.2′ N，139° 58.3′ E　　(2)　39° -55.7′ N，139° 57.4′ E

(3)　39° -55.8′ N，139° 58.1′ E　　(4)　39° -56.1′ N，139° 59.2′ E

作図の手順

① 自差 6° W なので，牛埼灯台の磁針方位は 300°（306° − 6°）となります。

② 沖ノ島灯台の磁方位は 049°（055° − 6°）となります。

③ 海図上に牛埼灯台から 120°（300° の反方位）の方位線を，沖ノ島灯台から 229°（049° の反方位）の方位線を引き，交点を求めます。

④ ③の交点の緯度及び経度を求めると，39° -56.1′ N，139° 59.2′ E となります。

注）コンパス方位と表記されているのは，自差を含んでいることを意味します。

答　(4)

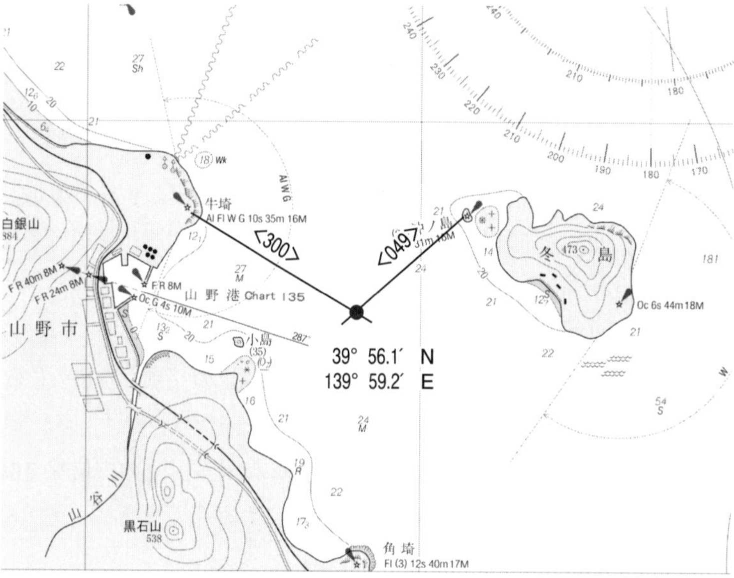

問52-2　牛島の北方海域を一定針路で航行中の G 船は，椿山山頂（325m）をコンパス方位 205°，北山山頂（1260m）をコンパス方位 289° に測定した。G 船の船位（緯度，経度）は次のうちどれか？ただし，このときの船首方向に対する自差は 5° E であった。（試験用海図 W150 使用）

(1) 30° -04.9′ N，135° 29.5′ E　(2) 30° -03.8′ N，135° 29.8′ E

(3) 30° -02.5′ N，135° 29.8′ E　(4) 30° -01.3′ N，135° 29.2′ E

作図の手順

①　自差 5°E なので，椿山山頂の磁針方位は 210°（205° + 5°）となります。海図上の椿山山頂から 030°（210° の反方位）の方位線を引きます。(注：山頂は等高線の輪の中の黒点)

②　大島の北山山頂の磁針方位は 294°（289° + 5°）となります。

③　海図上に北山山頂から 114°（294° の反方位）の方位線を引き，交点を求めます。

④　③の交点の緯度及び経度を求めると，30°-02.5′ N，135° 29.8′ E となります。

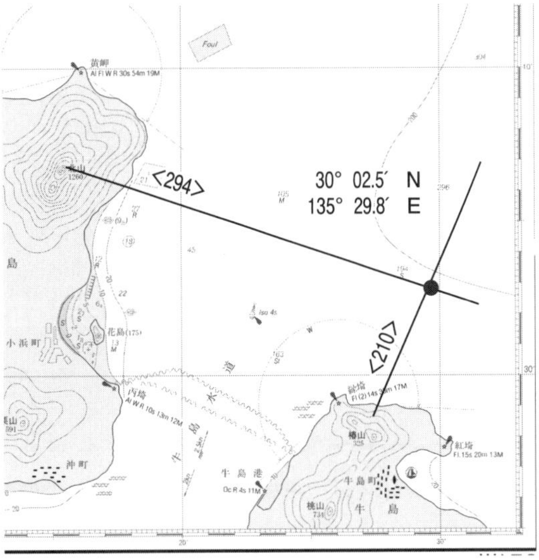

答　(3)

問52-3　山野港沖を一定針路で航行中の G 船は，牛埼灯台をコンパス方位 306°，沖ノ島灯台をコンパス方位 055° に測定した。G 船の船位（緯度，経度）は次のうちどれか？ただし，このときの船首方向に対する自差は 5° W であった。(試験用海図 W200 使用)

(1)　39° -55.3′ N，139° 58.2′ E　　(2)　39° -55.6′ N，139° 58.2′ E

(3)　39° -55.8′ N，139° 57.5′ E　　(4)　39° -56.0′ N，139° 59.0′ E

作図の手順

①　自差 5° W なので，牛埼灯台の磁針方位は 301°（306° − 5°）となります。

②　沖ノ島灯台の磁針方位は 050°（055° − 5°）となります。

③　海図上に牛埼灯台から 121°（301° の反方位）の方位線を，沖ノ島灯台から 230°（050° の反方位）の方位線を引き，交点を求めます。

④　③の交点の緯度及び経度を求めると，39° -56.0′ N，139° 59.0′ E となります。

注）コンパス方位と表記されているのは，自差を含んでいることを意味します。

答 (4)

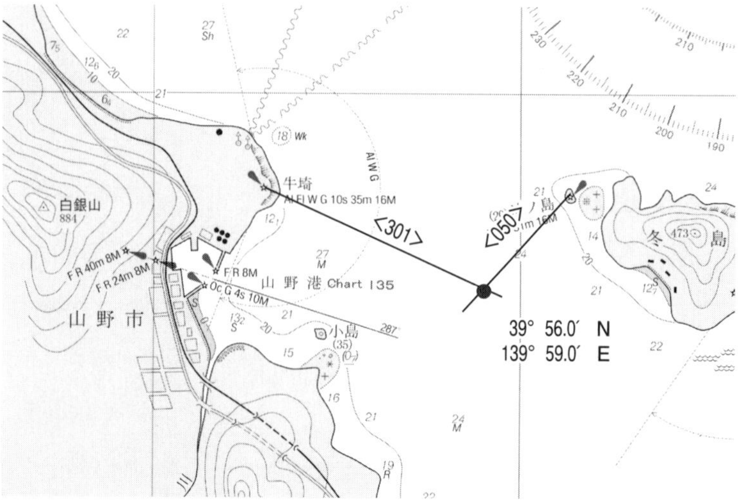

問52-4　G 船は，秋町の南方海域を一定針路で航行中，秋町南方の長島灯台（Oc 7s）をコンパス方位 300°, 秋町の東方の星岬灯台（Fl(2) 10s）をコンパス方位 015° に測定した。G 船の船位（緯度，経度）は次のうちどれか？ただし，このときの船首方向に対する自差は 6° E であった。（試験用海図 W150 使用）

(1) 30°-17.5′ N，135° 18.4′ E　　(2) 30°-17.5′ N，135° 17.4′ E
(3) 30°-17.8′ N，135° 19.6′ E　　(4) 30°-18.2′ N，135° 20.4′ E

作図の手順

① 自差 6° E なので，長島灯台の磁針方位は 306°（300° + 6°）となります。

② 星岬灯台の磁方位は 021°（015° + 6°）となります。

③ 海図上に長島灯台から 126°（306° の反方位）の方位線を，星岬灯台から 201°（021° の反方位）の方位線を引き，交点を求めます。

④ ③の交点の緯度及び経度を求めると，30°-17.5′ N，135° 18.4′ E となります。

答 (1)

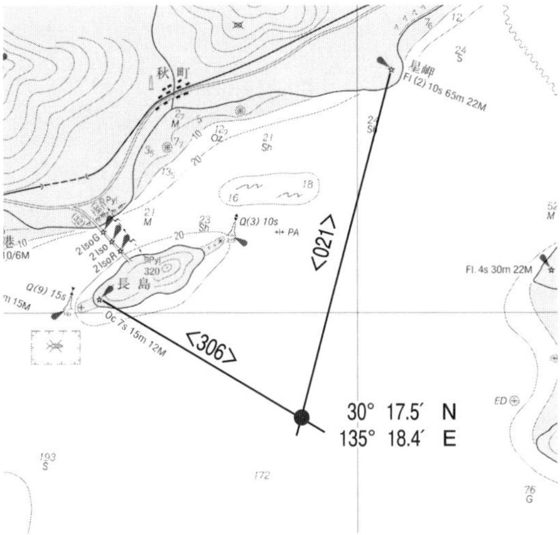

問52-5　春島の西方海域を一定針路で航行中の G 船は，中埼灯台（Oc 5s）をコンパス方位 185°，西浜東方の梅岬灯台（Fl⑵ 10s）をコンパス方位 285° に測定した。G 船の船位（緯度，経度）は次のうちどれか？ただし，このときの船首方向に対する自差は 5° W であった。（試験用海図 W200 使用）

⑴　40° -06.1′ N，139° 45.6′ E　　⑵　40° -06.2′ N，139° 44.8′ E
⑶　40° -07.4′ N，139° 44.7′ E　　⑷　40° -06.6′ N，139° 45.3′ E

作図の手順

①　自差 5° W なので，中埼灯台の磁針方位は 180°（185° − 5°）となります。
②　梅岬灯台の磁方位は 280°（285° − 5°）となります。
③　海図上に中埼灯台から 000°（180° の反方位）の方位線を，梅岬灯台から 100°（280° の反方位）の方位線を引き，交点を求めます。
④　③の交点の緯度及び経度を求めると，40° -07.4′ N，139° 44.7′ E となります。
注）コンパス方位と表記されているのは，自差を含んでいることを意味します。

答　⑶

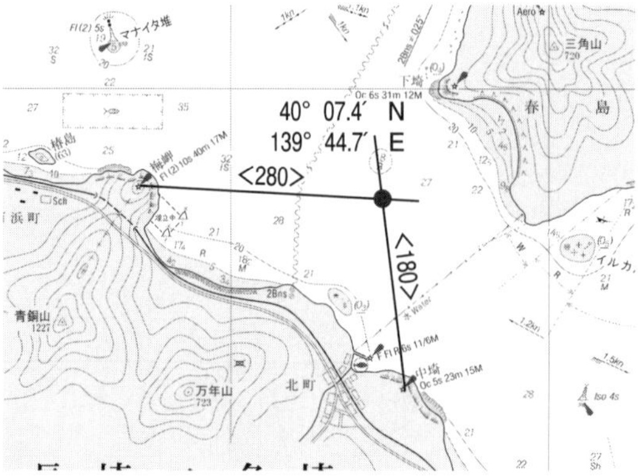

問52-6　鹿島の南方海域を一定針路で航行中のG船は，鹿島灯台（Fl(3)18s）をコンパス方位005°，弁天島灯台（Fl.3s）をコンパス方位111°に測定した。G船の船位（緯度，経度）は，次のうちどれか？ただし，このときの船首方向に対する自差は5°Wであった。（試験用海図W150使用）

(1)　30°-00.9′ N，134°40.8′ E　　(2)　30°-02.0′ N，134°40.4′ E
(3)　30°-03.1′ N，134°40.0′ E　　(4)　30°-02.9′ N，134°42.7′ E

作図の手順

①　自差5°Wなので，鹿埼灯台の磁針方位は000°（005° − 5°）となります。
②　弁天島灯台の磁方位は106°（111° − 5°）となります。
③　海図上に鹿埼灯台から180°（000°の反方位）の方位線を，弁天島灯台から286°（106°の反方位）の方位線を引き，交点を求めます。
④　③の交点の緯度及び経度を求めると，30°-00.9′ N，134°40.8′ Eとなります。
注）コンパス方位と表記されているのは，自差を含んでいることを意味します。

答　(1)

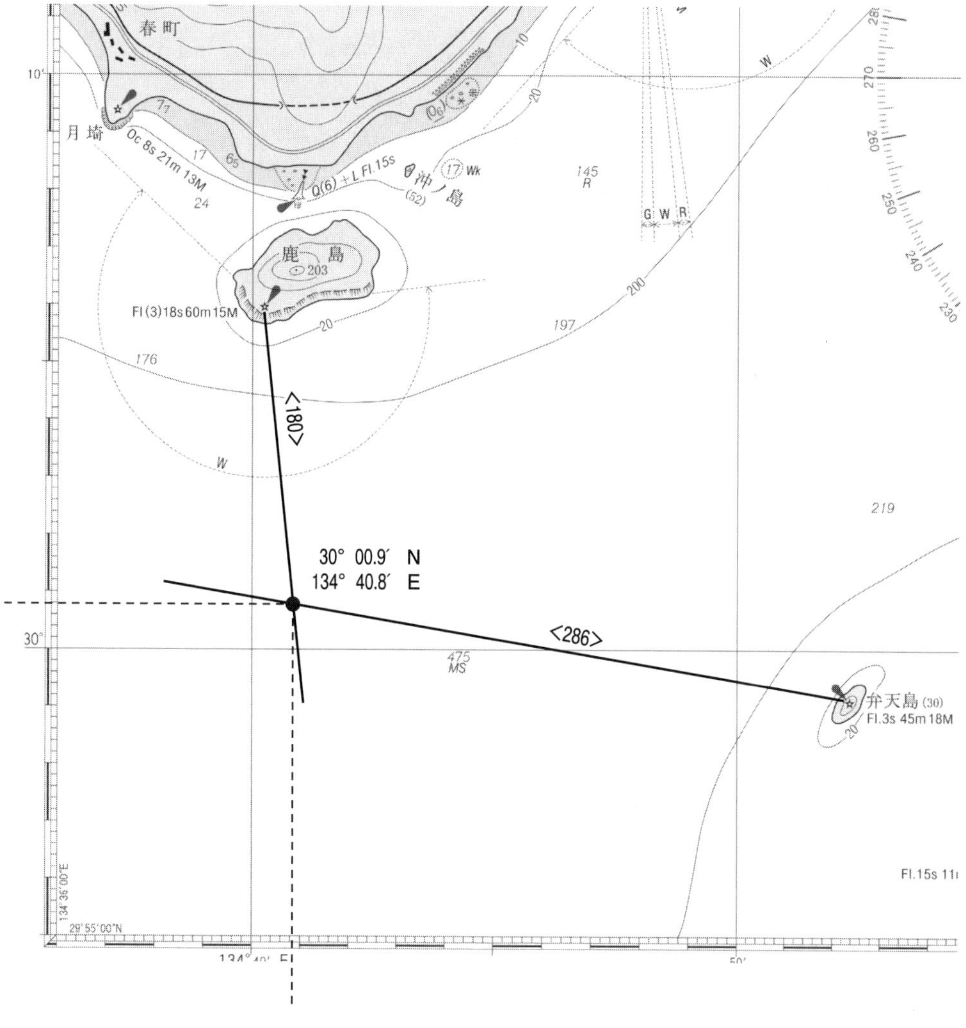

問52-7　西山市の南西方海域を一定針路で航行中のＧ船は，同市南方の竹岬灯台をコンパス方位 076°，津島灯台（Al Fl W R 15s）をコンパス方位 349°に測定した。Ｇ船の船位（緯度，経度）は次のうちどれか？ただし，このときの船首方向に対する自差は 6° E であった。（試験用海図 W200 使用）

(1)　40°-30.8′ N，139° 53.2′ E　　(2)　40°-30.2′ N，139° 52.7′ E

(3)　40°-31.4′ N，139° 51.7′ E　　(4)　40°-31.1′ N，139° 52.4′ E

作図の手順

① 自差 6°E なので，竹岬灯台の磁針方位は 082°（076° + 6°）となります。

② 津島灯台の磁方位は 355°（349° + 6°）となります。

③ 海図上に竹岬灯台から 262°（082°の反方位）の方位線を，津島灯台から 175°（355°の反方位）の方位線を引き，交点を求めます。

④ ③の交点の緯度及び経度を求めると，40°-31.4′ N，139°51.7′ E となります。

注）コンパス方位と表記されているのは，自差を含んでいることを意味します。

答 (3)

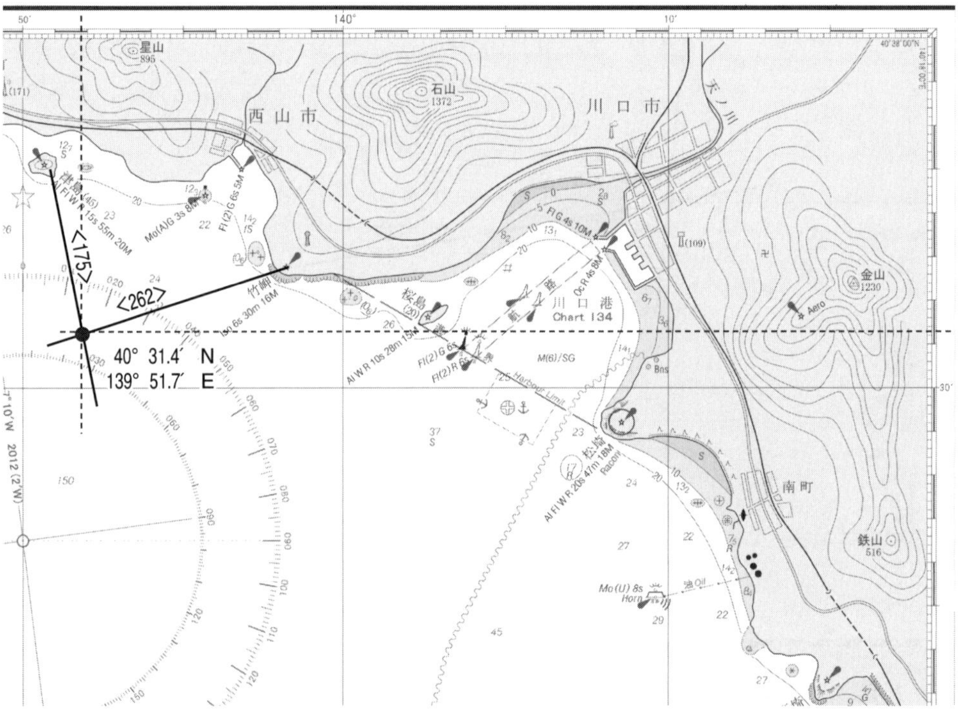

問52-8 馬島の西方海域を一定針路で航行中の G 船は，馬島の西側灯台（Fl.4s）をコンパス方位 085°，秋町北東方の東山山頂をコンパス方位 348° に測定した。G 船の船位（緯度，経度）は次のうちどれか？ただし，このときの船首方向に対する自差は 6° W であった。（試験用海図 W150 使用）

(1)　30°-20.5′ N, 135°18.8′ E　　(2)　30°-20.1′ N, 135°19.9′ E

(3)　30°-19.9′ N, 135°21.1′ E　　(4)　30°-19.4′ N, 135°19.1′ E

作図の手順

① 自差 6°W なので，馬島の西側灯台の磁針方位は 079°（085° − 6°）となります。

② 秋町北東方の東山山頂の磁方位は 342°（348° − 6°）となります。

③ 海図上に馬島の西側灯台から 259°（079° の反方位）の方位線を，秋町北東方の東山山頂から 162°（342° の反方位）の方位線を引き，交点を求めます。

④ ③の交点の緯度及び経度を求めると，30°-19.9′ N, 135°21.1′ E となります。

答　(3)

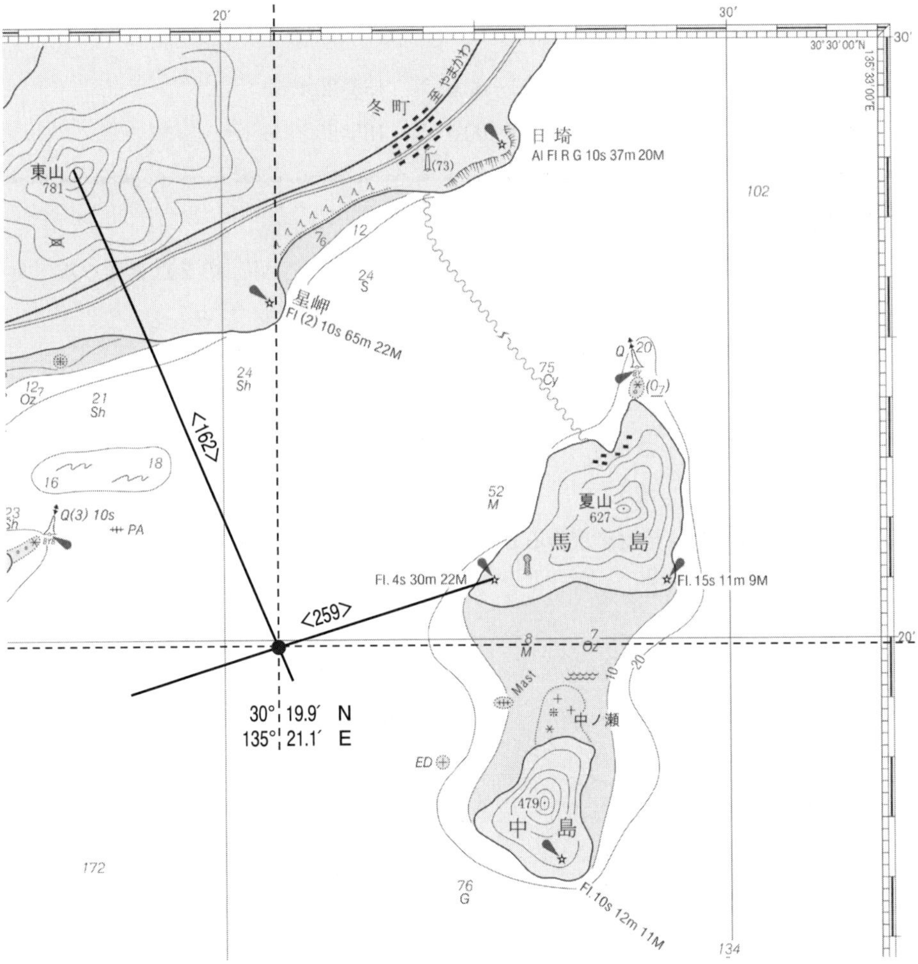

重視線（トランジットライン）

2つの物標が重なって見える，すなわち2つの物標と自船が一直線になる方位線は唯一線に定まり，自船はこの重視線の延長線上に存在することになります。また，2つの物標が重なったときに磁針方位を測定してコンパス方位とし，海図上の重視線と異なる場合は，この差が自差になります。これにより自差を知ることができます。

問52-9　大島の東方海域を一定針路で航行中のG船は，牛島の桃山山頂（734m）と牛島北側の緑埼灯台のトランジット（重視線）をコンパス方位194°，大島東側の丙埼灯台（Al W R 10s）をコンパス方位259°に測定した。G船の船位（緯度，経度）は次のうちどれか？（試験用海図W150使用）

(1)　30°-04.4′ N，135°26.6′ E　　(2)　30°-02.6′ N，135°26.4′ E

(3)　30°-01.3′ N，135°26.3′ E　　(4)　30°-00.5′ N，135°26.2′ E

作図の手順

① 桃山山頂（734m：等高線の円内の黒点）と緑埼灯台（☆印）の2点を通る線（重視線）を引き，この線の方位を正確に測ると190°が得られます。

② 磁針方位との差は194° − 190° = 4°は自差であり，4°Wが得られます。

③ 丙埼灯台の磁針方位は255°（259° − 4°）となります。

④ 海図上に丙埼灯台から075°（255°の反方位）の方位線を引き，①の重視線との交点を求めます。

⑤ ④の交点の緯度及び経度を求めると，30°-02.6′ N，135°26.4′ Eとなります。

答　(2)

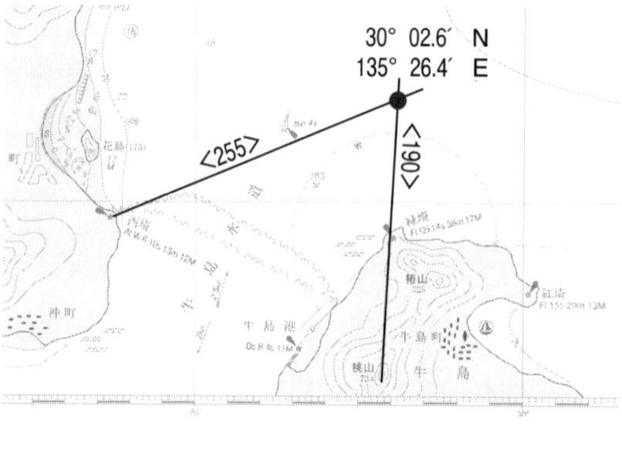

問52-10　川口港を出港し，一定針路で航行中のＧ船は，川口市東方の金山山頂（1230m）と同市南方の松埼灯台（Al Fl W R 20s）のトランジット（重視線）をコンパス方位 073°，同市西方の竹岬灯台（Iso 6s）をコンパス方位 329° に測定した。Ｇ船の船位（緯度，経度）は次のうちどれか？（試験用海図 W200 使用）

(1)　40°-26.3′ N，140° 02.0′ E　　(2)　40°-26.8′ N，140° 03.1′ E

(3)　40°-27.2′ N，140° 04.0′ E　　(4)　40°-27.6′ N，140° 04.8′ E

作図の手順

①　金山山頂（1230m：等高線の円内の△内黒点）と松埼灯台（☆印）の２点を通る線（重視線）を引き，この線の方位を正確に測ると 067° が得られます。

②　磁針方位との差は 073° − 067° = 6° は自差であり，6° W が得られます。

③　竹岬灯台の磁針方位は 323°（329° − 6°）となります。

④　海図上に竹岬灯台から 143°（323° の反方位）の方位線を引き，①の重視線との交点を求めます。

⑤　④の交点の緯度及び経度を求めると，40°-27.6′ N，140° 04.8′ E となります。

<u>答　(4)</u>

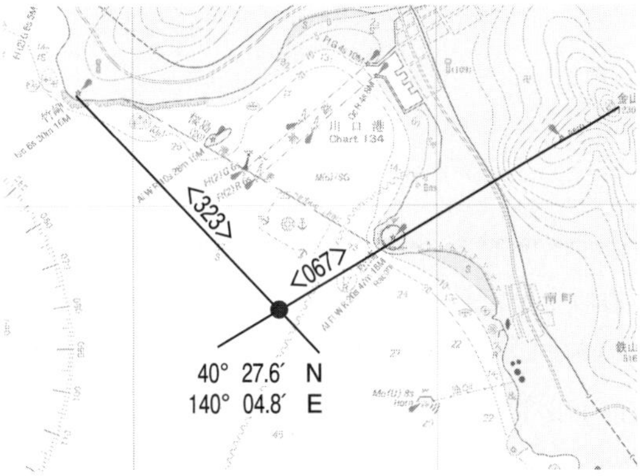

問52-11　秋島の東方海域を一定針路で航行中のＧ船は，鉄山山頂（516m）と鹿埼灯台（Iso 6s）のトランジット（重視線）をコンパス方位 035°，秋島北東端灯台（Fl(3) 12s）をコンパス方位 282° に測定した。Ｇ船の船位（緯度，経度）は次のうちどれか？（試

験用海図 W200 使用)

(1) 40°-18.2′ N, 140° 11.8′ E (2) 40°-18.7′ N, 140° 12.1′ E
(3) 40°-18.8′ N, 140° 13.2′ E (4) 40°-19.4′ N, 140° 12.8′ E

作図の手順

① 鉄山山頂（516m：等高線の円内の黒点）と鹿埼灯台（☆印）の 2 点を通る線（重視線）を引き，この線の方位を正確に測ると 033° が得られます。

② 磁針方位との差は 035° − 033° = 2° は自差であり，2° W が得られます。

③ 秋島北東端灯台の磁針方位は 280°（282° − 2°）となります。

④ 海図上に秋島北東端灯台から 100°（280° の反方位）の方位線を引き，① の重視線との交点を求めます。

⑤ ④の交点の緯度及び経度を求めると，40°-18.2′ N, 140° 11.8′ E となります。

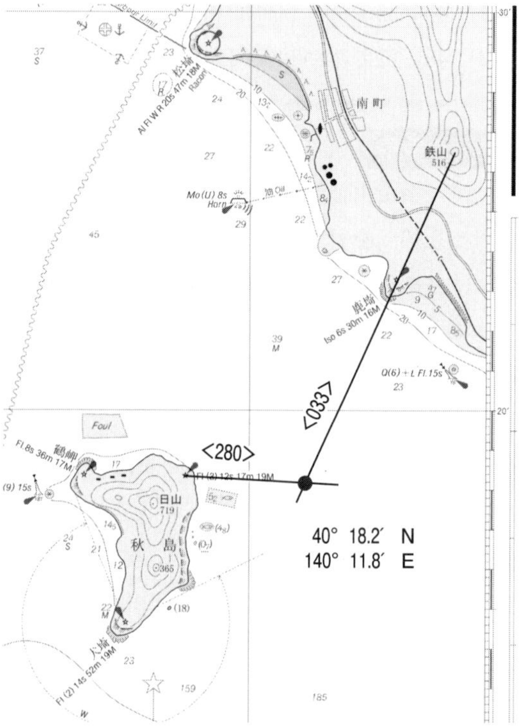

答 (1)

問52-12 大島の東方海域を一定針路で航行中の G 船は，大島の栗山山頂（591）と同島南東端の丙埼灯台のトランシット（重視線）をコンパス方位 246°，牛島北端の緑埼灯台をコンパス方位 156° に測定した。G 船の船位（緯度，経度）は次のうちどれか？

（試験用海図 W150 使用）

(1) 30°-03.0′ N, 135° 22.4′ E (2) 30°-02.4′ N, 135° 23.0′ E
(3) 30°-01.6′ N, 135° 23.7′ E (4) 30°-02.0′ N, 135° 24.8′ E

作図の手順

①　大島の栗山山頂（591）と同島南東端の丙埼灯台のトランシット（重視線）は，磁針方位 255° です。一方，コンパス方位は 246° で測っていますので，このときの自差は 9° E と判ります。

②　牛島北端の緑埼灯台から方位 345°（156° + 9° + 180°）の方位線を引き，交点を求めます。

③　交点の緯度及び経度を求めると，30° -02.0′ N，135° 24.8′ E となります。

答　(4)

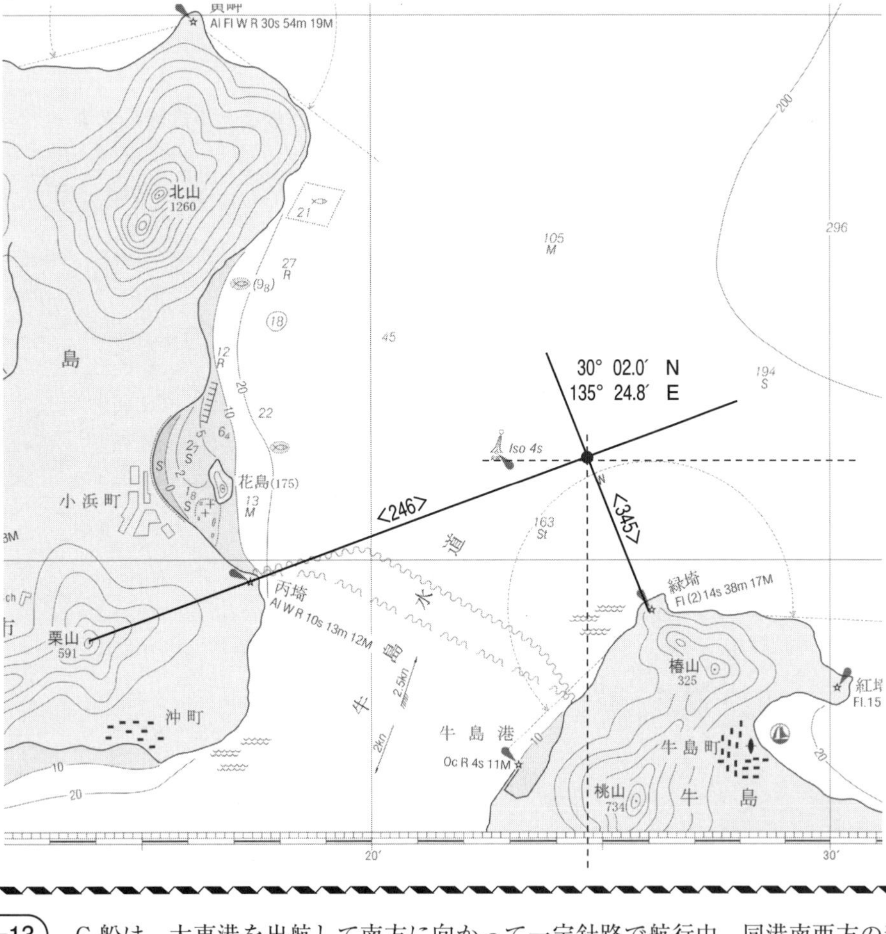

問52-13　G 船は，大東港を出航して南方に向かって一定針路で航行中，同港南西方の青埼灯台（Iso 6s）と同港西方の西山山頂（983）のトランシット（重視線）をコンパス方位 353°，西川市東方の赤岬灯台（Fl W R 10s）をコンパス方位 255° に測定した。G 船の船位（緯度，経度）は次のうちどれか？（試験用海図 W150 使用）

(1) 30°-15.2′ N，134°54.4′ E　　(2) 30°-14.1′ N，134°54.9′ E

(3) 30°-14.8′ N，134°54.5′ E　　(4) 30°-15.7′ N，134°54.1′ E

作図の手順

① 大東港南西方の青埼灯台（Iso 6s）と同港西方の西山山頂（983）のトランシット（重視線）を引いて方位を測ると 342° となります。一方，コンパス方位は 353° で測っていますので，このときの自差は 11°W と判ります。

② 西川市東方の赤岬灯台（Fl W R 10s）をコンパス方位 064°（255° − 11° − 180°）の方位線を引き，交点を求めます。

③ 交点の緯度及び経度を求めると，30°-15.7′ N，134°54.1′ E となります。

注）コンパス方位と表記されているのは，自差を含んでいることを意味します。

答 (4)

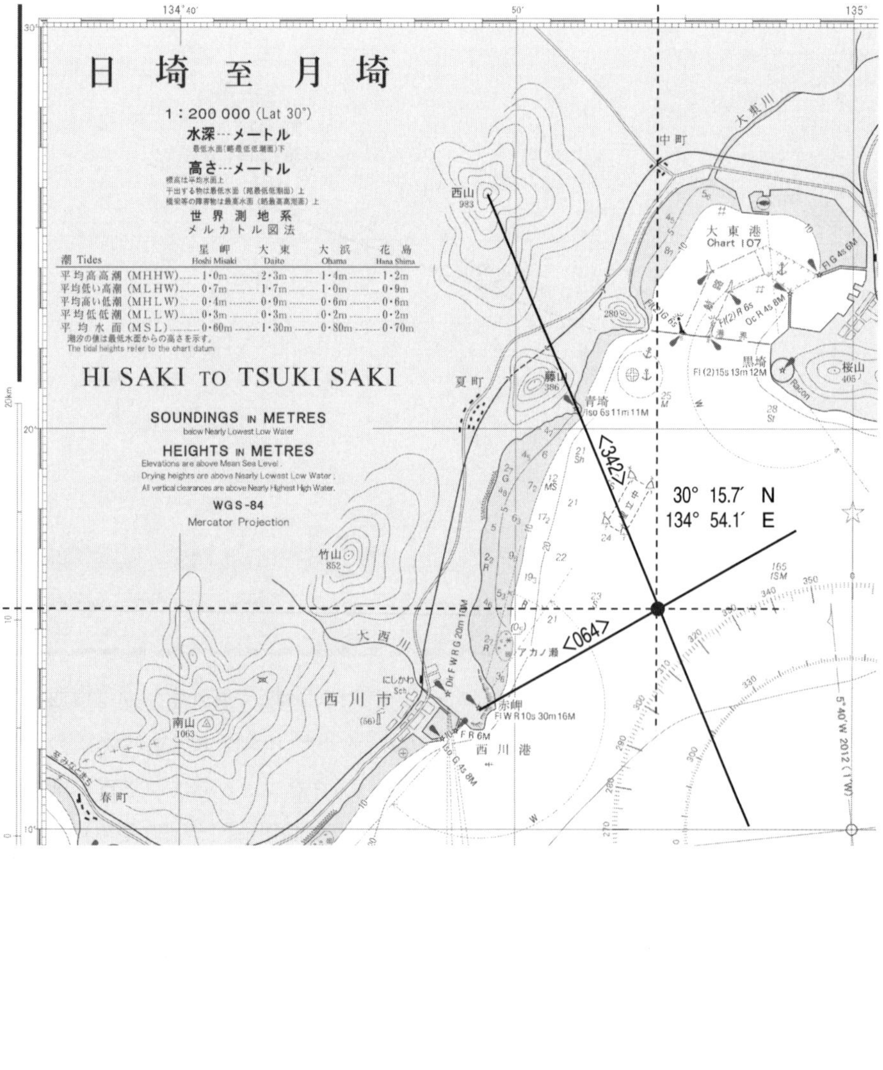

レーダーによる測定

舶用レーダーは，船舶の上部に設置され，回転するレーダーアンテナ（スキャナ）が指向性のある電波（マイクロ波）を水平方向に発射します。この電波は物標に当たり反射し，受信された電波の映像がレーダー画面上に表示されます。これは特に夜間や視界不良時の見張りを補助し，物標までの方位と距離を測定して船位測定に役立つ重要な航海計器です。

レーダーの映像方式には，真方位方式と相対方位方式の 2 種類が存在します。

なお，レーダーの方位測定には拡大効果による誤差が含まれることがあるため，注意が必要です。

出題の全てが相対方位方式の問題です。

・用語の説明

真方位方式：真方位方式は，レーダー画面上の上端が真北を指しています。これはジャイロコンパスと連動しているためであり，画面上の映像は全て真方位で表されます。

相対方位方式：相対方位方式では，画面上の上端が船の船首方位となり，船首輝線が画面の上部を向いて固定され，画面上に映る全ての映像は船首を基準に測った相対方位で表されます。

注）ジャイロコンパスは，大型船には搭載が義務付けられていますが，小型船舶の大半は磁気コンパスのみを搭載しています。

海図は真方位で表示されていますので，測定した方位に自船の船首方位を加減して，真方位を算出しなければなりません。

算出の要領は，以下の例題に沿って解説します。

例：①　磁針路 045° で航行中の船舶のレーダー方位 045° 方向に物標があった。物標の海図上の方位は何度方向か？

→　045°（自船の磁針路）＋ 045°（レーダーの指示方位）＝ 090°（海図上の磁針方位）

②　磁針路 200° で航行中の船舶のレーダーの方位 200° 方向に物標があった。物標の海図上の方位は何度方向か？

→　200°（自船の磁針路）＋ 200°（レーダーの指示方位）＝ 400°

400° − 360° ＝ 040°（海図上の磁針方位）

問52-14　G 船は大東港の南方海域をコンパス針路 263°（自差 5°E）で航行中，レーダーにより大東市南西方の黒埼灯台（Fl(2) 15s）を方位 083°，距離 5 海里に測定した。G 船の船位（緯度，経度）は次のうちどれか？ただし，レーダーは相対方位指示とする。（試験用海図 W150 使用）

(1)　30°-16.6′ N，134°59.4′ E　　(2)　30°-17.0′ N，135°00.4′ E

(3)　30°-17.3′ N，134°59.2′ E　　(4)　30°-17.6′ N，135°00.1′ E

作図の手順

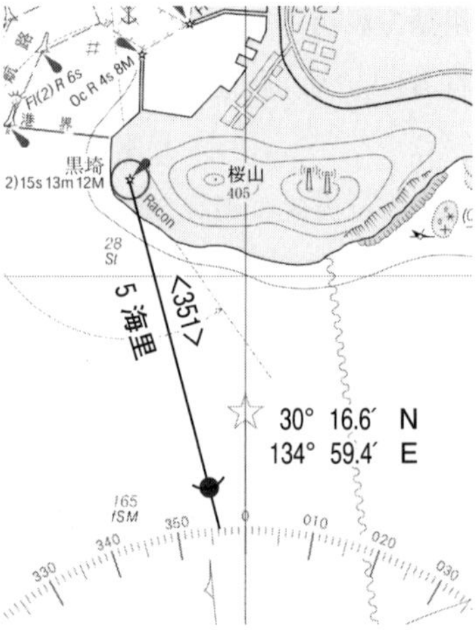

① コンパス針路 263°，自差 5°E であり，263° + 5° = 268°（磁針路）

② レーダーでの測定方位値は 083°，レーダーでの表示は相対方位方式なので，磁針路にレーダー測定方位を加えて修正。

③ 268° + 083° = 351°（磁針方位）となり，黒埼から 171°（351°の反方位）の方位線を引きます。

④ 黒埼灯台から 5 海里をコンパス又はデバイダで測り，③の方位線上が G 船の船位となります。

⑤ ④で求めた点の緯度及び経度を求めると，30°-16.6′ N，134°59.4′ E となります。

答　(1)

問52-15　G 船は秋島の北方海域をコンパス針路 295°（自差 6°W）で航行中，レーダーにより川口市南方の松埼灯台（Al Fl W R 20s）を方位 126°，距離 8 海里に測定した。G 船の船位（緯度，経度）は次のうちどれか？ただし，レーダーは相対方位指示とする。（試験用海図 W200 使用）

(1)　40°-23.9′ N，140°00.8′ E　　(2)　40°-24.6′ N，140°00.0′ E

(3)　40°-25.2′ N，139°59.5′ E　　(4)　40°-26.1′ N，139°59.0′ E

作図の手順

①　コンパス針路295°，自差6° Wであり，295° − 6° = 289°（磁針路）

②　レーダーでの測定方位値は126°，レーダーでの表示は相対方位方式なので，磁針路にレーダー測定方位を加えて修正。

③　289° + 126° = 415° − 360 = 055°（磁針方位）となり，松埼灯台から235°（055°の反方位）の方位線を引きます。

④　松埼灯台から8海里をコンパス又はデバイダで測り，③の方位線上がG船の船位となります。

⑤　④で求めた点の緯度及び経度を求めると，40°-23.9′ N，140°00.8′ Eとなります。

答　(1)

問52-16　G船は大東港の南方海域をコンパス針路005°（自差6° W）で航行中，レーダーにより大東市南西方の黒埼灯台（Fl(2) 15s）を方位043°，距離6海里に測定した。G船の船位（緯度，経度）は次のうちどれか？ただし，レーダーは相対方位指示とする。（試験用海図W150使用）

(1)　30°-16.3′ N，134°59.4′ E　　(2)　30°-16.6′ N，134°53.8′ E

(3)　30°-17.3′ N，134°54.4′ E　　(4)　30°-17.5′ N，134°52.7′ E

作図の手順

①　コンパス針路005°，自差6° Wであり，005° − 6° = 359°（磁針路）

②　レーダーでの測定方位値は043°，レーダーでの表示は相対方位方式なので，磁針路にレーダー測定方位を加えて修正。

③　359° + 043° = 042°（磁針方位）となり，黒埼灯台から222°（042°の反方位）の方位線を引きます。

④　黒埼灯台から6海里をコンパス又はデバイダで測り，③の方位線上がG船の船位となります。

⑤　④で求めた点の緯度及び経度を求めると，30° -16.6′ N，134° 53.8′ E となります。

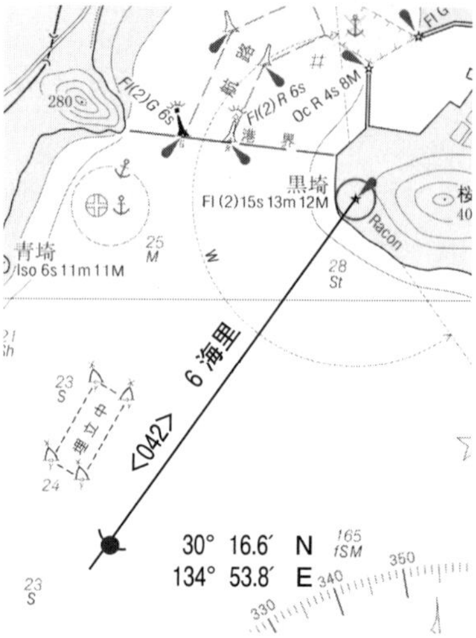

答 (2)

問52-17　G 船は秋島の北方海域をコンパス針路 297°（自差 6° E）で航行中，レーダーにより川口市南方の松埼灯台（Al Fl W R 20s）を方位 087°，距離 8 海里に測定した。G 船の船位（緯度，経度）は次のうちどれか？ただし，レーダーは相対方位指示とする。（試験用海図 W200 使用）

(1)　40° -28.6′ N，139° 58.2′ E　　(2)　40° -22.3′ N，140° 03.3′ E
(3)　40° -21.8′ N，140° 04.5′ E　　(4)　40° -21.3′ N，140° 06.6′ E

作図の手順

①　コンパス針路 297°，自差 6° E であり，297° + 6° = 303°（磁針路）

②　レーダーでの測定方位値は 087°，レーダーでの表示は相対方位方式なので，磁針路にレーダー測定方位を加えて修正。

③　303° + 087° = 390° − 360° = 030°（磁針方位）となり，松埼灯台から 210°（030° の反方位）の方位線を引きます。

④　松埼灯台から 8 海里をコンパス又はデバイダで測り，③の方位線上が G 船の船位となります。

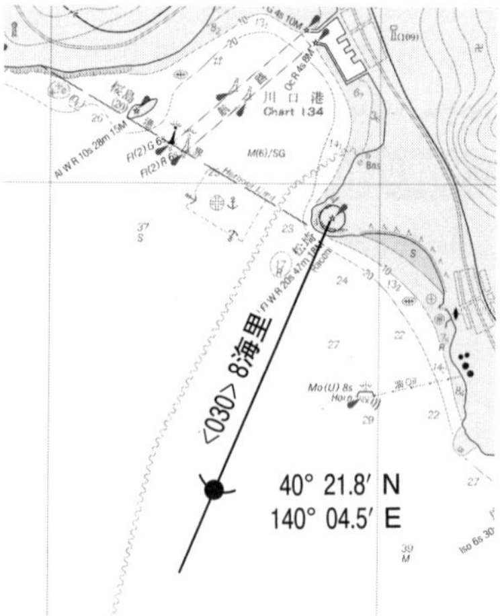

⑤　④で求めた点の緯度及び経度を求めると，40°-21.8′ N，140°04.5′ E となります。

答　(3)

問52-18　G 船は秋島の北方海域をコンパス針路 170°（自差 5°W）で航行中，レーダーにより川口市南方の松埼灯台（Al Fl W R 20s）を方位 250°，距離 7 海里に測定した。G 船の船位（緯度，経度）は次のうちどれか？ただし，レーダーは相対方位指示とする。（試験用海図 W200 使用）

(1)　40°-25.5′ N，140°00.8′ E　　(2)　40°-26.0′ N，140°00.4′ E
(3)　40°-24.5′ N，140°01.8′ E　　(4)　40°-25.0′ N，140°01.2′ E

作図の手順

①　コンパス針路 170°，自差 5°W であり，170° − 5° = 165°（磁針路）

②　レーダーでの測定方位値は 250°，レーダーでの表示は相対方位方式なので，磁針路にレーダー測定方位を加えて修正。

③　165° + 250° = 415° − 360° = 055°（磁針方位）となり，松埼灯台から 235°（055°の反方位）の方位線を引きます。

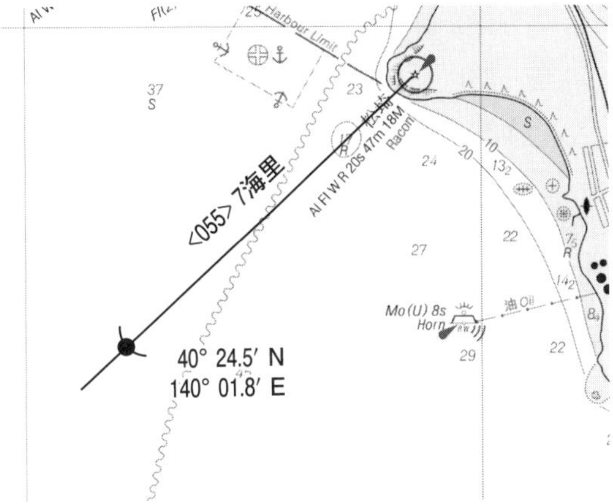

④　松埼灯台から 7 海里をコンパス又はデバイダで測り，③の方位線上が G 船の船位となります。

⑤　④で求めた点の緯度及び経度を求めると，40°-24.5′ N，140°01.8′ E となります。

答　(3)

問52-19　G船は大東港の南方海域をコンパス針路234°（自差3°W）で航行中，レーダーにより大東市南西方の黒埼灯台（Fl(2) 15s）を方位173°，距離5海里に測定した。G船の船位（緯度，経度）は次のうちどれか？ただし，レーダーは相対方位指示とする。（試験用海図W150使用）

(1)　30°-18.1′ N，134°54.8′ E　　(2)　30°-18.3′ N，134°54.4′ E

(3)　30°-17.6′ N，134°54.4′ E　　(4)　30°-17.9′ N，134°53.9′ E

作図の手順

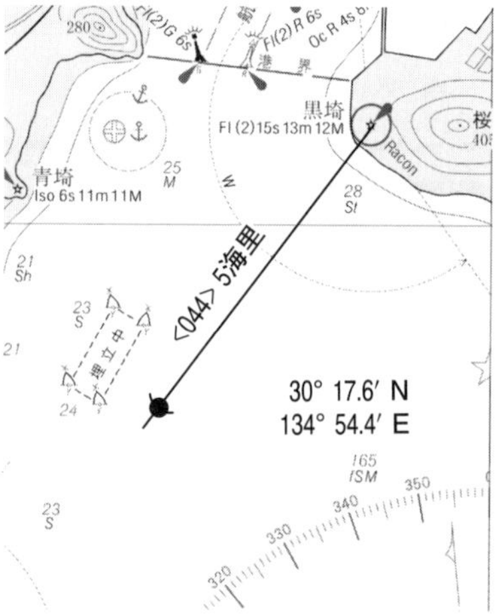

①　コンパス針路234°，自差3°Wであり，234° − 3° = 231°（磁針路）

②　レーダーでの測定方位値は173°，レーダーでの表示は相対方位方式なので，磁針路にレーダー測定方位を加えて修正。

③　231° + 173° = 404° − 360° = 044°（磁針方位）となり，黒埼灯台から224°（044°の反方位）の方位線を引きます。

④　黒埼灯台から5海里をコンパス又はデバイダで測り，③の方位線上がG船の船位となります。

⑤　④で求めた点の緯度及び経度を求めると，30°-17.6′ N，134°54.4′ Eとなります。

答　(3)

問52-20　G 船は大東港の南方海域をコンパス針路 023°（自差 3°E）で航行中，レーダーにより大東市南西方の黒埼灯台（Fl(2) 15s）を方位 307°，距離 5 海里に測定した。G 船の船位（緯度，経度）は次のうちどれか？ただし，レーダーは相対方位指示とする。（試験用海図 W150 使用）

(1)　30°-17.3′ N，135° 01.0′ E　　(2)　30°-16.8′ N，135° 00.0′ E

(3)　30°-17.0′ N，135° 00.5′ E　　(4)　30°-19.0′ N，135° 02.8′ E

作図の手順

① コンパス針路 023°，自差 3°E であり，023° + 3° = 026°（磁針路）

② レーダーでの測定方位値は 307°，レーダーでの表示は相対方位方式なので，磁針路にレーダー測定方位を加えて修正。

③ 026° + 307° = 333°（磁針方位）となり，黒埼灯台から 153°（333° の反方位）の方位線を引きます。

④ 黒埼灯台から 5 海里をコンパス又はデバイダで測り，③の方位線上が G 船の船位となります。

⑤ ④で求めた点の緯度及び経度を求めると，30°-17.3′ N，135° 01.0′ E となります。

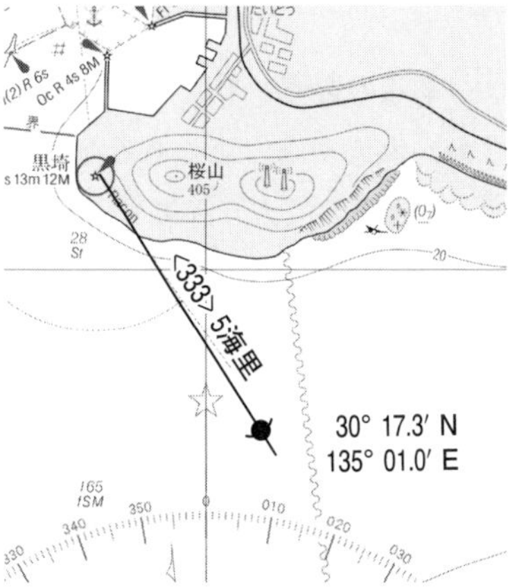

答　(1)

問 53 潮流航法（Current Sailing）

針路と速力を一定に保って航行しても，海上では風や潮流の影響で予定した針路から逸脱することがあります。この現象により実際に進む進路を『実航針路』と呼び，その速力を『実航速力』と称します。

① 風の影響

船が航走中，一定の方向からの風を受けると，船首が一定針路を保っていても実際は風下に流されながら進みます。この差を「風圧差」（リーウェイ）と言います。

② 潮流の影響

船が海流や潮汐流のある海上を航行すると，船首が一定針路を保っていても海潮流の流れにのって流されながら進みます。この差を「流圧差」（タイダルウェイ）と言います。

用語の解説

流向：海潮流の流れていく方向。真方位（コンパス図の外側のコンパス）360°で表示します。

流速：海潮流の流れの速さ。1時間を単位とし，ノットで表します。

磁針路：船が保持している針路。（船首が指し示している針路）

実航針路：船が実際に航行した針路。

実航速力：実航針路上で測った速力。（対地速力）

対水速力：水に対する速力。

推測船位：磁針路，対水速力によって計算した推測の船位。

実測船位：物標，GPS，天測等によって測定した船位。

海潮流の流向・流速

問53-1　弁天島の北西方海域を速力13ノットで航行中のJ船は，午前11時00分に30° 00.0′ N，134° 50.0′ E の位置に達した。この地点から長浜港南方海域 30° 20.0′ N，135° 10.0′ E の地点を航過するように同一針路，速力で航行した場合，同日正午の船位（緯度，経度）はどこになるか？次のうちから選べ。ただし，この海域には流向 240°（真方位），流速 2 ノットの海流があるものとする。（試験用海図 W150 使用）

(1)　30°-07.3′ N，134°57.3′ E　　(2)　30°-08.4′ N，134°58.4′ E

(3)　30°-09.8′ N，134°59.8′ E　　(4)　30°-11.2′ N，135°01.2′ E

作図の手順

①　W150 の海図上に 30°00.0′ N，134°50.0′ E を A 点として記入し，30°20.0′ N，135°10.0′ E を B 点として記入，A，B 点を直線で結びます。

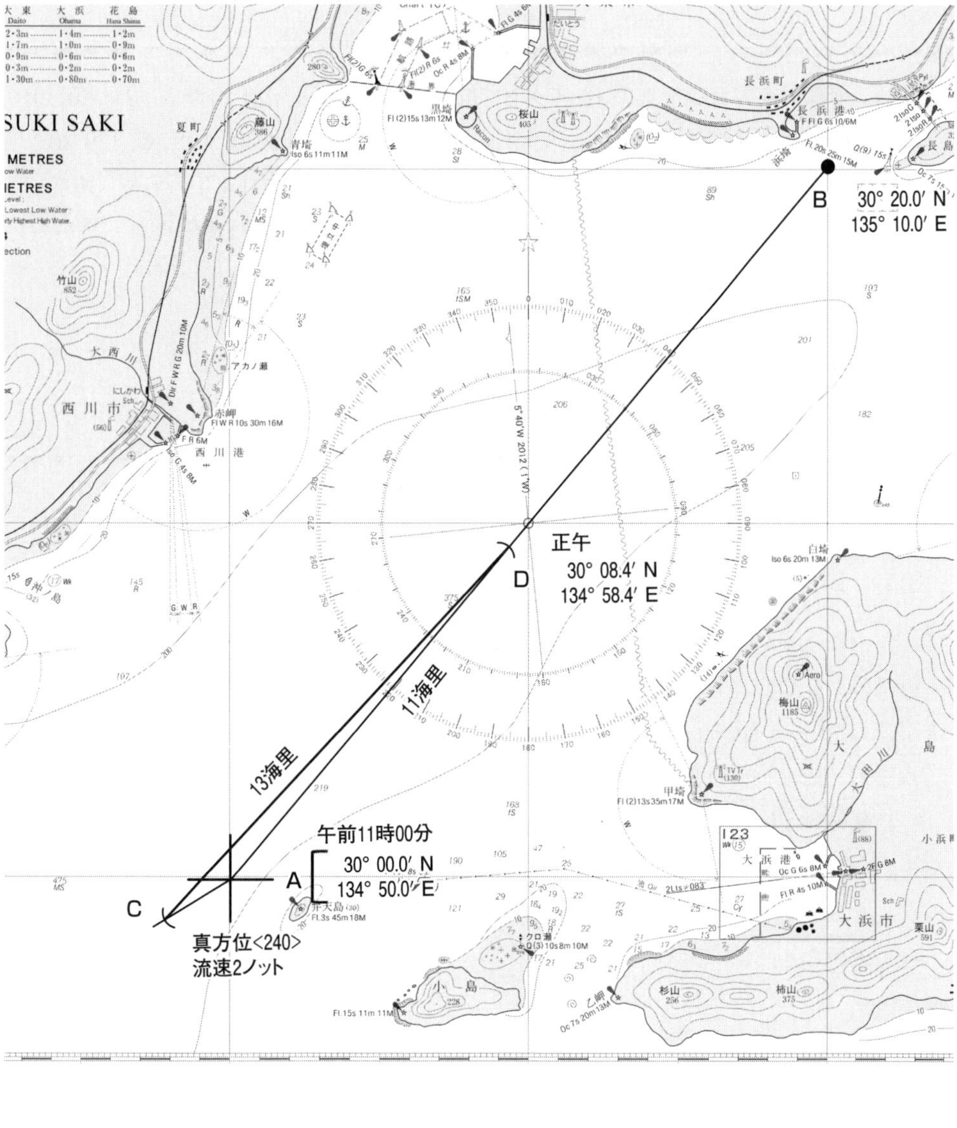

② A点から流向240°（真方位）の線を記入し，その線に流速2ノットに相当する長さ2海里の点をCとします。

③ 速力13ノットなので，コンパスで13海里をとり，C点からコンパスで直線AB上での交点をD点とし，A,D間の距離を測ると11海里になります。

④ 出航時刻は午前11時00分なので，D点が正午位置になります。

⑤ D点の緯度，経度を求めると，30°-08.4′N，134°58.4′E

答 (2)

問53-2 春島の東方海域を速力10ノットで航行中のJ船は，午前10時30分に40°10.0′N，140°00.0′Eの位置に達した。この地点から前島北東海域40°30.0′N，139°40.0′Eの地点を航過するように同一針路，速力で航行した場合，同日正午の船位（緯度，経度）はどこになるか？次のうちから選べ。ただし，この海域には流向060°（真方位），流速3.2ノットの海流があるものとする。（試験用海図W200使用）

(1) 40°-18.7′N，139°51.4′E (2) 40°-30.0′N，139°50.7′E
(3) 40°-20.1′N，139°50.0′E (4) 40°-20.8′N，139°49.2′E

作図の手順

① 海図上に40°10.0′N，140°00.0′EをA点として記入し，40°30.0′N，139°40.0′EをB点として記入して，両点を直線で結び航路線とします。

② A点から流向060°（真方位）の線を記入し，その線に流速3.2ノットに相当する長さ3.2海里の点をC点とします。

③ 速力10ノットなので，コンパスで10海里をとり，C点からコンパスで航路線上での交点をD点とし，A,D間の距離を測ると9.0海里になります。

④ 出航時刻は午前10時30分なので，D点は11時30分になります。

⑤ J船は速力10ノットですが，実航速力は9.0ノットなので，30分で4.5海里航走することになるので，D点から航路線上4.5海里の位置にあるE点が正午位置となり，緯度・経度を求めると，40°-20.8′N，139°49.2′E

答 (4)

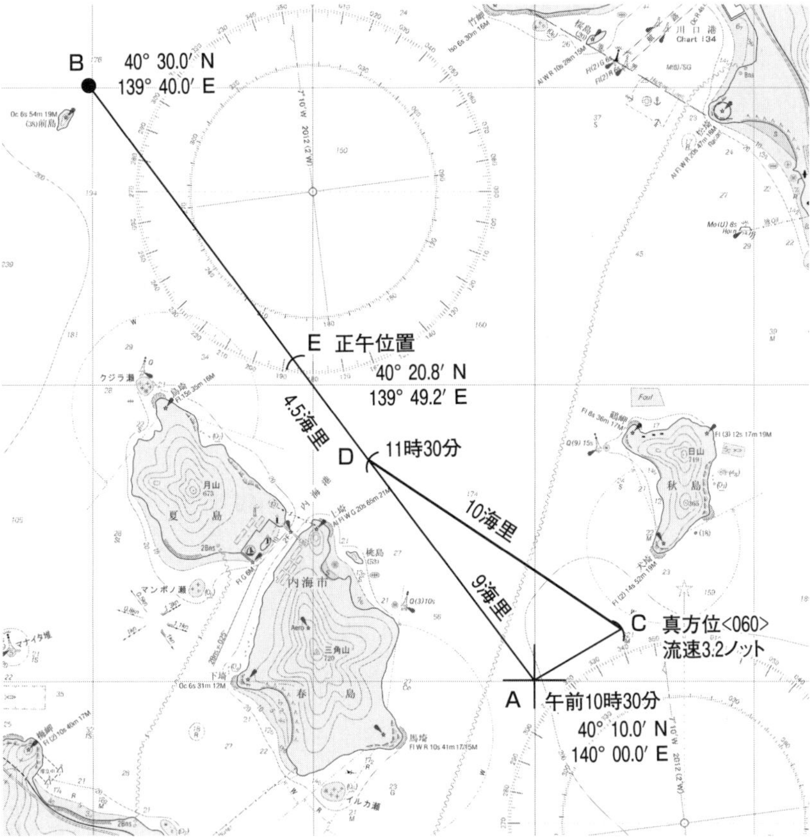

問53-3　春島の東方海域を速力 10 ノットで航行中の J 船は，午前 10 時 45 分に 40° 10.0′ N，140° 00.0′ E の位置に達した。この地点から前島北東海域 40° 20.0′ N，139° 50.0′ E の地点を航過するように同一針路，速力で航行した場合，同日正午の船位（緯度，経度）はどこになるか？次のうちから選べ。ただし，この海域には流向 070°（真方位），流速 4 ノットの海流があるものとする。（試験用海図 W200 使用）

(1)　40°-16.4′ N，139° 53.6′ E　　(2)　40°-16.9′ N，139° 54.1′ E
(3)　40°-17.4′ N，139° 53.1′ E　　(4)　40°-18.0′ N，139° 52.0′ E

作図の手順

①　海図上に 40° 10.0′ N，140° 00.0′ E を A 点として記入し，40° 20.0′ N，139° 50.0′ E を B

点として記入して両点を直線で結び航路線とします。

② A点から流向070°（真方位）の線を記入し，その線に流速4ノットに相当する長さ4海里の点をC点とします。

③ 速力10ノットなので，コンパスで10海里をとり，C点からコンパスで航路線上での交点をD点とし，A,D間の距離を測ると8.0海里になります。

④ D点は11時45分の位置なので，求める正午位置はさらに15分航走します。

⑤ 8海里× 15分÷ 60分＝2海里となり，D点からさらに2海里航走した位置が正午位置となり，緯度・経度を求めると，40°-18.0′ N，139° 52.0′ E

答 (4)

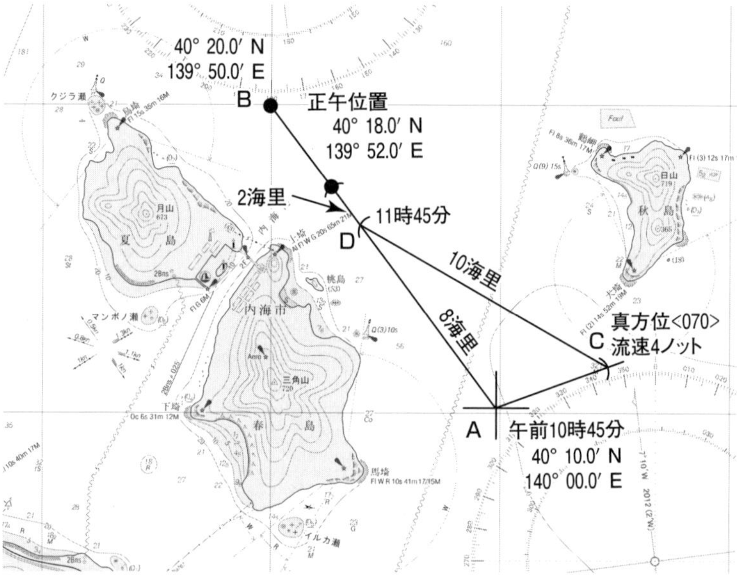

問53-4 弁天島の北西方海域を速力14ノットで航行中のJ船は，午前11時00分に30° 00.0′ N，134° 50.0′ Eの位置に達した。この地点から長浜港南方海域30° 20.0′ N，135° 10.0′ Eの地点を航過するように同一針路，速力で航行した場合，同日正午の船位（緯度，経度）はどこになるか？次のうちから選べ。ただし，この海域には流向010°（真方位），流速3ノットの海流があるものとする。（試験用海図W150使用）

(1) 30°-12.4′ N，135° 02.4′ E　(2) 30°-10.8′ N，135° 00.8′ E

(3) 30°-08.6′ N，134° 58.7′ E　(4) 30°-07.6′ N，134° 57.6′ E

作図の手順

① 海図上に 30° 00.0′ N，134° 50.0′ E を A 点として記入し，30° 20.0′ N，135° 10.0′ E を B 点として記入して両点を直線で結び航路線とします。

② A 点から流向 010°（真方位）の線を記入し，その線に流速 3 ノットに相当する長さ 3 海里の点を C 点とします。

③ 速力 14 ノットなので，コンパスで 14 海里をとり，C 点からコンパスで航路線上での交点を D 点とします。

④ 1 時間後の正午の位置は D 点となるので，D 点の緯度・経度を求め，30° 12.4′ N，135° 02.4′ E が得られます。

答 (1)

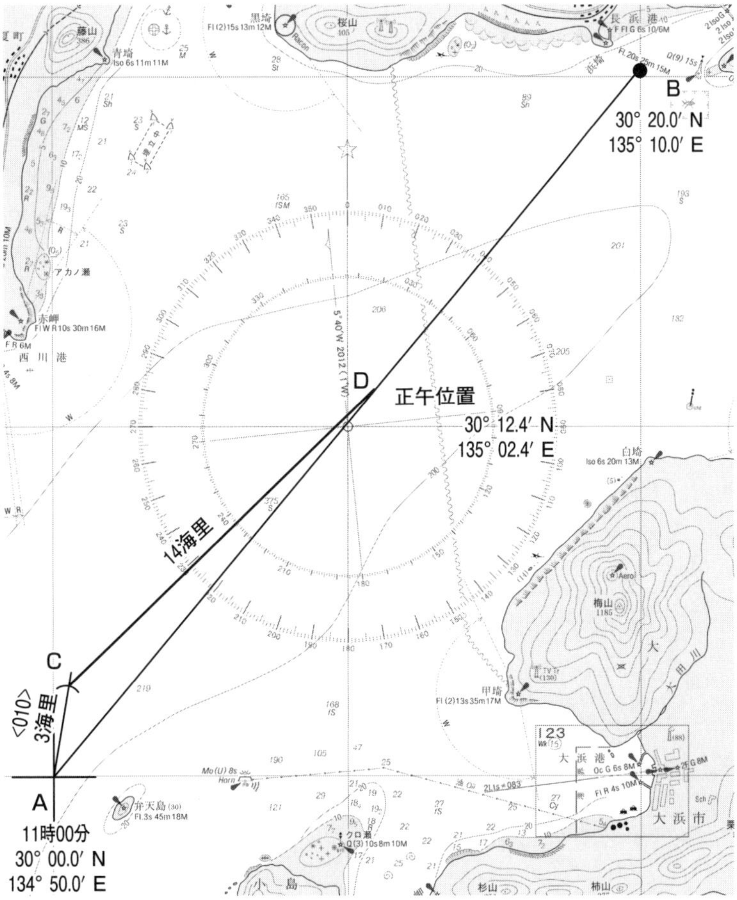

問53-5 J船は10時00分に，大島北端の黄岬灯台（Al Fl W R 30s）を磁針方位240°，距離3海里に見る地点から，磁針路310°速力7ノットで航行を開始した。J船はその後も同一の針路，速力で航行し，11時30分に船位を測定したところ，長浜町南方の浜埼灯台（Fl 20s）から磁針方位220°距離5海里の地点であった。この海域における流向（真方位），流速は次のうちどれか？（試験用海図 W150 使用）

(1) 246°……2.0ノット　(2) 222°……3.0ノット

(3) 257°……2.0ノット　(4) 265°……3.0ノット

作図の手順

① 磁針方位060°（240°の反方位）の線を黄岬灯台から引き，黄岬から3海里の点をA点とし，出航点とします。

② A点から磁針路310°の線を引き，速力7ノットなので1時間30分航走すると，7 × 1.5 = 10.5，10.5海里航走するので310°の線上でA点から10.5海里の位置をB点とします。

③ 浜埼灯台から磁針方位040°（220°の反方位）を引き，灯台からの距離5海里の点をC点とします。

④ B点とC点を結んだ線を引き，距離を測定します。(3海里)

⑤ B,Cを結んだ線の真方位を測定します。(257°)

⑥ 流速は1時間30分で3海里なので，時速にすると2海里となります。

したがって，流向（真方位）257°……流速2.0ノット

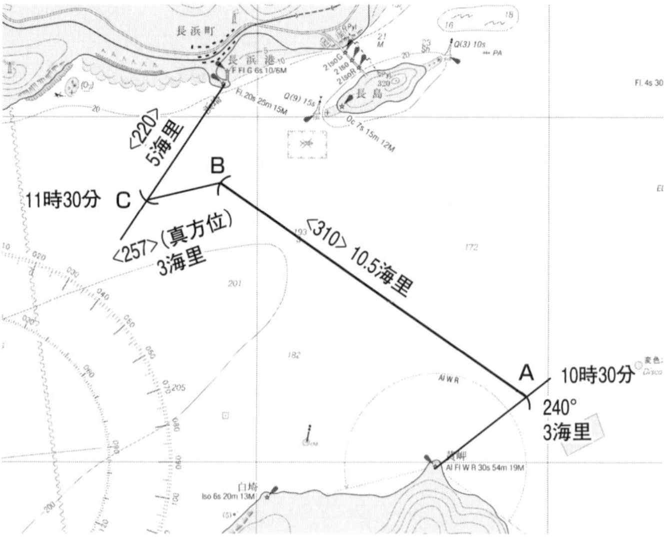

答 (3)

問53-6　J 船は 10 時 00 分に，西山市南方の竹岬灯台（Iso 6s）を磁針方位 010°，距離 3 海里に見る地点から，磁針路 274° 速力 8 ノットで航行を開始した。J 船はその後も同一の針路，速力で航行し，11 時 30 分に船位を測定したところ，前島灯台（Oc 6s）を磁針方位 219° 距離 3 海里に見る地点であった。この海域における流向（真方位），流速は次のうちどれか？（試験用海図 W200 使用）

(1)　238°……3.3 ノット　　(2)　245°……3.3 ノット
(3)　336°……1.8 ノット　　(4)　343°……1.8 ノット

作図の手順

①　磁針方位 190°（010° の反方位）の線を竹岬灯台から引き，竹岬灯台から 3 海里の点を A 点とし，出航点とします。

②　A 点から磁針路 274° の線を引き，速力 8 ノットなので 1 時間 30 分航走すると，8 × 1.5 = 12.0，12.0 海里航走するので 274° の線上で A 点から 12.0 海里の位置を B 点とします。

③　前島灯台から磁針方位 039°（219° の反方位）を引き，灯台からの距離 3 海里の点を C 点とします。

④　B 点と C 点を結んだ線を引き，距離を測定します。(2.7 海里)

⑤　B，C を結んだ線の真方位を測定します。(336°)

⑥　流速は 1 時間 30 分で 2.7 海里なので，時速にすると 1.8 海里となります。
したがって，流向（真方位）336°…… 流速 1.8 ノット

答 (3)

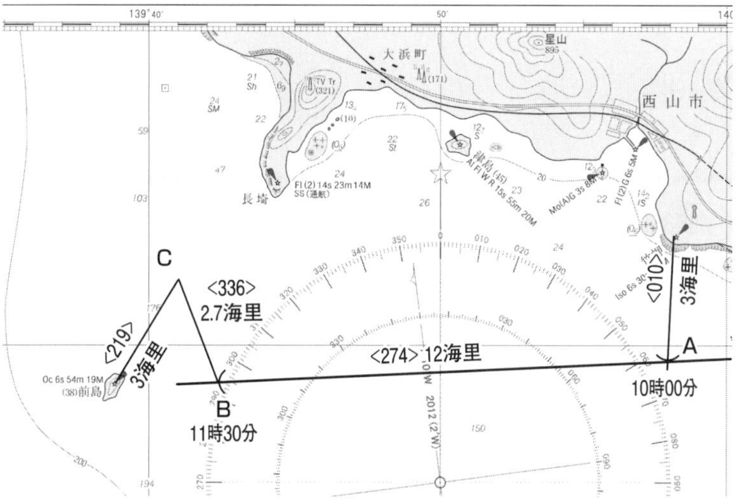

問53-7　J 船は大島東方沖を磁針路 010° 速力 8 ノットで航行中，定時に船位を確認したところ，06 時 00 分は 30° 05.0′ N，135° 26.0′ E，07 時 00 分は 30° 15.0′ N，135° 21.0′ E であった。この海域における海流の流向（真方位），流速は次のうちどれか？（試験用海図 W150 使用）

(1)　112°……5.3 ノット　　(2)　118°……6.1 ノット
(3)　288°……6.1 ノット　　(4)　292°……5.4 ノット

作図の手順

(1)　06 時 00 分の位置を海図に記載して A 点とし，磁針路＜ 010 ＞の線を引き，1 時間分の 8 海里の地点を B 点とします。

(2)　07 時 00 分の位置を海図に記載して C 点とし，BC を結びます。

(3)　BC の方位（真方位）と距離を測ると

流向，真方位 292°
流速　5.4 ノット

が得られます。

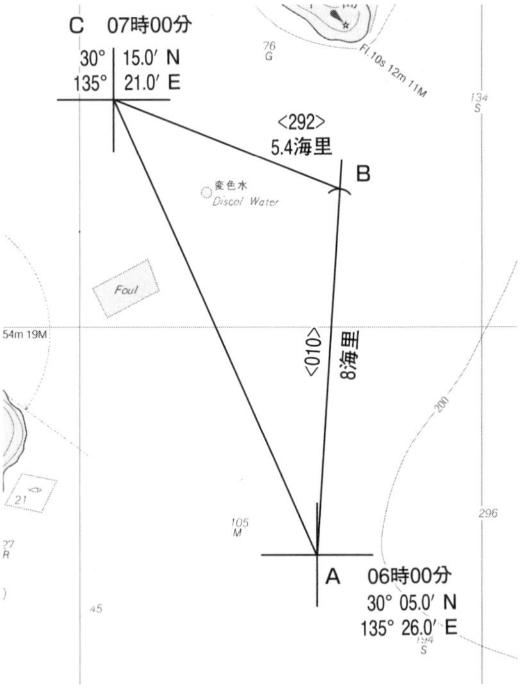

答　(4)

問53-8　J 船は 10 時 00 分，川口市南方の松埼灯台を磁針方位 100°，距離 4 海里に見る地点から，磁針路 225°，速力 10 ノットで航行を開始した。J 船はその後も同一針路，速力で航行し，11 時 30 分に船位を測定したところ，春島北方の上埼灯台を磁針路 263°，距離 7 海里に見る地点であった。この海域における流向（真方位），流速は，次のうちどれか？（試験用海図 W200 使用）

(1)　277°……4.0 ノット　　(2)　167°……5.3 ノット

(3)　104°……6.0 ノット　　(4)　097°……4.0 ノット

作図の手順

(1)　松埼灯台から磁針方位 280°（100° の反方位），距離 4 海里の点を A 点とします。

(2)　A 点から磁針路 225° の線を引き，速力 10 ノットで 1 時間 30 分航走するので，15 海里を B 点とします。

(3)　上埼灯台から 083°（263° の反方位），距離 7 海里の地点を C 点とし，B 点と C 点を結びます。

(4)　BC は真方位 097°，距離 6 海里となり，これは 1 時間 30 分であるので，1 時間では 4 海里となり，海流の流速は 4.0 ノットとなります。

流向 097°（真方位）

流速 4.0 ノット

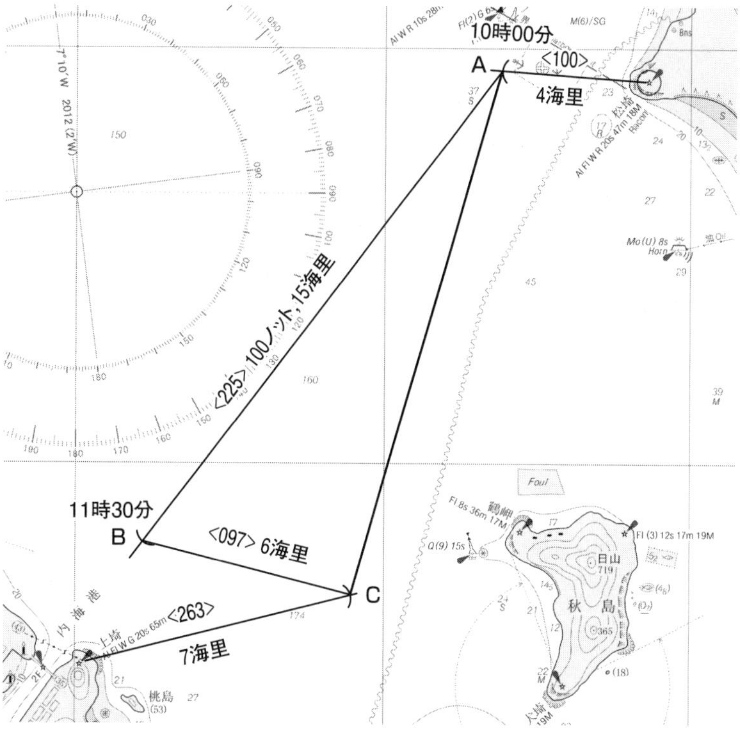

答　(4)

問53-9　J 号は 09 時 00 分，大浜町南西方の長埼灯台を磁針方位 330°，距離 4 海里に見る地点から，磁針路 125° 速力 8 ノットで航行を開始した。J 号はその後も同一の針路，速力で航行し，10 時 30 分に船位を確認したところ，西山市南方の竹岬灯台を磁針方位 350° 距離 5 海里に見る地点であった。この海域における海流の流向（真方位），流速は次のうちどれか？（試験用海図 W200 使用）

(1) 240°……1.9 ノット　(2) 347°……2.9 ノット

(3) 160°……1.9 ノット　(4) 167°……2.9 ノット

作図の手順

① 大浜町南西方の長埼灯台から磁針方位 150°（330° の反方位），距離 4 海里の点を A 点とします。

② A 点から磁針路 125° の線を引き，速力 8 ノットなので 1 時間 30 分航走すると，8 × 1.5 = 12.0，12.0 海里航走するので 310° の線上で A 点から 12.0 海里の位置を B 点とします。

③ 西山市南方の竹岬灯台から磁針方 170°（350° の反方位）距離 5 海里の地点を C 点とします。

④ B 点と C 点を結んだ線を引き，距離を測定します。（2.85 海里）

⑤ B，C を結んだ線の真方位を測定します。（340°）

⑥ 流速は 1 時間 30 分で 2.85 海里なので，時速にすると 1.9 海里となります。

したがって，流向（真方位）160°…… 流速 1.9 ノット

答 (1)

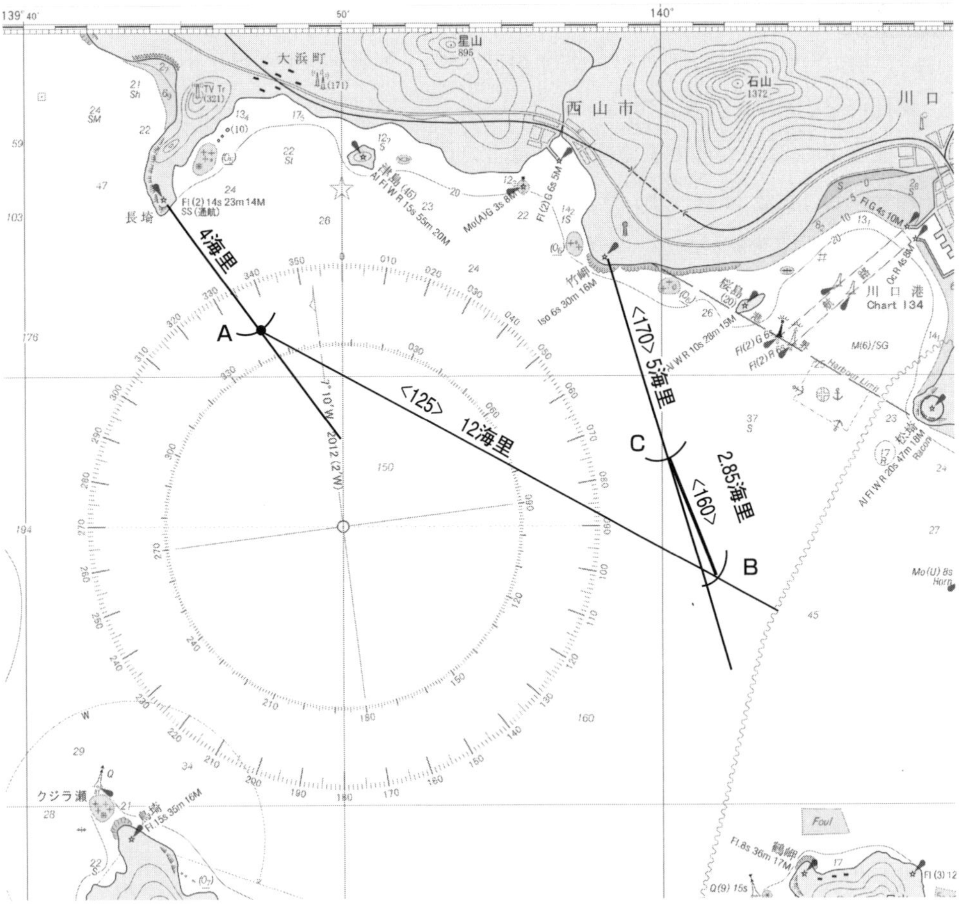

実航磁針路・実航速力

(問53-10)　J 船は大東市西方の黒埼灯台を磁針方位 352°，距離 2 海里に見る地点から，大島北側の白埼灯台に向けて速力 10 ノットで航行を開始した。この海域には流向 080°（真方位），流速 2.3 ノットの海流がある。J 船の実航針路及び実航速力は，次のうちどれか？（試験用海図 W150 使用）

(1)　126°・・・・・・11.5 ノット　　(2)　132°・・・・・・11.5 ノット

(3)　148°・・・・・・ 8.9 ノット　　(4)　154°・・・・・・ 9.0 ノット

作図の手順

(1) 黒埼灯台から磁針方位 172°（352° の反方位），距離 2 海里を測り，A 点とし，A 点と白埼灯台を結ぶ線を引きます。

(2) 速力 10 ノットなので航路線上 10 海里の点を B 点として，B 点から 080°（真方位）の線を引き，流速 2.3 ノット，すなわち 2.3 海里の点を C 点とします。

(3) A 点と C 点を結び，AC の方位及び距離を測定し，実航針路及び実航速力を求めます。

(4) 実航磁針路 132°，実航速力 11.5 ノット

答 (2)

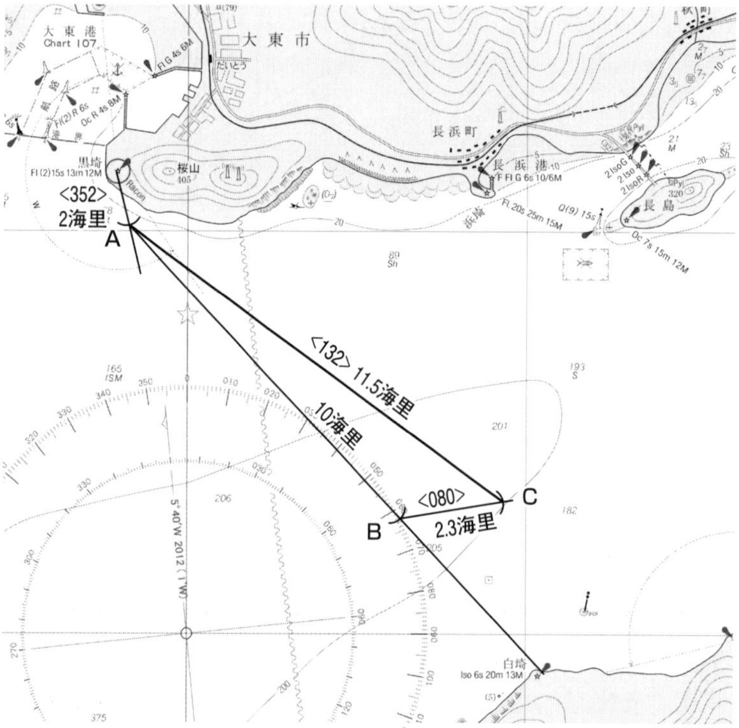

問53-11　J 船は GPS で測定した船位 40° 02.0′ N，140° 04.0′ E から，秋島南端の犬埼灯台に向けて速力 10 ノットで航行を開始した。この海域には，流向 250°（真方位），流速 2 ノットの海流がある。J 船の実航磁針路及び実航速力は，次のうちどれか？（試験用海図 W200 使用）

（1）356°……10.8 ノット　（2）002°…… 9.2 ノット
（3）016°…… 9.0 ノット　（4）023°……11.2 ノット

作図の手順

（1）海図に 40° 02.0′ N，140° 04.0′ E を記入し，A 点とします。

（2）A 点から犬埼灯台を結ぶ線を引き，距離 10 海里の点を B 点とします。

（3）B 点から真方位 250° の線を引き，2 海里の点を C 点とします。

（4）A 点と C 点を結ぶ線 AC の磁針方位及び距離を測定し，以下を得ます。
実航磁針路（磁針方位）002°，実航速力 9.2 ノット。

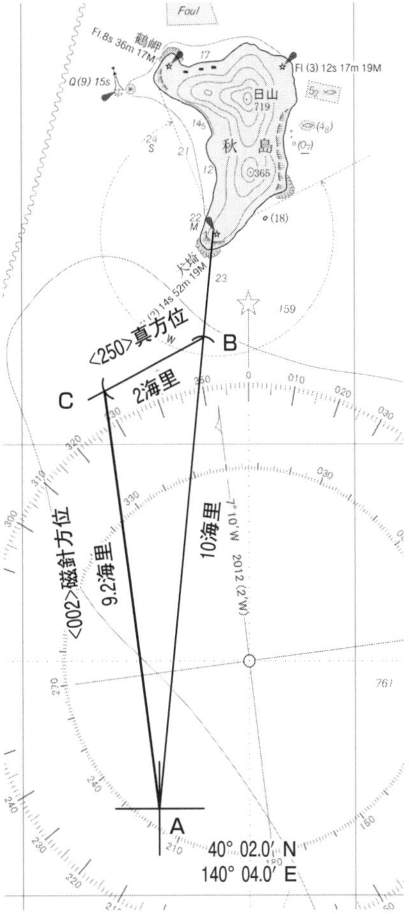

<u>答　(2)</u>

問53-12 G 船は，西川市東方の赤岬灯台を磁針方位 336°，距離 5 海里に見る地点から，磁針路 074°，速力 8 ノットで航行を開始した。この海域には，流向 117°（真方位），流速 3 ノットの海流があるものとして，G 船の実航針路，実航海速力を求め，次のうちから選べ。（試験用海図 W150 使用）

(1) 053°・・・・・・ 6.3 ノット　　(2) 060°・・・・・・ 6.2 ノット

(3) 087°・・・・・・10.2 ノット　　(4) 091°・・・・・・10.4 ノット

作図の手順

(1) 赤岬灯台から 156°（336° の反方位）の線を引き，距離 5 海里の点を A 点とします。

(2) A 点から磁針路 074° の線を引き，A 点から 8 海里の地点を B 点とします。

(3) B 点から真方位 117° の線を引き，距離 3 海里の点を C 点とします。

(4) AC の方位を測り，実航針路とし，距離は実航速力となり，以下が得られます。

(5) 実航針路 087°，実航速力 10.2 ノット

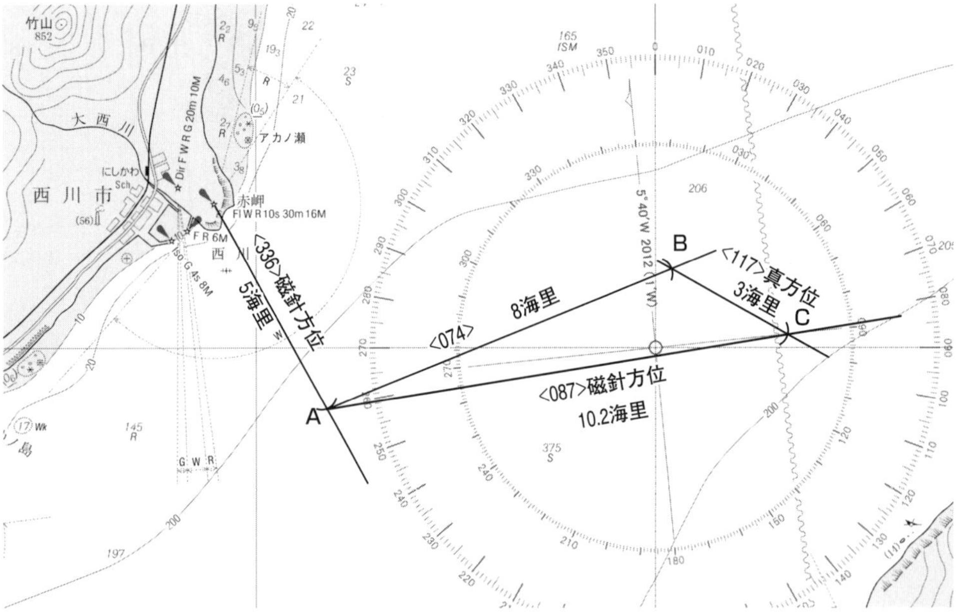

答 (3)

問53-13　J 号は，大浜市北西方の甲埼灯台を磁針方位 082°，大島西端の乙岬灯台を磁針方位 174° に見る地点から，西川市東方の赤岬灯台に向けて速力 10 ノットで航行を開始した。この海域には流向 070°（真方位），流速 2.4 ノットの海流がある。J 号の実航磁針路及び実航速力は，次のうちどれか。（試験用海図 W150 使用）

(1)　304°・・・・・・11.3 ノット　　(2)　310°・・・・・・11.2 ノット
(3)　330°・・・・・・ 9.2 ノット　　(4)　335°・・・・・・ 9.3 ノット

作図の手順

①　大浜市北西方の甲埼灯台から磁針方位 262°（082° の反方位）の線を引き，大島西端の乙岬灯台から磁針方位 354°（174° の反方位）の線を引いて交点を A 点とします。

②　A 点から西川市東方の赤岬灯台に向けて線を引き，速力 10 ノットなので 10 海里の地点を B 点とします。

③　B 点から 070°（真方位）2.4 海里の地点を C 点とします。

④　A 点と C 点を結び，AC の方位が 335° で実航磁針路となます。また AC の距離が 9.3 海里で，実航速力 9.3 ノットとなります。

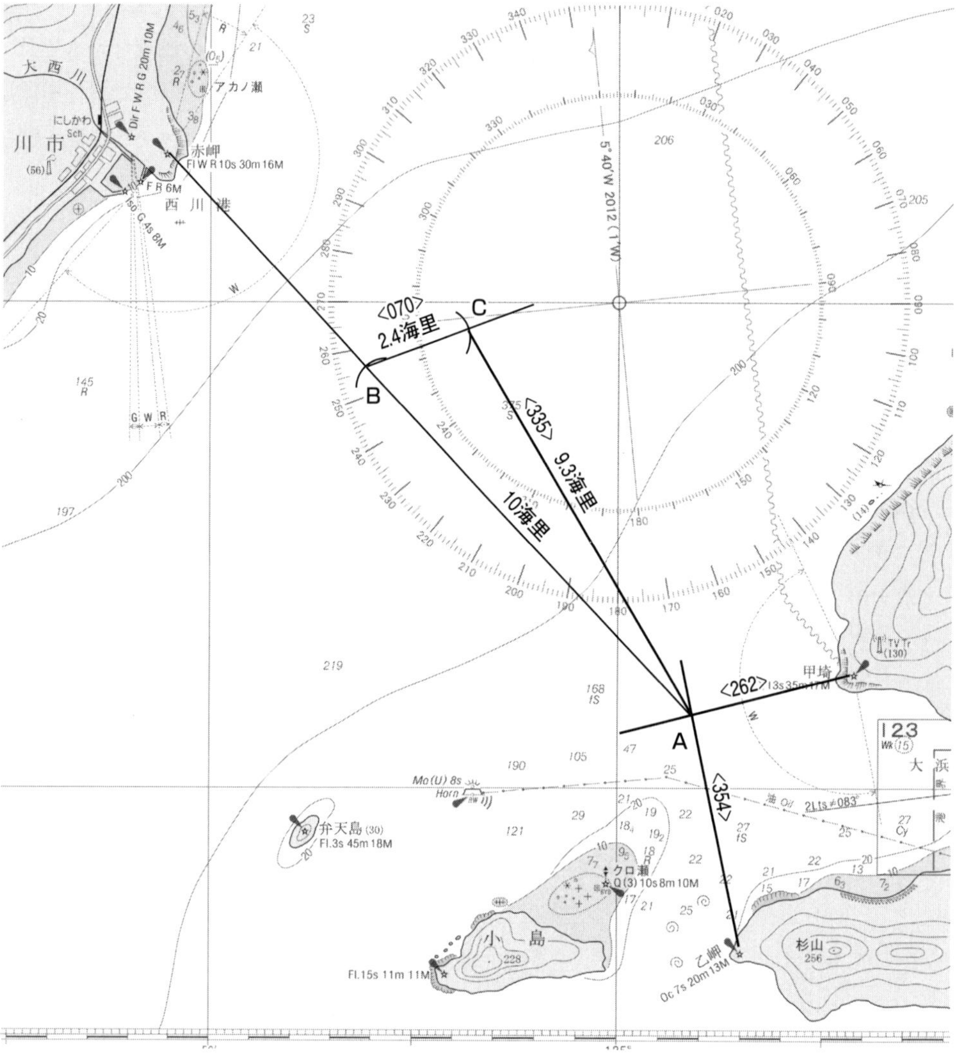

大西川
川市
にしかわ
Sch
Dir F W R G 20m 10M
赤岬
Fl W R 10s 30m 16M
F R 6M
Iso G 4s 8M
西川港
アカノ瀬
5°40′W 2012 (1′W)
〈070〉
C
2.4海里
B
〈335〉
9.3海里
10海里
A
〈262〉
甲埼
13s 35m 17M
TV Tr (130)
〈354〉
123
Wk(15)
大浜
Mo(U) 8s
Horn
油 Oil
2Lts ≠083°
弁天島 (30)
Fl.3s 45m 18M
クロ瀬
Q(3) 10s 8m 10M
小島
228
Fl.15s 11m 11M
乙岬
Oc 7s 20m 13M
杉山
256

海潮流を加味した針路

問53-14　J 船は，西川市東方海域を速力 10 ノットで航行中，西川市東方の赤岬灯台を磁針方位 244°，夏町東方の青埼灯台を磁針方位 331°に見る地点に達した。この地点から，大島北端の黄岬灯台を右舷に見て，最接近距離 3.0 海里で航過するには，磁針路を何度にとればよいか？次のうちから選べ。ただし，この海域における流向 070°（真方位），流速 3 ノットの海流があるものとする。（試験用海図 W150 使用）

(1)　098°　　(2)　109°　　(3)　115°　　(4)　124°

作図の手順

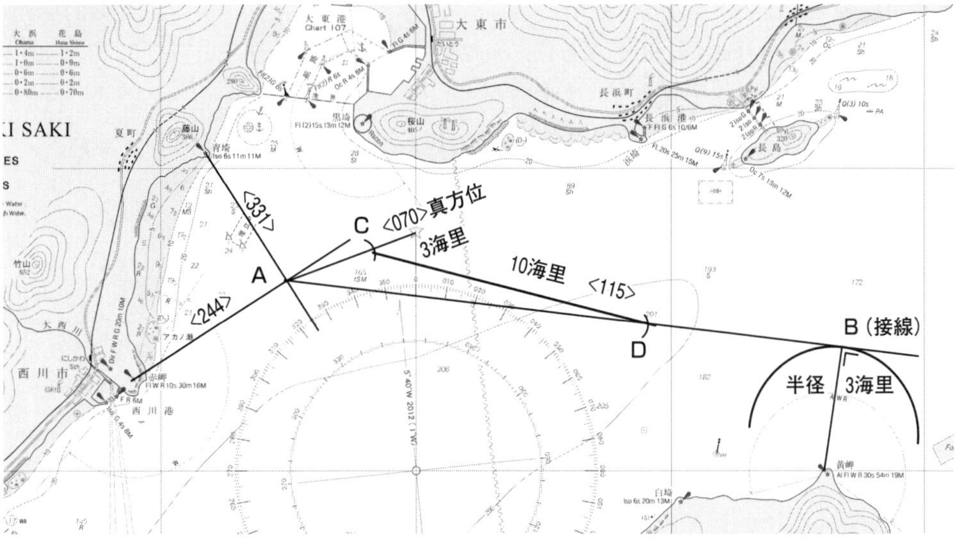

(1)　赤岬灯台から磁針方位 064°（244°の反方位）を引き，青岬から 151°（331°の反方位）を引き，その交点を A 点とします。

(2)　コンパスを用いて，黄岬灯台を中心とした半径 3 海里の円を描きます。

(3)　A 点から(2)の円に接する線を引き，接点を B 点とします。

(4)　A 点から真方位 070°の線を引き，距離 3 海里の点を C 点とします。

(5)　コンパスで 10 海里をとり，C 点を基軸として AB 線上の交点を求め，D 点とします。

(6)　C 点と D 点を結ぶ直線を引き，CD 線の磁針方位を測り，115°を得ます。

答　(3)

問53-15　J 船は，秋島北西海域を速力 9 ノットで航行中，春島北端の上埼灯台を磁針方位 233°，秋島南端の犬埼灯台を磁針方位 142° に見る地点に達した。この地点から，春島東方海域 40° 08.4′ N，139° 58.4′ E の地点を通過するには，磁針路を何度にとればよいか？次のうちから選べ。ただし，この海域には，流向 120°（真方位），流速 2 ノットの海流があるものとする。（試験用海図 W200 使用）

(1)　196°　　(2)　203°　　(3)　210°　　(4)　217°

作図の手順

(1)　上埼灯台から 053°（233° の反方位）の線を引き，犬埼灯台から引いた 322°（142° の反方位）の線との交点を A 点とします。

(2)　40° 08.4′ N，139° 58.4′ E の地点を記載し，B 点とし，AB を結ぶ線を引きます。

(3)　A 点から流向に相当する 120°（真方位）2 海里の地点を C 点とします。

(4)　C 点からコンパスで 9 海里を測り，AB 線との交点を D 点とします。

(5)　求める磁針路は CD の方位 196° となります。

答　(1)

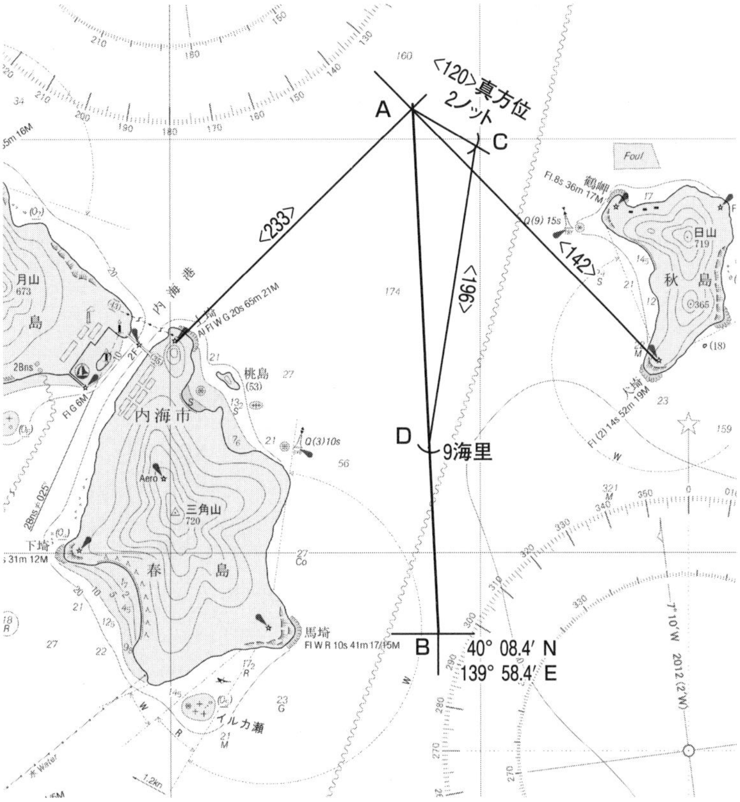

問53-16　J 船は，秋島北西海域を速力 9 ノットで航行中，春島北端の上埼灯台を磁針方位 233°，秋島南端の犬埼灯台を磁針方位 142° に見る地点に達した。この地点から，春島南東端の馬埼灯台を右舷にて最接近 2.0 海里で航過するには，磁針路を何度にとればよいか？次のうちから選べ。ただし，この海域には，流向 120°（真方位），流速 2 ノットの海流があるものとする。（試験用海図 W200 使用）

(1)　185°　　(2)　192°　　(3)　199°　　(4)　206°

作図の手順

(1)　上埼灯台から 053°（233° の反方位）の線を引き，犬埼灯台から引いた 322°（142° の反方位）の線との交点を A 点とします。

(2)　馬埼灯台を基軸としてコンパスで 2 海里の半円を記入し，A 点から接線を引き，接点をＢ点とし，ABを結びます。

(3)　Ａ点から流向に相当する120°（真方位）2海里の地点をＣ点とします。

(4)　Ｃ点からコンパスで9海里を測り，AB線との交点をＤ点とします。

(5)　求める磁針路はCDの方位206°となります。

答　(4)

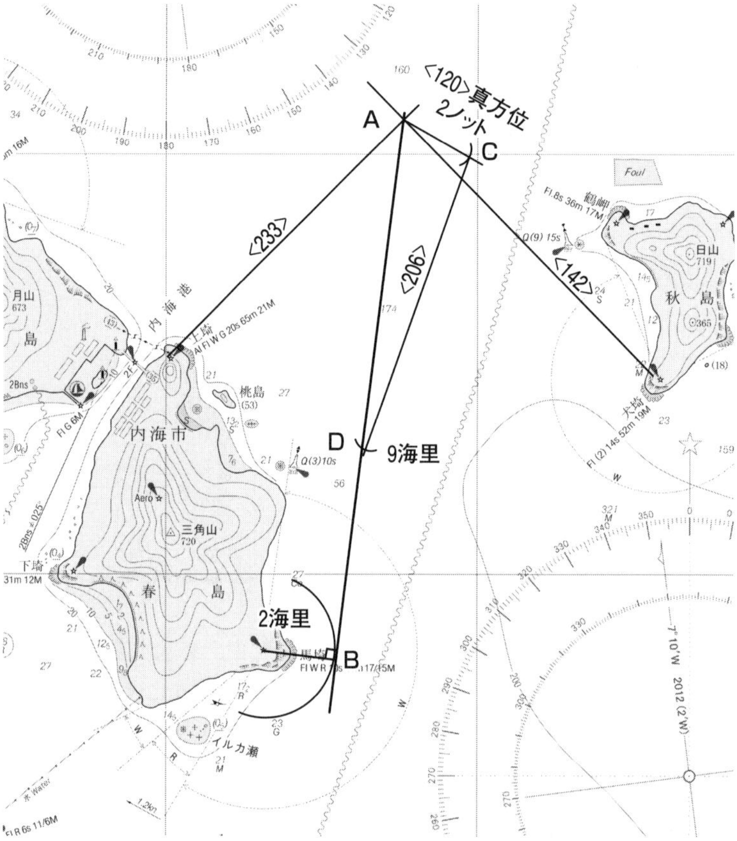

問53-17　J船は，川口港を出港し速力15ノットで航行中，川口市西方の竹岬灯台を磁針方位333°，距離4海里に見る地点に達した。この地点から，夏島と春島の間を通過するため実航針路220°で航行するには，磁針路を何度にとればよいか？次のうちから選べ。ただし，この海域には，流向300°（真方位），流速3.5ノットの海流があるものとする。（試験用海図W200使用）

（1）200°　（2）207°　（3）214°　（4）233°

作図の手順

（1）竹岬灯台から 153°（333° の反方位）の線を引き，距離 4 海里の地点を A 点とします。

（2）A 点から 220° の線を引きます。

（3）A 点から流向に相当する 300°（真方位），3.5 海里の地点を B 点とします。

（4）B 点からコンパスで 15 海里を測り，A 点から 220° の線との交点を C 点とします。

（5）求める磁針路は BC の方位 207° となります。

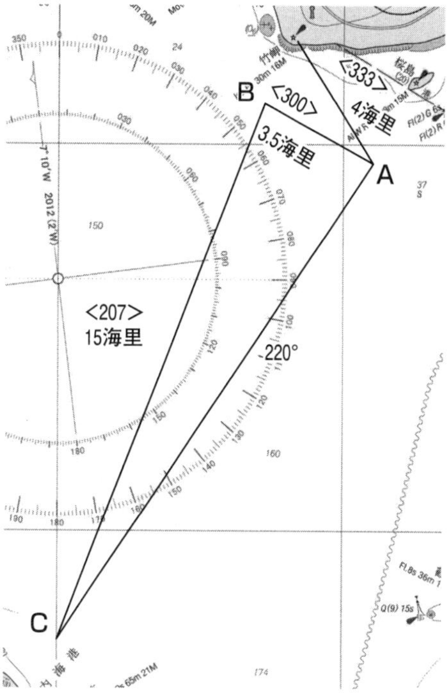

答 (2)

問53-18　J 号は，前島東方海域を速力 10 ノットで航行中，前島灯台を磁針方位 275°，長埼灯台を磁針方位 005° に見る地点に達した。この地点から，川口港港界上の右舷灯浮標（Fl(2) R 6s）に向けて航行するには，磁針路を何度にすればよいか？次のうちから選べ。ただし，この海域には流向 160°（真方位），流速 2 ノットの海流があるものとする。（試験用海図 W200 使用）

（1）067°　（2）073°　（3）080°　（4）087°

作図の手順

① W200 の海図上に前島灯台から磁針方位 095°（275° の反方位）の線を引き，長埼灯台から磁針方位 185°（005° の反方位）の線を引きます。この方位線の交点を A 点とします。

② A 点から川口港港界上の右舷灯浮標（Fl(2) R 6s）に向けて線を引き，速力 10 ノットなので線上で A 点から 10 海里の地点を B 点とします。

③ B 点から流向 160°（真方位）の反方位 340° の線を記入し，その線に流速 2 ノットに相当する長さ 2 海里の点を C 点とします。

④ A 点と C 点を結んだ線 080° が川口港港界上の右舷灯浮標に向かう針路となります。

答　(4)

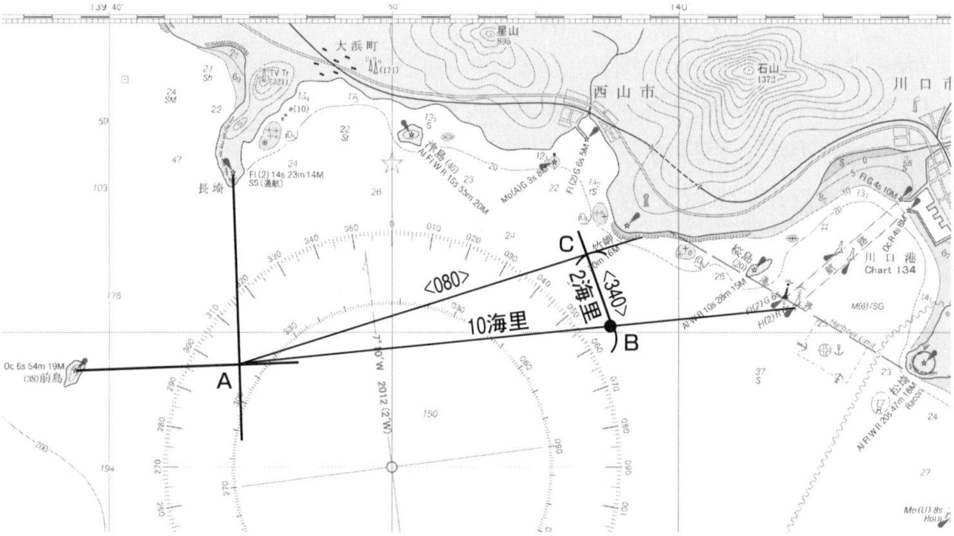

問53-19　J 号は，大島北方海域を速力 10 ノットで航行中，大島北端の黄岬灯台を磁針方位 130°，白埼灯台を磁針方位 215° に見る地点に達した。この地点から，弁天島問灯台（Fl 3s）を左舷に見て，最接近距離 2.0 海里で航過するには，磁針路を何度にとればよいか？次のうちから選べ。ただし，この海域には流向 030°（真方位），流速 3 ノットの海流があるものとする。（試験用海図 W150 使用）

(1)　230°　　(2)　236°　　(3)　242°　　(4)　248°

作図の手順

① 大島北端の黄岬灯台から磁針方位 310°（130° の反方位）の線を引き，白埼灯台から磁針方位 035°（215° の反方位）の線との交点を A 点とします。

② 弁天島灯台北側にコンパスで 2 海里の円弧を描き，A 点からこの円弧に接線を引きます。

③ 10 ノットで航行するので，A 点から②の接線上に 10 海里の点を B 点とします。

④ B 点から流向 030°（真方位）の反方位 210° 方向に 3 海里の点を C 点とします。

⑤ A 点から C 点を結び，AC の方位が求める針路 236° になります。

答 (2)

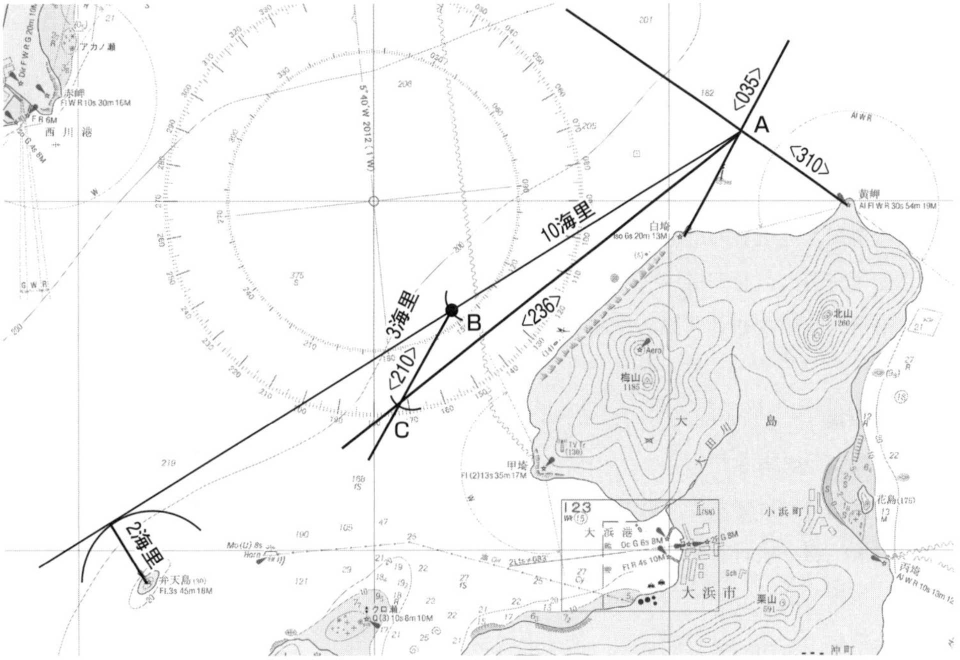

問54　航海計画，整備，点検

航海前の準備

航海するにあたっては，その距離や目的，日数，経験その他にかかわらず，航海ごとに綿密な調査，準備が必要です。

(1)　航海計画

1．小型船舶の夜間航行は非常に危険であり，夜間航行は避けるような航海計画を立てることが必要です。
2．船の航海能力（堪航能力，巡航速力，積載燃料と消費率，航海計器，装備等）。
3．航行海域と運航者の経験，操船技術，技能，知識等の配慮。
4．乗船予定者の人数，構成（子供，未経験者等）の配慮。
5．航海計画及び乗船者名簿の作成・提出。

(2)　情報の収集

①　最新の気象・海象情報

1．航海当日だけでなく，数日前から気象情報の収集，今後の気象の傾向を把握。
2．海象情報，航行海域における当日の潮汐表の作成。

②　航行予定海域付近の情報

1．大型船の航路，航行船舶数，漁船の操業区域。
2．危険水域（狭水道，暗礁等），避険線の設定。
3．気象，海象条件の悪化による航行困難に備え，途中に避難港を選定。

③　目的港の情報

1．入港操船の困難性，係留場所の確保，岸壁，ブイ等の許認可の有無。
2．潮汐，風等の影響。燃料，清水，食糧等の補給の可・不可。
3．港湾管理者，海上保安署，漁協，マリーナ等関係機関の連絡先。

航海計画に関する諸事項

問54-1　航海計画に関する注意事項として適当でないものは，次のうちどれか？

(1)　できるだけ夜間航行を避けるように，ゆとりのある航海計画を立案する。
(2)　岬，灯台，構造物などの顕著な目標を通過する予定時刻を算出しておく。
(3)　全航程と自船の最高速度を基に航海時間を計算し，到着予定時刻を設定する。
(4)　航海中の気象，海象の急変に備えて，日程の変更等，計画に柔軟性を持たせる。

答　(3)

解　説

所要時間，到着時刻等は，自船の最高速度ではなく，巡航速度を基準として算出します。一般的には余裕（マージン）を加えます。

海上では天候の急変や船体の破損，エンジンの故障など，常にトラブルが発生することを想定して計画は複数の案を持っていることが必要です。例えば母港からある港へ航海を計画する場合，到着を明るいうちにするためには何時に出港しなければならないか，途中で天候が急変した場合の避難港はどこにするかなど，できるだけ具体的に航海をイメージして，時間的に余裕のある，無理のない航海計画を立てる必要があります。

注）適当（適切）なもの，適当（適切）でないもの等，問題文をよく読むことが大切です。

問54-2　航海計画に関する注意事項として適切でないものは、次のうちどれか？

(1)　夜間の出入港を避け，日没前に帰港することを心掛ける。
(2)　自船の巡航速力と，巡航速力における燃料消費量を把握しておく。
(3)　運航者自身の操縦経験が不足している場合は，同乗者に年長者を加える。
(4)　航海中の気象，海象の急変に備えて，日程の変更など，計画に柔軟性を持たせる。

答　(3)

解　説

航海計画の立案にあたっては，常に安全を最優先に考えることが大切です。航海前の準備については，（74p）参照。

問54-3　航海計画を立案する際に，非常時の緊急連絡先として選定しておくべき予定コースの近辺の沿岸施設はどれか？次の①～⑤の組み合わせのうち適切なものを下から選べ。

①　地方海難審判所　　②　マリーナ　　③　漁業協同組合　　④　海上保安署　　⑤　灯台

(1)　①，③　　(2)　②，③，④　　(3)　①，②，④，⑤　　(4)　すべて適切

答　(2)

解　説

①　地方海難審判所は，函館，仙台，横浜，神戸，広島，北九州（門司区），長崎に置かれ，那覇には門司の支所が設けられています。それぞれの管轄区域において発生した海難（重大事件を除く。）について，海難審判法に基づき行政審判である海難審判を行います。国土交通省の特別の機関です。

②　マリーナは，ヨット，モーターボートなどのプレジャーボート類を係留・保管する機能を持つ港湾施設です。

③　漁業協同組合は，水産業協同組合法によって定められており，漁民の協同組織の発達を促進し，もってその経済的社会的地位の向上と水産業の生産力の増進とを図るための協同組織とされています。沖合に設置された各種業網については，漁業協同組合にて確認できます。

④　海上保安署は，海上保安庁の機関です。海上保安庁は，国家行政組織法および海上保安庁法により国土交通省の外局として設置されている国の行政機関。海難救助，海洋汚染の防止，海上における犯罪の予防・捜査・鎮圧，船舶交通の規制，水路・航路標識その他海上の安全の確保に関する行政事務を行っています。

⑤　灯台は塔状の建造物で，最上部には遠方からでも識別可能な強力な光源が設置されており，夜間には光源が明滅（大型のものでは光源に前置されたレンズが回転）し，航行する

船舶が場所を識別する目印となります。国内には 3000 を超える各種灯台があります。海上保安庁交通部（旧灯台部）が所管し，個々の設置・維持・管理等は，各管区海上保安本部所轄下の海上保安部が行っています。

2006 年，日本で最後の職員滞在灯台であった女島灯台（長崎県五島市）が自動化され，全ての灯台が無人化されました。

問54-4　航海計画を立案する際に，寄港地やその周辺の状況を調査する場合の確認事項として適切でないものは，次のうちどれか？

(1)　係留施設の有無，係留手続きや費用，係留方法
(2)　付近の住民が利用しているゴミ収集場所
(3)　入港時の進入コースや入港にあたっての注意事項
(4)　燃料，飲料水などの補給施設や緊急連絡先

答　(2)

解　説

ゴミは港内施設で処理するべきであり，付近住民に迷惑をかけることは厳禁。

問54-5　航海計画を立案する際に，考慮すべき避難港や避泊地の選定条件として適切でないものは，次のうちどれか？

(1)　荒天に伴う強い風や高い波，あるいはうねりが防げること。
(2)　入港しやすく，小型船舶が係留できる桟橋等の施設があること。
(3)　障害物や浅瀬が少なく，底質が良好で，危険な水域がないこと。
(4)　シーアンカーが利用できる十分な水深と水域の広さがあること。

答　(4)

解　説

港内でのシーアンカーの使用は禁止されています。

航海計画を立案する際，航路の途中に自船が入港可能な避難港や荒天避泊に適した錨地を選定します。避難港では，その設備や援助，官庁などを事前に調べておきます。避泊地では，どの風向に適しているか，水深，底質，漁具・漁網などの有無，泊地の広さの他，普段の錨泊船の状況を確認しておきましょう。荒天時には，避難する小型船が多く，仮泊する余地がない場合があるので，複数の避泊地を用意しておいた方が良いでしょう。

問54-6　航海計画を立案する際に考慮すべき寄港地の選定条件として適切でないものは，次のうちどれか？

(1)　出入港が安全かつ容易に行え，港内に危険な障害物がないこと。
(2)　岸壁が高く，外国船が常に出入りするような大規模な港であること。
(3)　ビジター（来客用）桟橋など，一時利用が可能な係留設備があること。
(4)　敷地内又は付近に，ガソリンスタンドなどの給油施設があること。

答　(2)

解　説

岸壁が高く，喫水が深い外国船が常に出入りする港は特定港と言われ，全国に87港あります。この港は小型船が停泊するには向いておらず，小型船は船の大きさなどそれぞれの特性に合わせて寄港地を選定する必要があります。

航海計画を立案する際に考慮すべき寄港地の選定条件としては，以下が挙げられます。

①　出入港の安全に行うことができ，港内に危険な障害物がないこと。
②　適当な係留施設があり，係留手続き，係留方法が整っていること。
③　燃料，飲料水，食糧などが補給できること。
④　荒天に伴う強い風や高い波，うねりを防げること。
⑤　救急医療サービスや海上保安などの緊急サービスへのアクセスが可能なこと。

問54-7　航海計画を立案する際に，気象，海象の悪化などにより続航困難に場合に備え，考慮しておくべき事項として適切でないものは，次のうちどれか？

(1) 以降の行動に影響が出ないよう，あらかじめ航程に余裕を持たせておく。
(2) 航行予定区域を管轄する地方気象台の予報官名を確認しておく。
(3) 予定進路の近辺にあるいくつかの施設を，緊急連絡先として選定しておく。
(4) 目的地までの経路の途中に，必ず避難港を選定しておく。

答　(2)

解　説

航行予定海域を管轄する地方気象台の予報官名を確認する必要はありません。

気象・海象の情報は重要であり，最新の気象・海象情報を入手し，航海計画に反映させる必要があります。それも出航当日のみでなく，数日前からの情報を収集することにより，今後の気象・海象の傾向を把握することも重要です。また，気象予報情報を収集し，参考にすることも大切ですが，予報官の名前は必要ありません。

問54-8　ロングクルージングにおける出航前の心構えについて述べた次の文のうち適切でないものはどれか？

(1) 出航当日だけでなく，出航の数日前から気象や海象の情報を収集しておく。
(2) 自船の巡航速力での燃料消費量と，タンク容量を基にした航続距離を把握しておく。
(3) 出航時に特別な理由がなければ，自船の航海計画を海上保安庁に届け出る必要はない。
(4) 出航時に濃霧であっても，レーダーを装備していれば出航を中止する必要はない。

答　(4)

解　説

レーダーは見張りの補助的な役割を担う航海計器として考えるべきで，見張りは当直者の視覚によることを第一と考え，濃霧の場合は出航中止とすることが適切な判断と言えます。

レーダーを過信してはいけません。レーダーには映らないもの（他の物標の陰など），映っていても判別できないもの（海面反射と紛れてしまうなど），無いものが映る（偽像など）ことがあります。

霧の成因は基本的には雲と同様で，空気中の水蒸気が小さな水粒となって空中に浮かんだ状態です。霧の発生原因には，空気の冷却，水蒸気の補給による飽和，層雲の下方への拡散などがあります。

問54-9　長距離航海における出航前の心構えについて述べた次の文のうち，適切でないものはどれか。

(1)　出航当日だけでなく，出航の数日前から気象や海象の情報を収集しておく。
(2)　自船の巡航速力での燃料消費量とタンク容量を基にした航続距離を把握しておく。
(3)　出航前に特別な理由がなければ，自船の航海計画を海上保安庁に届ける必要はない。
(4)　出航時に濃霧であっても，レーダーを装備していれば出航を中止する必要はない。

答　(4)

解　説

レーダーは万能ではなく，小型船や漂流物など映像として映らない場合，海面反射や降雨などにより判別できない場合などがあるので，濃霧等により視界不良の場合は出航を見合わせるなどの対応が必要です。

(3)　出港前の点検，整備

①　法定書類，法定備品類の他，必要な携帯品（海図，水路誌，必要図誌，船体，機関，計器類等の取扱説明書等）の確認。
②　船体，機関，航海計器，通信機器類の点検。
③　燃料，清水，食糧等の必需品の積込み。

(4)　航行中の注意事項

①　見張りの励行：小型船舶操縦者は，周囲の状況及び他の船舶との衝突の恐れを十分に判断できるように視覚はもちろん，聴覚，嗅覚及び五感全てにおいて，その時の状況に応じた適

切な手段により，常時適切な見張りを確保しておかなければならない。航走中，漂泊中，錨泊中を問わず，全周囲を見張る必要がある。

当直者（操縦者，見張り員）は，当直時間を決めて交代するようにする。

② 海上交通ルールを守る：小型船舶操縦者は，自ら操縦しなければならない海域等がある。
・水上オートバイを操縦するとき。
・小型船舶が港則法に基づく港の区域を航行するとき。
・小型船舶が海上交通安全法に基づく航路を航行，又は横断するとき。

③ 定期的に位置の確認を行う。

④ 機関の運転状態に注意する：異常音，排気ガス，冷却水排水，各種計器類に注意する。

⑤ 航行中の他船，操業中の漁船，暗礁その他周囲には危険が多くある。

航行中の注意事項

問54-10 長距離航行中の注意事項について述べた次の文のうち，適切でないものはどれか？

(1) 各計器の示度，エンジンの音及び振動の変化を常に監視し，エンジンルームを定期的に確認しなければならない。

(2) 夜間航行中，市街地の沖合を通過する場合は，他船の灯火と陸上の街灯を判別しにくい場合があることを考慮しなければならない。

(3) 他に操縦を交代できる者がいない場合は，できるだけ休憩をとらずに操縦しなければならない。

(4) 定期的に船位の確認を行い，コースラインからのずれを早めに修正しなければならない。

答 (3)

解　説

長時間の操縦はさけるべきで，疲労による集中力の低下などにより，事故につながることがあります。交代者がいない場合は，安全な水域での仮泊，漂流等，安全を確保した上で，できる限り休息をとりましょう。

船舶においては，乗船者が一致協力して安全確保に努めなければなりません。誰が船長として指揮をとるのか，補助者は誰か，といった役割分担を明確にすることが大切です。また，一人の人に過度な負担がかからないようにすることも，安全な航海に必要なことです。

夜間航行

問54-11　夜間航行する場合の注意事項として適切でないものは，次のうちどれか？

(1) 航海計器の照明の明るさに注意し，見張りの妨げとならないようにする。
(2) 目視による見張りは視力に左右されるので，レーダー映像だけを信頼する。
(3) 他の船舶から法定灯火と誤認されないように，操舵室の照明は消しておく。
(4) 周りの状況を判断しづらいので，避航動作は昼間以上に慎重に行う。

答　(2)

解　説

レーダーは効果的な見張りの補助となる航海計器ですが，見張りは目視を含めたあらゆる手段を用いるべきです。海上衝突予防法第５条（見張り）では「視覚，聴覚及びその時の状況に適した他のすべての手段により，常時適切な見張り」を行うことを求めています。

レーダーは電波をパルス状にしてアンテナ（スキャナ）から発射し，物標に反射して戻ってきた電波を受信して物標の映像を表示する装置です。電波を発射してから反射波を受信するまでの時間を測定することにより物標までの距離を，反射波受信時のアンテナ方向から物標の方位を知ることができます。

問54-12　夜間航行時の注意事項を述べた次の文のうち，適切でないものはどれか？

(1) 大型船の船尾方向を通過する場合は，昼間と違い引き波が確認しづらいので，十分離れて航行する。
(2) 航海灯だけでなく，装備しているすべての灯火を点灯し，できる限り明るくして他船から発見されやすくする。
(3) 無灯火の小型船が航行していたり，標識のない漁具が設置されていたりすることがあるので，昼間以上に厳重な見張りをする。
(4) 目視だけでなく，レーダーやGPSなどのあらゆる機器を使用して，他船の状況や船位を確認しながら航行する。

答　(2)

解　説

夜間航行中は，法定灯火以外の明りはできる限り消灯して見張りをしやすくし，かつ他船からも法定灯火を視認しやすくしなければなりません。

相手船がどのような船で，かつどのような針路で航行しているかを判断する場合，夜間は航海灯の見え方で判断することとなりますので，他船が灯火を見やすいように，また，他船が疑問を抱くような不要な灯りを点灯してはいけません。

問54-13　寄港地で停泊する場合の注意事項として適切なものは，次のうちどれか？

(1)　他船の動静，気象や海象の変化及び人の出入りなどに注意する。

(2)　船を無人にするときは，緊急時に備えてエンジンをかけたままにしておく。

(3)　他船との係留設備を共用する場合には，自船が解らんしやすいように他船のロープを結び直す。

(4)　岸壁に停泊するときは，潮汐によって船が上下しないように係留ロープを一杯に張っておく。

答　(1)

解　説

・無人でエンジンをかけたままにしておくことは危険です。無人にする場合は，携帯電話の番号を記載し，見やすいところに張り紙しておくもの一方策です。

・岸壁に係留するときは，潮汐によって船が上下するので，その都度係留ロープを調整する。固定桟橋などに係留する場合，潮位の変化を考慮して係留ロープの長さを調整しないと，干潮時に下図のように船が宙吊りになってしまいます。

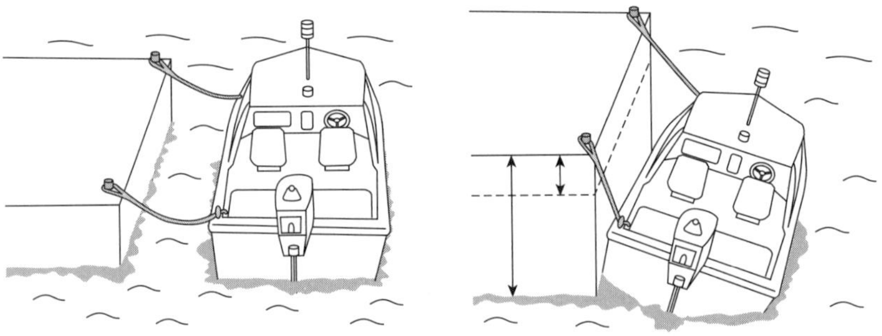

係留と潮汐（(6)を一部改変）

・ビットに係留ロープのアイを掛けるときに先船のロープがある場合には，図のように先船のロープのアイの下方から通して掛けます。

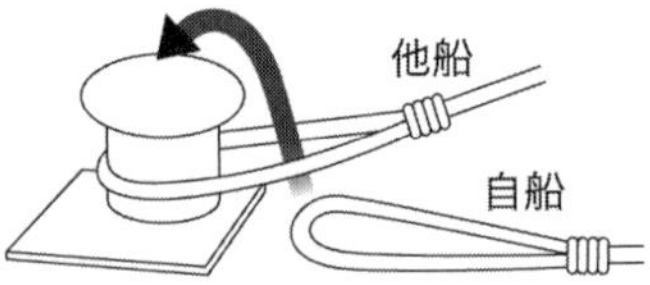

問54-14　寄港地における注意事項について述べた次の文のうち，適切でないものはどれか？

⑴　桟橋に停泊中は，周りの船の動静や来訪者の出入りに注意しなければならない。
⑵　錨泊中は，水域の見張りよりも，気象や海象の変化に注意しなければならない。
⑶　岸壁に停泊中は，潮汐に応じて係留ロープやフェンダーの調整を行わなければならない。
⑷　錨泊中は，アンカーロープの張り具合や船の振れ回り具合に注意しなければならない。

答　⑵

解　説

・岸壁停泊中は潮の干満（干潮・満潮）があるので，係留ロープやフェンダーの調整をする必要があります。
・錨泊中は水域の見張りを厳重に行い，同時に気象海象にも注意をします。
・錨泊した状態では，船は錨よりも風下

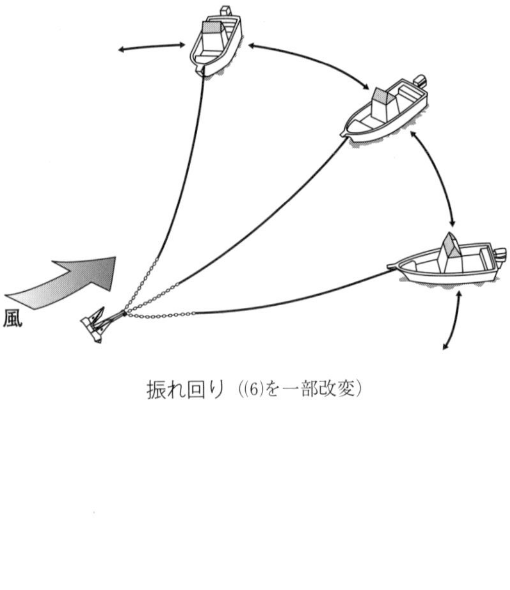

振れ回り（(6)を一部改変）

あるいは下流側に位置し，風や潮流などの影響により錨を中心に振れ回ります。振れ回りの範囲内に他船などの障害物が侵入しないよう，見張りを厳重に行う必要があります。

問54-15　複数の乗船者とともに長距離を航行するときの注意事項について述べた次の文のうち，適切でないものはどれか？

(1)　免許受有者が複数いれば，時間を決めて定期的に操縦を交代する。
(2)　夜間や視界不良時には，操縦者のほかに専従の見張り員を配置する。
(3)　通常はできるだけ操縦者が単独で見張りにあたり，法規を遵守して操縦する。
(4)　航海計画で定めた針路を保持するため，操縦者以外の者であっても定期的に船位を確認する。

答　(3)

解　説

・疲労による集中力の低下など，ヒューマンファクターに起因する事故を防止するために，一人の人に過度な負担がかからないように交代で操縦することは重要です。
・航海をする上で「見張り」は重要な要素になります。特に夜間や視界不良時は専従の見張り員を配置するなどして，効果的な見張りを維持することが必要です。
・安全のために操縦者は定期的に交代して休息をとることにより良好な航海を維持することが大切です。操縦者以外に見張り員を配置できれば，より安全な航海を維持できるようになります。

航海計器

(1)　レーダー

電波の直進性，反射性を応用して物標を探知，測定する航海計器。物標の方位，距離を測定できるので，レーダーを利用して船位測定もできます。

(2)　GPS

GPS は人工衛星からの電波の到達時間（衛星からの距離）を利用して船位を求める方式で，24 時間何時でも利用できます。車に搭載されている GPS と原理は同じものです。

Differential GPS（相対測位方式）は，測位対象となる船舶局のほかに，位置のわかっている基地局でもGPS電波を受信し，誤差を消去する方法です。基地局で生成された補正情報を送信し，移動局で受信すれば，実時間でDGPSの補正処理を行うことができます。日本国内では海上保安庁の中波ビーコンにより補正情報が送信されていましたが，2019年（平成31年）3月1日正午をもって廃止となりました。

SBAS（satellite-based augmentation system：静止衛星型補強システム）は静止衛星を使用して補強信号を送信しており，DGPSに代わってGPS測位の精度向上の役割を担っています。

(3)　音響測深機（魚群探知機）

船底に装備した振動子（センサー）から音波を発信し，物体に当たると反射する原理を応用したもので，途中に魚群がいると反射するので，魚群探知機としても利用されています。

海底に達すると反射するので，その時間差で水深を測定できるとともに，反射波の強弱によって底質（泥，岩盤等）を観測できます。

問54-16　レーダースコープに表示される映像を判読する場合の注意事項として適切でないものは，どれか？

(1)　映像の大きさは，物標の大きさと物標までの距離に比例して表示される。

(2)　海岸線の映像は，海図に記載されている海岸線のとおりには表示されないことがある。

(3)　レーダー電波の反射作用により，１つの物標の映像が２つ以上表示されることがある。

(4)　他船のレーダー電波と干渉し，レーダースコープ上にらせん状の破線が表示されることがある。

答　(1)

解　説

・レーダーは電波をパルス状にしてアンテナから発射し，物標に反射して戻ってきた電波を受信し，物標の映像を表示するもので，物標によっては反射しやすい物標と反射しにくい物標があります。

・性能の限界として，海岸線の映像が，海図に記載されている海岸線のとおりには表示されない，信号強度又はアンテナ高さによる最大探知距離，パルス幅や垂直ビーム幅による最小探知距離，方位分解能，距離分解能などがあります。

・実在しない物の映像や実在するが実態と著しく異なった映像がレーダー画像に現れる偽像と呼ばれるものがあります。偽像には，多重反射偽像，サイドローブ偽像，船上の構造物による偽像，第 2 掃引線偽像，他船のレーダー電波の干渉による偽像などがあります。

問54-17　音響測深機について述べた次の文のうち，適当でないものはどれか？

(1)　表示される映像から，底質や海底の起伏を推測することはできない。
(2)　水中カメラの映像のように，水中の状況を鮮明に映し出すことはできない。
(3)　超音波の周波数を変更することによって，探知範囲を変更することができる。
(4)　連続した水深の測定結果を海図と照合することで,大まかな船位を推測することができる。

答　(1)

解　説

・音響測深機は船底の発信器から音波を発射し，海底からの反射波を受信してその時間差によって水深を連続的に測定できます。受信波の強弱（濃淡）によって海底の底質を観測したり，魚群探知機としても活用できます。

問54-18　魚群探知機（音響測深機）について述べた次の文のうち，適当なものはどれか？

(1)　自船の直下に超音波を発するため，航行中は使用できない。
(2)　水深を測定することはできないが，海底の起伏は判別できる。
(3)　荒天などの影響で，振動子付近に気泡が入ると正確な測定ができない。
(4)　探知した魚群の魚種，魚の数あるいは魚の大きさを正確に判別できる。

答　(3)

解　説

・音響測深機は航行しながら連続的に観測できます。航行しながら連続観測が可能なので，下の図のように水深を計測できるとともに海底の起伏も判別できます。また，海上が時化たとき，他船の航跡，雨などによる気泡によって表層雑音が生ずることがあります。

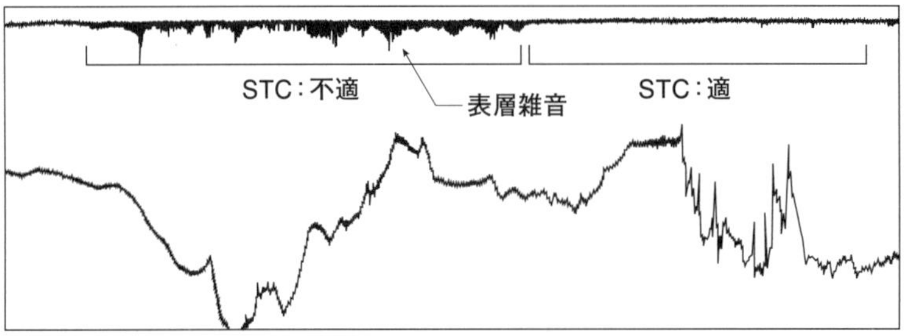

表示画面の一例(11)

救命設備

小型船舶安全規則，小型漁船安全規則によって，小型船舶に搭載する救命設備が定められています。これらの救命設備は，船の種類，大きさ，航行区域等によって搭載すべき救命設備が定められています。

・膨張式救命いかだ（ライフラフト）

白い樽型のコンテナがデッキ上に搭載されているものを見かけますが，これが膨張式救命いかだを収納しているFRP製のコンテナです。

安全ピンを抜いて，レバーを押すか引くといった簡単な操作で，収納袋もしくはコンテナごと海上に投下されると直ちに高圧ガスによって膨張して，いかだになります（船とは細いロープで結ばれています）。もし投下前に船が沈没しても，水圧で自動離脱装置が働き，海上に浮くようになっています。いかだには天幕がついていて，床部分はエアマットで保温に配慮されており，安定性も良好です。

膨張式救命いかだには次のような装備品があります。

・簡単な航海用具・シーアンカー，櫂，レーダー反射板，日光信号鏡，水密電灯等。
・道具類：ナイフ，修理道具，充気ポンプ，スポンジ，釣り道具，海面着色剤，笛等。
・救難食料類：乾パン，ゼリー，アメ，飲料水，応急医療具等。

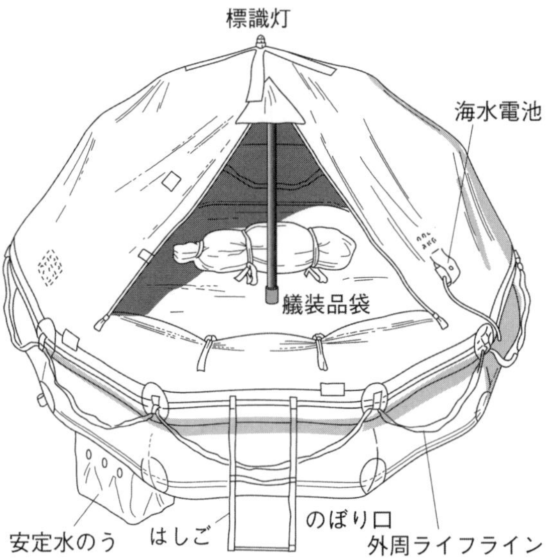

小型船用膨張式救命いかだ

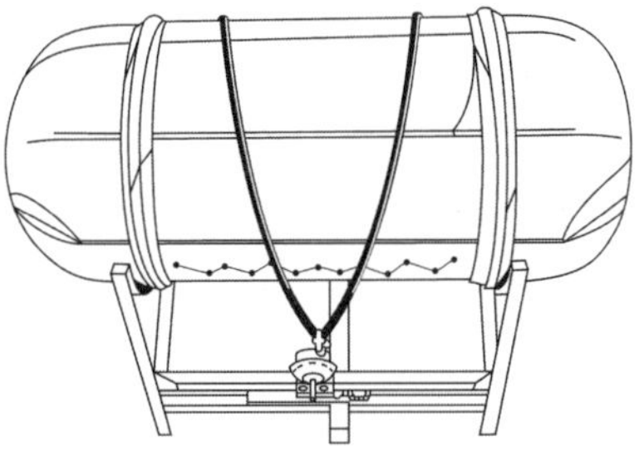

収納用コンテナ

（注）スポンジは一般家庭で使用しているものと同じもので，その使用目的は床に溜まった海水等を吸い取るためです。長時間座っているので，もし海水が肛門から侵入して腫れると猛烈な痛みとなります。

問54-19　膨張式救命いかだの取扱い上の注意事項として<u>適当なものは</u>，次のうちどれか？

⑴　救命いかだは，風雨による劣化や船体の動揺による損傷を防ぐため，船倉に入れて固定しておく。

⑵　FRP コンテナに収納されているものは，内部のいかだが蒸れないように，ときどきコンテナを開いて通風換気する。

⑶　自動離脱器がついているものは，さびつかないように，自動離脱器にペイントを塗っておく。

⑷　自動離脱器がついているものは，いかだが自動的に膨張するように，作動索等（取扱説明書に記載されているもの）を船体に接続しておく。

答　⑷

解　説

・膨張式救命いかだは，FRP 製コンテナに格納した状態で装備され，装備空間が小さいという利点があります。遭難時に容易に展張できるように備え付ける必要があります。船倉に固縛したり，デッキ上にあっても，追加のロープでラッシングしたりすると，遭難時に即座に使用できなくなってしまいます。デッキ上の所定の場所に所定の方法で設置しなければいけません。いかだ付属の非常時の装備品は，いかだと一緒に保管し，遭難時に使用できるようにしておかなければいけません。自動離脱装置がついているものは，いかだが自動的に膨張するように，作動索を船体に固縛することにより，水深２～３ｍの水圧で作動し，固縛ワイヤともやい綱が解放されてコンテナは浮上して自動展張します。

問54-20　小型船舶用膨張式救命いかだの取扱い上の注意事項として適切なものは，次のうちどれか？

(1)　いかだは，風雨による劣化や船体の動揺による損傷を防ぐため，船倉に入れて固定しておく。

(2)　いかだに付属する非常時の装備品一式は，劣化しないよういかだから出して保管しておく。

(3)　自動離脱装置は，錆びついて作動不良にならないように，防錆塗料で塗り固めておく。

(4)　緊急時にいかだを自動的に膨張させるロープ（自動索）は，一端を架台や船体に接続しておく。

答　(4)

解　説

救命いかだには「自動離脱装置」があり，人間が手動で救命いかだを投下できない場合，これにより一定以上の水圧で自動的に固縛が外れ，船体から離れることができます。

また，作動索（自動索）は架台又は船体に結びつけ，コンテナ投下時や船体が沈降する際に引っ張られることで高圧ガスが注入され，いかだが展張されます。

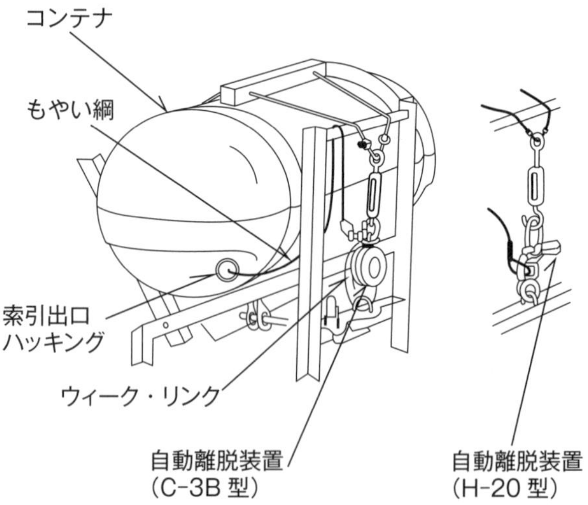

・救命設備（88p 参照）

気象・海象

海上では気象の変化を常に注意していなければならず，特に風の変化は航行に直接影響があります。

⑴　気圧，等圧線

気圧とは，大気の圧力のことで，地球を取り巻く大気の１平方センチメートルの面積にかかる重量で，標準気圧は１気圧，1,013hPa（ヘクトパスカル）です，

気圧は，気温が高ければ空気が膨張し軽くなって上昇するため下がり，気温が低くなれば，空気が収縮し重くなるから下降して，気圧は上がります。気圧が同じ点を結んだ線が等圧線です。

⑵　高気圧

高気圧は，周囲の気圧より相対的に気圧が高い領域で，等圧線が閉じているところを言います。

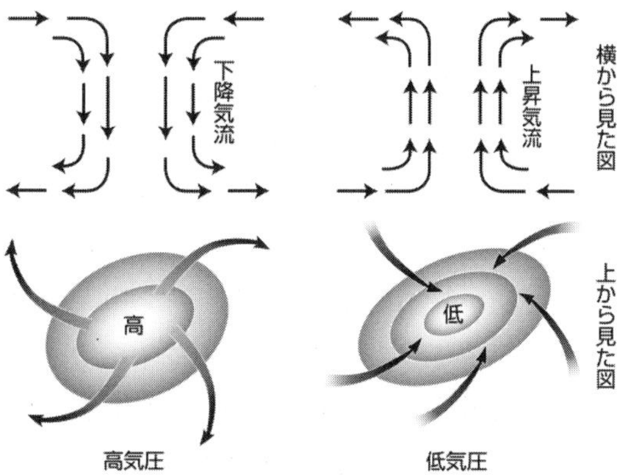

高気圧と低気圧

①　温暖高気圧：気温は高く，風は弱い高気圧で，夏季日本近海に出現する太平洋高気圧　（小笠原高気圧）が代表的例。

②　寒冷高気圧：大気が冷えてできる高気圧で，冬季に大陸でできる大陸性高気圧（シベリア高気圧）は張り出してきて，日本に寒気をもたらします。

③　移動性高気圧：春や秋に大陸で発生し，東へ移動する高気圧で，天気は晴れて穏やかになりますが，長続きしないのが特徴。

④　オホーツク海高気圧：オホーツク海に発生する高気圧で，梅雨や秋の長雨の原因となっています。

⑶　低気圧

低気圧は，周囲より相対的に低い気圧の領域で，等圧線が閉じた線でかこまれたところを言います。

① 温帯低気圧：温帯域で寒気と暖気の２つの気団が衝突するところで発生し，前線を伴い，その付近では風雨が強くなります。

② 熱帯低気圧：熱帯域で激しい複数の上昇気流が結合して発生する低気圧で，中心付近の最大風速が17.2m/s 以上になると台風となり，前線を伴いません。

⑷　気圧の谷

２つの高気圧部に挟まれた低圧部が気圧の谷で，この部分に前線が停滞することがあります。典型的なものは梅雨前線（停滞前線）で，長時間停滞するのが特徴。また，気圧の谷付近に低気圧が近づくと急速に発達することがあります。

⑸　前線

温度，湿度等の性質が均一な空気の塊を気団といい，性質の異なる気団が接触する境界面を前線面，それが地上に接する線を前線といいます。

寒暖両気団の衝突なので，前線付近の気象は不安定になり，この両気団の優劣によって前線の性質も変わってきます。

① 温暖前線：暖気団が寒気団より優勢で，寒気団の上にのしかかるようにして進行する前線。温帯低気圧の進行方向の前方にあり，接近すると上層雲，中層雲，下層雲の順に現れ，雲が厚く（乱層雲）なってしとしとと雨が降ります。前線が通過すると雨はやみ，気温は上昇，風は弱く風向は南寄りに変わり，気圧は上昇します。

② 寒冷前線：寒気団が暖気団よりも優勢で，暖気団の下に潜り込むようにして進行する前線。上昇気流が激しく垂直に発達した積雲，積乱雲が近づき，前線通過後は，激しい雨と風があり，ときには，雷，突風を伴うことがあります。通過後は気温が下がり，風向は北寄りになります。

③ 停滞前線：寒気団，暖気団ともほぼ同勢力で，ほとんど移動しない前線。前線付近では，連日雨や霧のぐずついた天気が続きます。梅雨期や秋の長雨はこの前線の影響によるものです。

④ 閉塞前線：低気圧に伴う寒冷前線（後）が温暖前線（前）に追いつき，寒気団が暖気団をすくい上げるようにして持ち上げ，地上から切り離し，２つの前線が合わ

さって閉塞型になります。追いついた寒気が追いつかれた寒気よりも低い場合は，寒冷型閉塞で寒冷前線と似た性質を持ち，逆の場合は，温暖型閉塞前線となり温暖前線と似た性質を持つようになります。低気圧は最盛期から衰退期に入ります。

(6) 風

2つの地域の間に気圧の差がある場合，気圧の高い方から気圧の低い方へと空気は移動します。この空気の移動を風と言います。

① 風と気圧傾度：2つの地域の間に気圧差が大きいほど風は強く，両地点の気圧をその距離で割ったものが気圧傾度になり，気圧傾度が大きいほど風は強くなります。

② 風向：風は，気圧の高い方から低い方へと直線的に吹くのではなく，等圧線に対して約20°～30°の角度で低気圧に吹き込みます。低気圧は左回り（反時計回り），高気圧は右回り（時計回り）に吹きます。

③ 風速，風力：風速は，1秒間に空気が移動する距離（m/s）で表します。ただし風速は絶えず変化しているので，10分間の観測の平均値が風速となります。風力はビューフォート風力階級（0～12）が用いられます。

(7) 雲，霧

雲は，空気中の水蒸気が，気温が下がると凝結して細かな水滴もしくは氷晶となって空気中に浮遊しているもので，地球に接しているのが霧です。従って山頂にかかる雲は下から見れば雲で，山頂付近では霧になります。

雲の種類

① 上層雲：高さ6,000m以上・・・巻雲（すじ雲），巻層雲（うす雲），巻積雲（うろこ雲，ひつじ雲，さば雲）。

② 中層雲：高さ2,000～6,000m位・・・高積雲（ひつじ雲），高層雲（おぼろ雲）。

③ 下層雲：2,000m以下・・・層積雲（くもり雲），層雲（きり雲），乱層雲（雨雲）。

④ 垂直に発達した雲：高さ約500～10,000m・・・積雲（綿雲），積乱雲（入道雲，雷雲）。

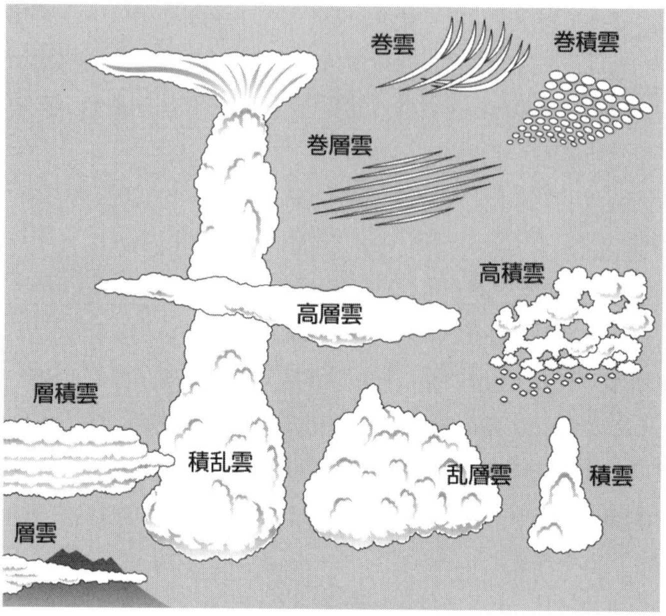

寒冷前線と温暖前線　模式断面図

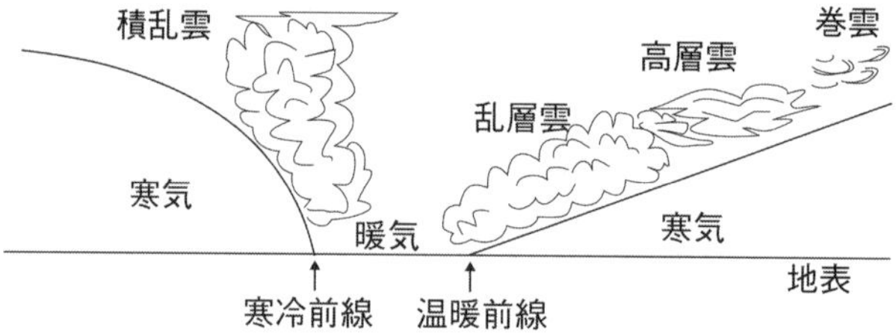

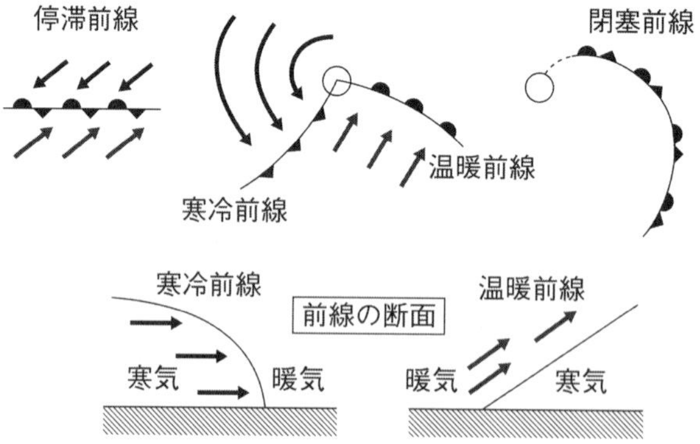

問 55　気象予測・潮流・海流

気象予測

問55-1　次の各文は，ある日の天気予報の一部である。これらの天気概況とこれに対する地上天気図の組み合わせとして<u>適切なもの</u>はどれか？

(1)　東海から関東地方にかけての太平洋側では大雪になるおそれがあるでしょう。
(2)　東日本より西ではぐずついた天気が続き，前線付近では大雨が降るおそれがあるでしょう。
(3)　九州から本州にかけて南風が強く，気温が大幅に上がり，日本海側は乾燥するでしょう。
(4)　本州は北寄りの風が強く，日本海側は雪，太平洋側では晴れて乾燥した状態が続くでしょう。

(1)

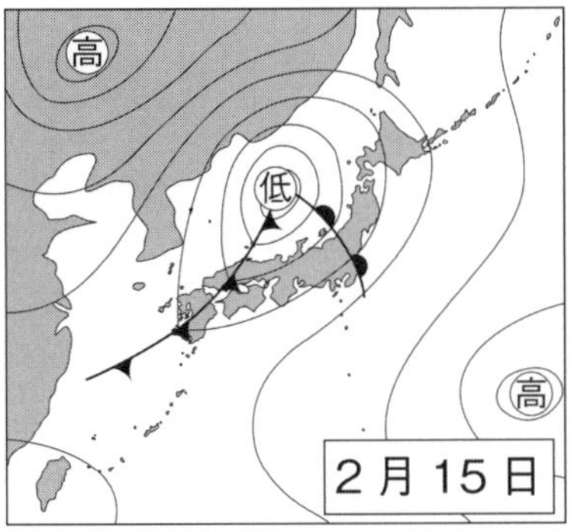

(2)

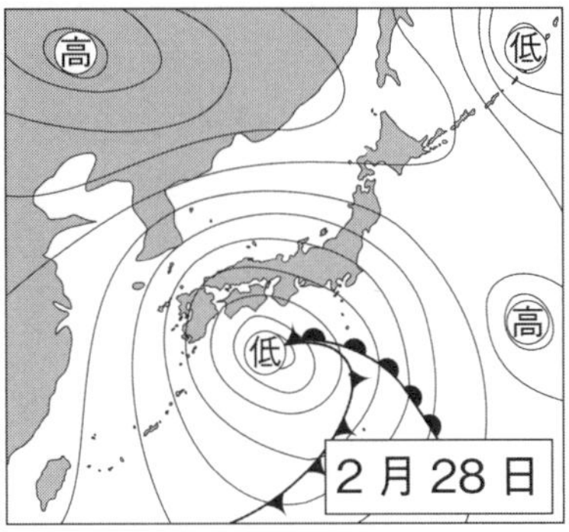

(3)

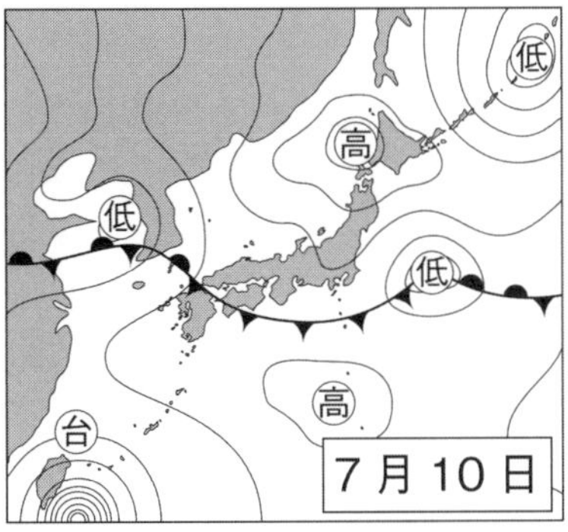

(4)

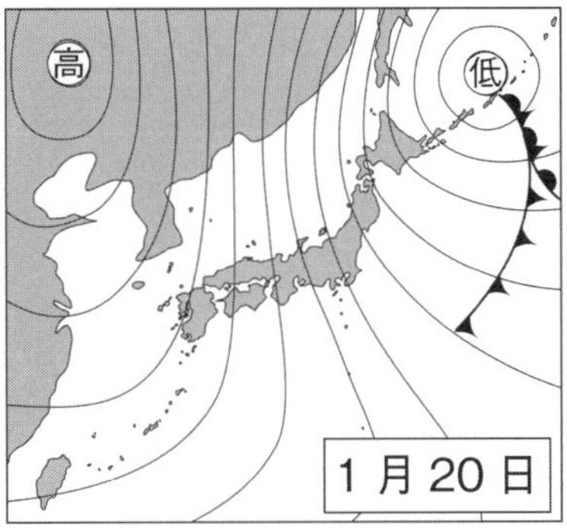

答　(4)

解　説

(1) 温帯低気圧が発達しながら日本海を北上すると，南から暖かな風が低気圧に向かって強く吹き込み，季節外れの暖かな陽気となります。気象庁では立春（2/4 頃）から春分（3/21 頃）までの間に，日本海で低気圧が発達し，広い範囲で初めて吹く，暖かく（前日より昇温），（やや）強い南よりの風（8m/s 以上）を春一番としています。

(2) 日本の本州南岸近くを通る低気圧のことを南岸低気圧と呼びます。この低気圧自体は雨を降らせるものですが，低気圧が引き込む「寒気」によって，雨が雪となって降ってくることが多いのが特徴です。首都圏など関東の大雪のほとんどが，この南岸低気圧によるものです。

(3) 中国大陸東部から日本の東方沖に前線が停滞することで雨季となり，春から盛夏の間の雨季を梅雨と呼びます。北と南の気団が衝突した部分には東西数千 km に渡って梅雨前線（ばいうぜんせん）ができ，数か月に渡って少しずつ北上していきます。この前線付近では雨が降り続き，長雨の期間は各地域で 1 か月から 2 か月になります。

(4) 日本の一帯においては，北方にシベリア寒気団（→シベリア高気圧）を控えているため，冬には強い寒気が押し寄せる状態になります。この高気圧は，大陸性の高気圧のため乾燥しているので日本の冬は乾燥することになります。そのため日本では，西高東低の気圧配置を「冬型の気圧配置」と呼び，専ら冬の天候を説明する際に用いられます。西高東低の気圧配置になると日本では，厳しい冷え込みが訪れるとともに，日本海を渡ってきた大陸からの風が海上で水蒸気を蓄えて山脈にぶつかるため，日本海側気候の地域で雪，太平洋側では山を越えて乾燥した吹き下ろしの風（からっ風など）が強くなります。

問55-2　右図は，ある日の日本付近の地上天気図であり。この気圧配置における，日本付近の気象状況について述べた次の文の（　）の中にあてはまる語句の組み合わせとして適当なものは，下のうちどれか？

「日本の南方の気圧が高いときに，(ア)が日本海を発達しながら東に進むと，低気圧の中心に向かって南からの強風が吹きこむ。(イ)を過ぎてから広い範囲で初めて吹く，この暖かく強い南寄りの風を(ウ)という。」

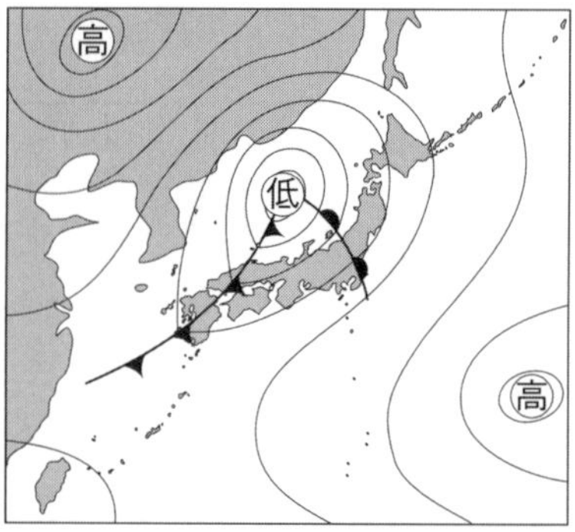

(1)　(ア)：熱帯低気圧　　(イ)：立春　　(ウ)：フェーン

(2)　(ア)：温帯低気圧　(イ)：立春　(ウ)：春一番
(3)　(ア)：熱帯低気圧　(イ)：元日　(ウ)：発一番
(4)　(ア)：温帯低気圧　(イ)：元日　(ウ)：フェーン

答　(2)

解　説

・温帯低気圧が発達しながら日本海を北上すると，南から暖かな風が低気圧に向かって強く吹き込み，季節外れの暖かな陽気となります。気象庁では立春（2/4 頃）から春分（3/21 頃）までの間に，日本海で低気圧が発達し，広い範囲で初めて吹く，暖かく（前日より昇温），（やや）強い南よりの風（8m/s 以上）を春一番としています。

(1)　温帯低気圧：相対的に軽い暖気が上方へ，重い寒気が下方へと移動する際に解放される位置エネルギーによって発達する低気圧のことで，温帯地方で発生するためこう呼ばれます。温帯低気圧は北半球では通常その中心の南東側に温暖前線を，南西側に寒冷前線を伴います。発達した低気圧では，寒冷前線と温暖前線が中心付近から結合し，中心もしくはその近くから閉塞前線を伴い，その先から温暖前線と寒冷前線の 2 つに分かれるという形態をとることもあります。温暖前線では暖気が寒気の上に這いあがり，寒冷前線では寒気が暖気の下に潜りこんで暖気を押し上げるという形で上昇気流が発生します。この上昇気流に伴って雲が発生するため，温帯低気圧では中心付近だけでなく前線付近でも天気が悪くなります。

熱帯低気圧：熱帯地方で発生し，閉じた低気圧性の大気循環，強い風，および大雨をもたらす渦巻き状の雷雲によって特徴づけられ，急速に回転する激しい暴風雨を伴います。

(2)　立春：二十四節気の第一。定気法では太陽黄経が 315 度のときで 2 月 4 日ごろ。

(3)　春一番：気象庁では立春（2/4 頃）から春分（3/21 頃）までの間に，日本海で低気圧が発達し，広い範囲で初めて吹く，暖かく（前日より昇温），（やや）強い南よりの風（8m/s 以上）を春一番としています。

(4)　フェーン：空気中に含まれる水蒸気が凝縮する際に熱を放出させます（凝縮熱）。山の斜面を風によって空気が上昇すると空気は冷やされ，湿った空気の場合は，凝縮熱の作用により温度が下がりにくくなっています。そして，山に上昇した湿った空気が露点に達して雨が降った後，乾燥した空気となって下降に伴い温度も上がります。空気の上昇時の温度の変動幅より下降時の変動幅が大きいため元の気温よりも高くなります。これをフェーン現象と言い，この現象が起こると冬季であっても暖かくなることがあります。

問55-3　右図は，ある日の日本付近の地上天気図である。この気圧配置における，日本付近の気象状況について述べた次の文の（　）の中に当てはまる語句の組み合わせとして適当なものは，下のうちどれか？

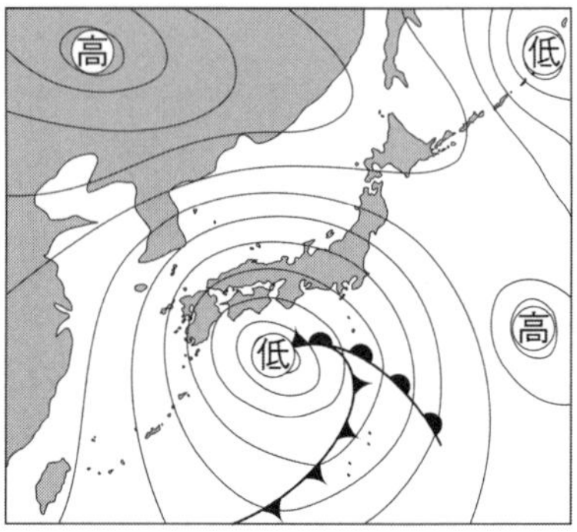

「この気圧配置が冬から春にかけて現れると，日本の南岸沿いを低気圧が急速に発達しながら北東に進む。上空に強い(ア)があり，低気圧が陸岸からあまり離れずに進行すると，(イ)側に(ウ)をもたらすことがある。」

(1)　(ア)：寒気　　(イ)：太平洋　　(ウ)：大雪
(2)　(ア)：暖気　　(イ)：太平洋　　(ウ)：大雨
(3)　(ア)：寒気　　(イ)：日本海　　(ウ)：大雪
(4)　(ア)：暖気　　(イ)：日本海　　(ウ)：大雨

答　(1)

解　説

・台湾付近で発生して北東進し，日本の南岸沿いや日本海に進む低気圧。東シナ海低気圧と呼ばれることが多く，1月から 3月にかけて発生する東シナ海低気圧（台湾低気圧）が日本の南岸に進むと，関東地方の平野部に雪を降らせることがあります。

問55-4　右図は，梅雨期の日本付近の地上天気図である。この天気図について述べた次の文のうち，適切でないものはどれか？

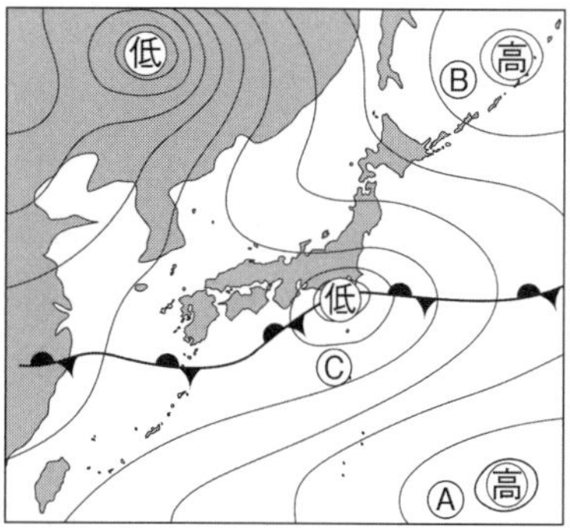

(1)　高気圧Ⓐと高気圧Ⓑの勢力が拮抗しているため，前線は同じような位置に長期間停滞する。

(2)　高気圧Ⓑから北寄りの暖かく湿った空気が流れ込むため，前線付近で雨が降る。

(3)　前線上に低気圧Ⓒが発生すると，前線の活動が活発となり，まとまった雨が降る。

(4)　高気圧Ⓐの勢力が高気圧Ⓑより強くなると，前線が北上し，梅雨明けとなる。

答　(2)

解　説

Ⓐ：太平洋高気圧（小笠原高気圧）：太平洋に発生する温暖な高気圧で，亜熱帯高気圧（サブハイ）の内の一つ。北太平洋高気圧の中心はハワイ諸島近辺，北東太平洋上にあり，東西に張り出して，東側ではアメリカ合衆国西海岸に年間を通じて温暖で乾燥した気候をもたらし，西側では夏の日本の天気を支配します。広大な太平洋高気圧のうち，日本の南海上付近のものは小笠原諸島付近に中心を持つことが多いことから小笠原高気圧とも呼ばれます。

Ⓑ：オホーツク海高気圧：オホーツク海上に毎年４月末から８月に発生する高気圧。４月ごろ，ユーラシア大陸の熱収支の逆転に伴いオホーツク海が相対的に低温になることにより発生し，６月から７月にかけて偏西風がチベット高原で分流され南北に分かれることにより停滞します。南の太平洋高気圧との間に梅雨前線を形成し，夏に発達すると関東地方以北の太平洋側に冷害をもたらすなど広い範囲で大気を不安定にして悪天候をつくり出す高気圧。夏に向けて勢力を増す太平洋高気圧とぶつかり，停滞前線（梅雨前線）をもたらします。上空のジェット気流は次第に北へと上がっていき，太平洋高気圧が勢力を増してオホーツク海高気圧は消滅し，日本では梅雨が明けて暑い夏が訪れます。

Ⓒ：停滞前線（梅雨前線）：北のオホーツク海気団と南の小笠原気団が接近し，主に両者の温度の差により，停滞前線が形成されます。北と南の気団が衝突した部分には東西数千

kmに渡って梅雨前線ができ，数か月に渡って少しずつ北上していきます。この前線付近では雨が降り続き，長雨の期間は各地域で1か月から2か月にもなります。

(1)　太平洋高気圧Ⓐとオホーツク海高気圧Ⓑの間が気圧の谷となり，停滞前線（梅雨前線）Ⓒが長期間（40日～45日程度）停滞し，曇りや雨の日が続きます。

(2)　オホーツク海高気圧Ⓑの勢力が強いと，冷たい湿った北東の風（ヤマセ）が吹き込み，東北地方や北海道東部で冷害に襲われ，凶作となります。

(3)　東シナ海（長江河口付近）で発生した低気圧が前線上をゆっくりと進み，時には停滞するので長雨となります。

(4)　太平洋高気圧の勢力が強くなり，オホーツク海高気圧が衰退すると停滞前線は押し上げられ，やがて前線とオホーツク海高気圧は消滅して，梅雨明けとなります。したがって梅雨明けは南から北へと順に明けます。そして太平洋高気圧が日本全土に張り出して，本格的な夏となります。

問55-5　右図は，ある日の日本付近の地上天気図である。このときの気象状況について述べた次の文の（　）に当てはまる語句の組み合わせとして適切なものは，下のうちどれか？

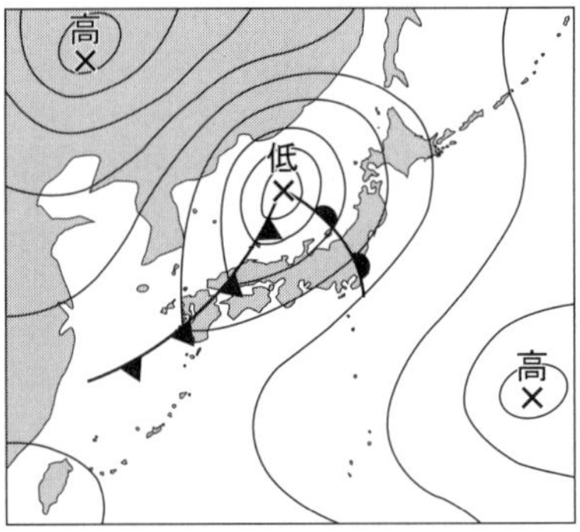

「この気圧配置が冬から春にかけて現れると，東シナ海で発生した低気圧が急速に発達しながら日本海を北東に進む。低気圧に向かって暖かい(ア)の風が吹き込み，(イ)側では，フェーン現象によって高温で乾燥した強風が吹き，火災や雪崩の原因となることがある。

低気圧の通過後は，(ウ)の季節風が吹き返し，気温が下がって風雪が強まる場合がある。」

(1)　(ア)：北寄り　　(イ)：太平洋　　(ウ)：北西
(2)　(ア)：南寄り　　(イ)：太平洋　　(ウ)：南西
(3)　(ア)：北寄り　　(イ)：日本海　　(ウ)：南西
(4)　(ア)：南寄り　　(イ)：日本海　　(ウ)：北西

答　(4)

解　説

・冬から春にかけて現れる現象で，温帯低気圧が発達しながら日本海を北上すると，南から暖かな風が低気圧に向かって強く吹き込み，季節外れの暖かな陽気となります。気象庁では立春（2/4頃）から春分（3/21頃）までの間に，日本海で低気圧が発達し，広い範囲で初めて吹く，暖かく（前日より昇温），（やや）強い南よりの風（8m/s以上）を春一番としています。この風が山脈を越えて日本海側に吹き込むとき，山脈からの吹きおろしが，高温・乾燥してフェーン現象となります。温帯低気圧の通過後は気温が下がり，北寄りの季節風が吹き返します。

問55-6　右図は，ある日の日本付近の地上天気図である。この気圧配置における気象状況について述べた次の文の（　）の中に当てはまる語句の組み合わせとして適当なものは，下のうちどれか？

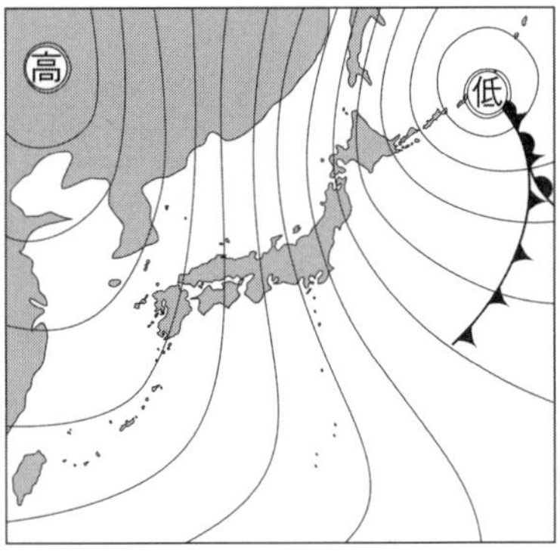

「この気圧配置は(ア)と呼ばれる冬季の典型的なかたちであるが，晩冬から早春になると，この気圧配置をもたらす(イ)高気圧の衰退により周期的に天気が変化する。暖かい日と寒い日が交互に現れるため，このような気温の変化は(ウ)と呼ばれる。」

(1)　(ア)：西高東低型　(イ)：シベリア　(ウ)：三寒四温
(2)　(ア)：東低西高型　(イ)：シベリア　(ウ)：小春日和
(3)　(ア)：西高東低型　(イ)：移動性　(ウ)：三寒四温
(4)　(ア)：東低西高型　(イ)：移動性　(ウ)：小春日和

答　(1)

解　説

・西高東低の冬の典型的な気圧配置の地上天気図で，大陸にはシベリア高気圧があり，停滞性で，晩冬から早春になるとシベリア高気圧が次第に衰退し，気象に変化が見られます。西高東低が変化し，三寒四温と呼ばれ，三日寒い日が続くと，続いて四日暖かい日が続くというような周期的な変化が見られます。

・小春日和とは，晩秋の 11 月下旬頃の暖かく穏やかな日を言います。（小春とは旧暦十月の別名）

問55-7 日本付近の地上天気図を見て，低気圧の中心の進行方向や発達について予測する場合の一般的な着眼点として適当でないものは，次のうちどれか？

(1) 海上から陸上へ進むと，勢力が強くなる。
(2) 寒冷前線が温暖前線に追いつくと，やがて衰える。
(3) 付近に別の低気圧があると，その方向へ進む。
(4) 進行方向に高気圧があると，速度が遅くなる。

答 (1)

解 説

(1) 低気圧が海上から陸上へ上陸した場合，水蒸気の補給ができなくなり，エネルギーが喪失するので弱くなります。更に山脈のような凹凸による摩擦により，また昇り斜面で雨を降らせるため，やはりエネルギーを喪失します。
(2) 寒冷前線が温暖前線に追いつくと，閉塞前線となり低気圧は衰退期に入ります。
(3) 2つの低気圧があると互いに引き合う性質があります。
(4) 進行方向に高気圧がある場合，進行が抑えられ遅くなるか，停滞するかのどちらかです。梅雨前線はオホーツク海高気圧が停滞しているので，日本付近は気圧の谷になり，停滞前線ができ，低気圧もゆっくりとしか進めなくなります。

問55-8 右図は，2 月下旬のある日の日本付近の地上天気図である。この後，九州南西沖の低気圧が本州南岸沿いに進むと予想される場合に注意すべき事項として適切でないものは，次のうちどれか？

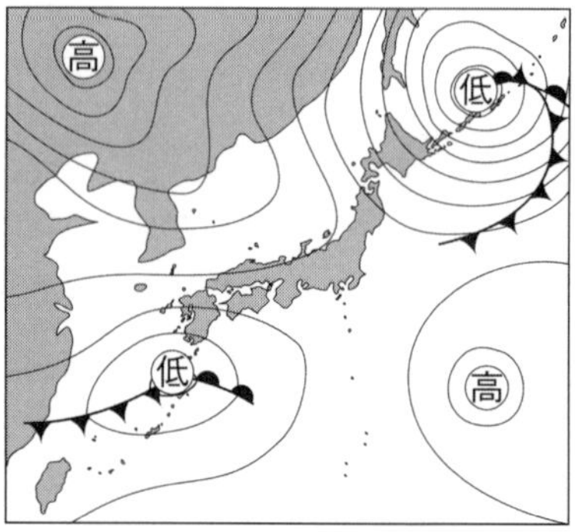

(1) 低気圧の移動速度が速く，本州南岸は天候が急変するおそれがある。

(2) 関東地方から関東以北の太平洋側は大雪になるおそれがある。

(3) 山陰から北陸にかけて，春一番と呼ばれる強風が吹くおそれがある。

(4) 低気圧が本州の東方沖に抜けると，冬型の気圧配置が強まるおそれがある。

答 (3)

解　説

・日本列島南岸を発達しながら東に進んでいく低気圧のこと。秋から春（概ね毎年1月から4月にかけて）にかけてよく発生します。暖気を運んでくる日本海低気圧とは対照的に，日本に寒気を運ぶことが多く，日本列島の太平洋側に大雪や大雨を降らせることがあります。特に東京を含む関東地方南部における大雪のほとんどは南岸低気圧によるものと言われています。

問55-9　温帯低気圧に伴う温暖前線が近付く場合に，通常現れる雲の種類として適当でないものは，次のうちどれか？

(1) 巻層雲　(2) 高層雲　(3) 層積雲　(4) 積乱雲

答 (4)

解　説

・温暖前線は寒気団に比べ暖気団の方が優勢なときの前線で，優勢な暖気団が寒気団の前線面をかけあがるようにして進むことで上昇気流が発生し，図のように寒気団の上に暖気団が上昇します。このため，前線から1000kmも離れた北側の上空には巻雲・巻層雲が現れ，前線に近づくにつれて高積雲，高層雲，乱層雲，層積雲の低い雲となります。
積雲，積乱雲は寒冷前線が近づく場合に現れます。

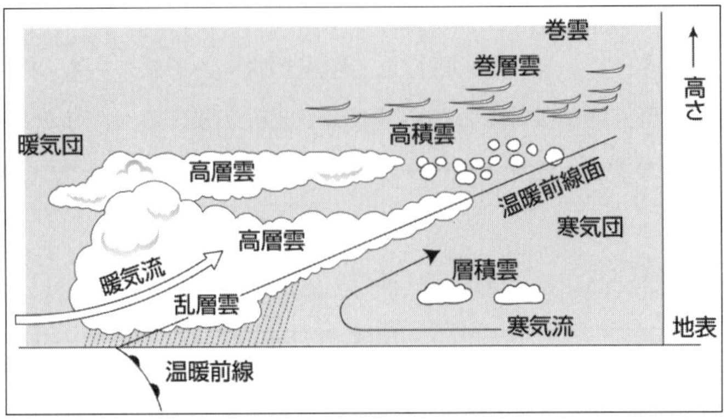

温暖前線の鉛直断面

問55-10　温暖前線の接近にともない，現れる雲の種類はどのように変化するか，変化の順序を示した次の(1)～(4)のうち，適当なものはどれか？

(1)　高積雲→高層雲→乱層雲→巻層雲　　(2)　巻層雲→高積雲→高層雲→乱層雲

(3)　乱層雲→巻層雲→高積雲→高層雲　　(4)　高層雲→乱層雲→巻層雲→高積雲

答　(2)

解　説

・温暖前線が接近すると，最初は上層雲，中層雲，下層雲の順に現れます。（巻）が上層，（高）が中層を表すので注意が必要です。（上図参照）

問55-11　図は日本付近の地上天気図に見られる温帯低気圧の一例を，記号の一部を省略して描いたものである。通常，「積雲」や「積乱雲」などが多く見られる地点は図中(ア)～(エ)のうちどれか？

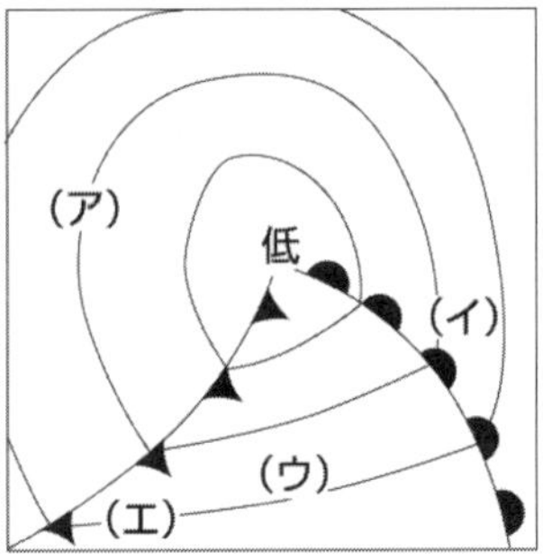

(1)　(ア)　　(2)　(イ)　　(3)　(ウ)　　(4)　(エ)

答　(4)

解　説

(ア)　この付近では，北寄りの風が吹き，寒冷域で風が強く吹きます。

(イ)　温暖前線の前面で，乱層雲で覆われ，降雨があれば弱い雨です。

(ウ)　この付近は暖域で風は弱く，晴れています。

(エ)　寒冷前線で積雲，積乱雲で覆われて雨が強く降ります。

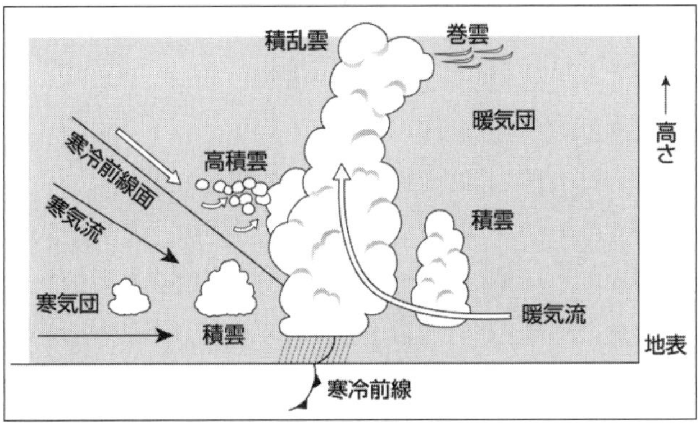

寒冷前線の鉛直断面

問55-12　右図は，夏によく見られる日本付近の地上天気図である。この気圧配置における，関東以西の太平洋側の気象状況について述べた次のうち，適切でないものはどれか？

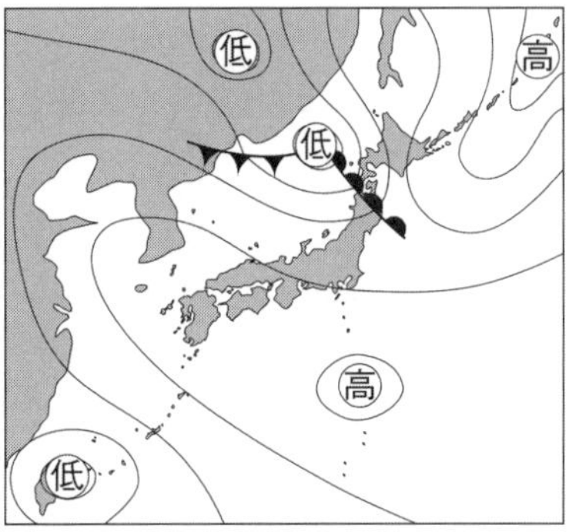

(1)　日中は南寄りの弱い風が吹く。

(2)　沿岸部では朝方や夕方に強い風が吹く。

(3)　高温多湿な風が吹くため，蒸し暑くなる。

(4)　天気の変化が少なく，良い天気が続く。

答　(2)

解　説

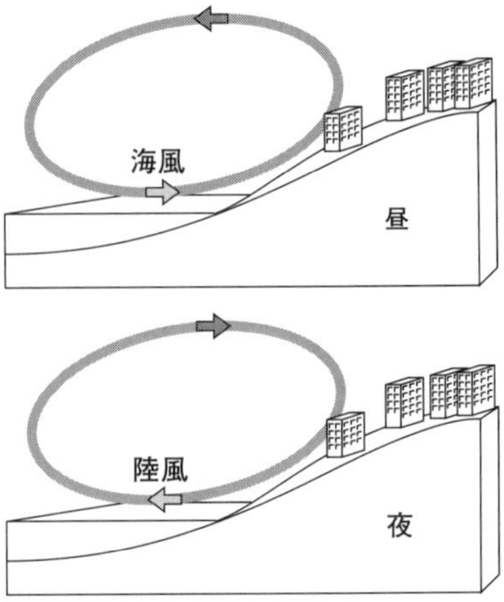

海風と陸風（(2)を一部改変）

・図は，太平洋高気圧が関東以西に大きく張り出しており，高温多湿の弱い風で蒸し暑くなります。朝方，夕方は風が弱くなります（朝凪，夕凪）。

陸は比熱が小さく暖まりやすく冷えやすい一方，比熱が大きい海は暖まりにくく冷えにくいのです。このため，昼になって日が差し始めると，陸上にある空気は暖められ，上昇気流を生じます。地表付近では陸上は海上よりも気圧が低くなるため，海から陸へ海風が吹きます。

逆に夜になって日射が無くなると，陸上にある空気は海上よりも速く冷えていくので，今度は上記と逆のことがおき，地表付近では陸上の方が海上より気圧が高く，地表付近では陸から海へ陸風が吹きます。

夏の気圧配置に鯨の尾型と呼ばれるものがあります。日本付近を東西に横たわる等圧線のふくらみを鯨の胴に，さらに西に突き出た部分を尾に例えたもので，盛夏の典型です。

問55-13　右図は，日本付近の地上天気図に見られる温帯低気圧の略図である。図中Ａ－Ｂ線における鉛直断面の傾きと雲の分布として適当なものは，次のうちどれか？ただし。「積」は積乱雲，「巻」は巻雲，「高」は高積雲，「乱」は乱層雲を表す。

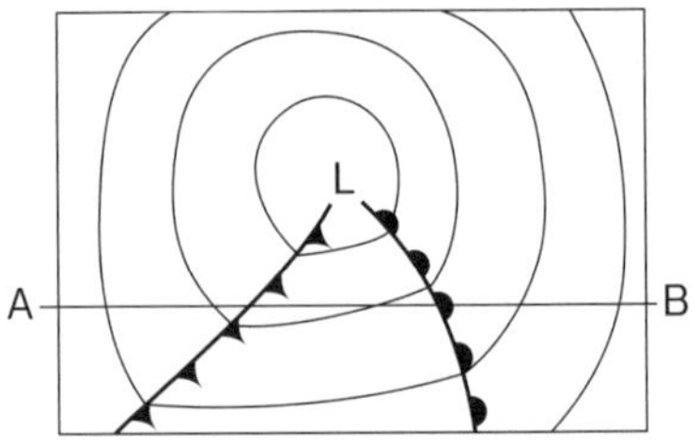

(1)

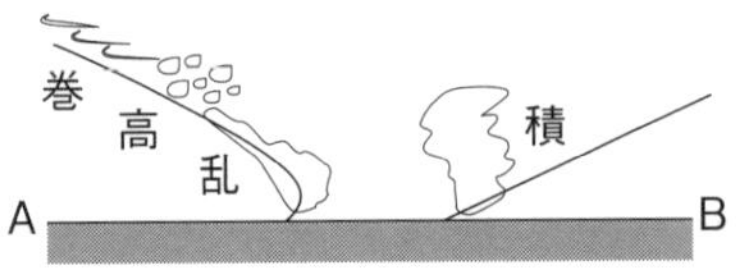

(2)

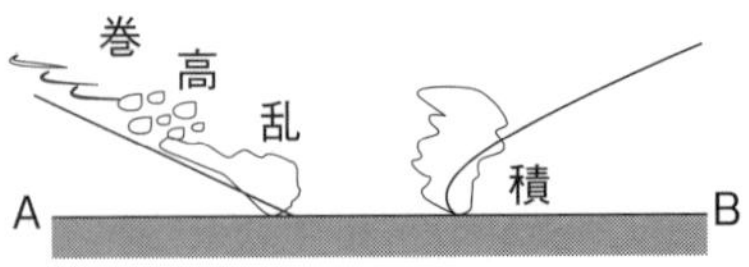

(3)

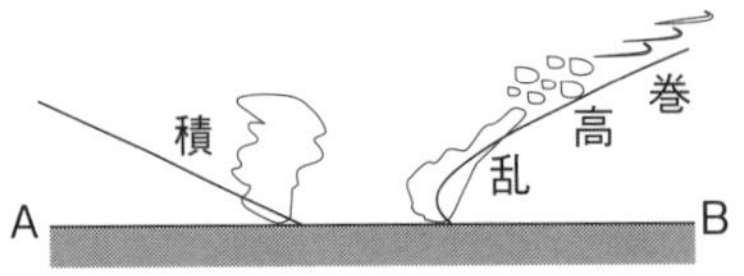

(4)

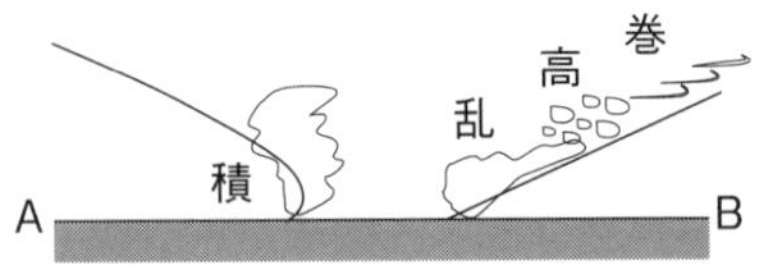

答　(4)

解　説

・温暖前線の鉛直断面図及び寒冷前線の鉛直断面図を参照

問55-14　日本付近の地上天気図において，1つの低気圧に伴う図の(A)と(B)の前線の特徴について述べた下の文のうち，<u>誤っているもの</u>はどれか？

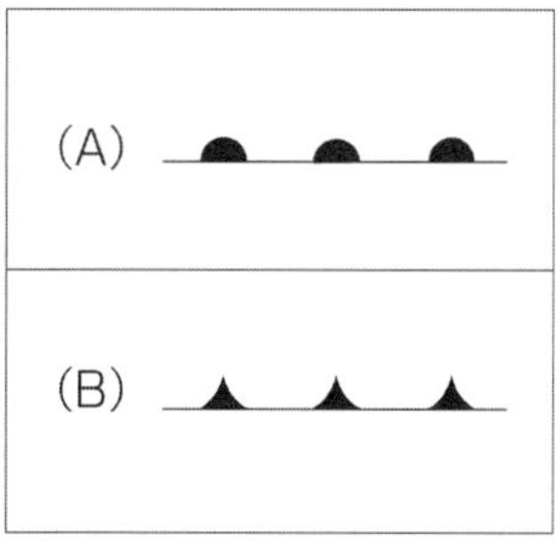

(1)　一般に(A)より(B)が速い。
(2)　(A)が通過すると，風向は南東から南西に変わる。
(3)　(B)が通過すると，気温が下がる。
(4)　(B)が通過すると，気圧は下がる。

答　(4)

解　説

・温帯低気圧は相対的に軽い暖気が上方へ，重い寒気が下方へと移動する際に解放される位置エネルギーによって発達する低気圧のことです。赤道からの暖気と両極からの寒気が温帯気候の地域で接触し，この種の低気圧は主に温帯で発生するために温帯低気圧と呼ばれます。
・温帯低気圧は北半球では通常その中心の南東側に温暖前線を，南西側に寒冷前線を伴います。発達した低気圧では，寒冷前線と温暖前線が中心付近から結合し，中心もしくはその近くから閉塞前線を伴い，その先から温暖前線と寒冷前線の2つに分かれるという形態をとることもあります。寒冷前線が温暖前線に追いついて閉塞前線となると，低気圧は最盛期から衰退期に入り，やがて消滅します。
・温暖前線においては暖気が寒気の上に這いあがり，寒冷前線においては寒気が暖気の下に潜りこんで暖気を押し上げるという形で上昇気流が発生しています。この上昇気流に伴って雲が発生するため，温帯低気圧では中心付近だけでなく前線付近でも天気が悪くなります。

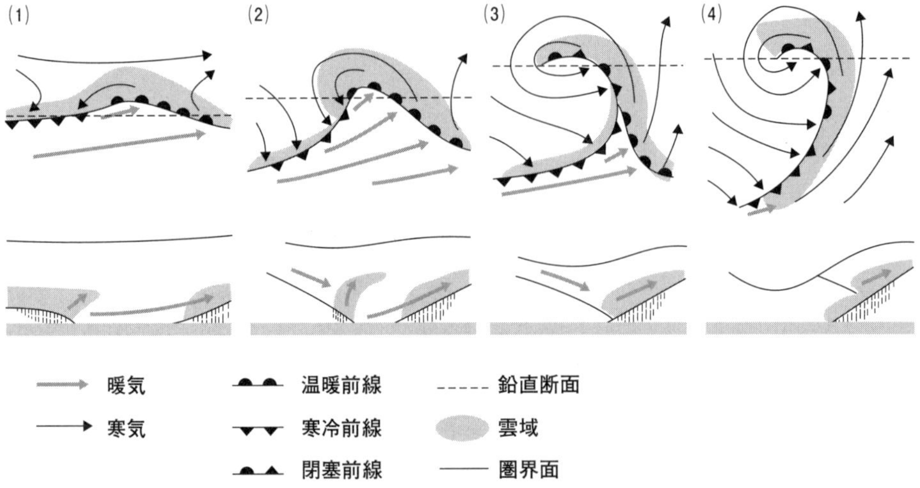

低気圧の発達（(10) を一部改変）

・温暖前線が通過すると，寒域から暖域に入り，寒冷域では南東の風であったのが，暖域では南西の暖かく弱い風にかわります。温暖前線通過時には気温がゆっくり上昇して高止まりします。

・寒冷前線が通過すると，暖域から寒冷域にはいるため気温は急速に下降します。気圧は寒冷前線接近に伴って低下し，通過後はにわかに上昇します。

・低気圧には温帯低気圧と熱帯低気圧の２種類があり，その違いは以下のとおり。

① 温帯低気圧は，温暖前線，寒冷前線，閉塞前線を伴っています。発生する温帯域（中緯度）では，南方に暖かい空気があり，北方は冷たい空気に覆われているため，両者が激しく衝突するところで低気圧が発生するので暖域と寒冷域の境に前線が発生します。一方，熱帯低気圧が発生する熱帯（低緯度）では，どこでも気温が高く，寒冷域がないため前線は発生しません。台風も前線を伴いません。

② 台風や熱帯低気圧の等圧線はきれいな円形をしていますが，温帯低気圧の等圧線は楕円形であったり前線を挟んで屈曲したりしています。

問55-15　寒冷前線について述べた次の文の，下線部㋐～㋓の説明として適切でないものは，下のうちどれか？

「寒冷前線は，寒気が暖気を押し上げながら進行するので，積乱雲や積雲を生じて，通過するとき㋐雨を降らせる。通過後は温度が下がり，㋑風向が急変する。また，通過する速度が速いときは，特に㋒風に対する注意が必要である。なお，冬季，発達した温帯低気圧から伸びる寒冷前線が通過した後，数日間㋓強風が吹き続くことがある。」

(1)　㋐の雨は，しとしとと降る雨である。
(2)　㋑の風向は，南寄りから西又は北寄りに急変する。
(3)　㋒の風は，急激に吹く「突風」である。
(4)　㋓の強風の風向は西寄りで，大西風とも呼ばれる。

答　(1)

解　説

寒冷前線は寒気団が暖気団よりも優勢で，寒気団が暖気団の下に潜り込むようにして進行する前線です。上昇気流が激しく垂直に発達した積雲，積乱雲が近づき，前線通過の際は激しい雨と風があり，ときには雷，突風を伴うことがあります。通過後は気温が下がり，風向は西寄り又は北寄りになります。（前線 92p 参照）

問55-16　右図は，ある日の日本付近の地上天気図である。この気圧配置の特徴について述べた次の文のうち，適切でないものはどれか？

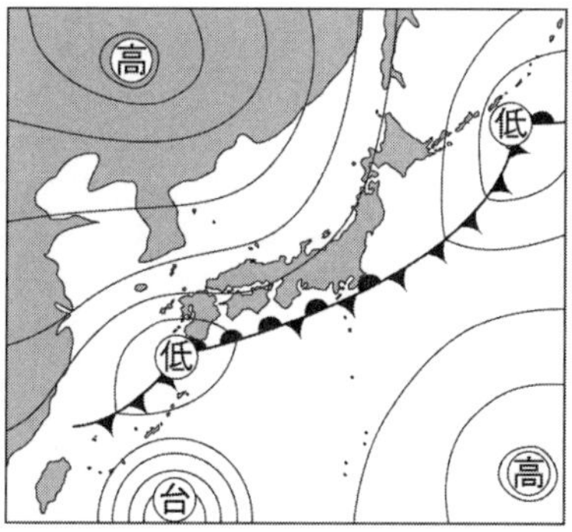

(1)　秋によく見られる気圧配置で，本州南岸の前線は秋雨前線と呼ばれる。
(2)　大陸の高気圧が勢力を増して前線が南下すると，気温が急激に下がることがある。
(3)　太平洋側では晴れ，北日本ではぐずついた天気が続く。

(4)　台風の接近に伴い前線の活動が活発になると，激しい雨が長時間続くことがある。

答　(3)

・秋雨前線が停滞しており，太平洋側は曇りや雨でぐずついた天気，日本海側や北日本は晴れ間が多くなります。

・8月後半頃から9月頃にかけて，北日本から順に寒冷前線が停滞前線に変わり，停滞するようになり，秋雨前線と呼ばれます。停滞する期間は長くて数日間で，あまり長続きはしないのが特徴で，天気は周期的に変わることもありますが，全国的にぐずついた天気が多くなります。10月前半頃になると，太平洋高気圧は日本の南に完全に後退し，秋雨前線の停滞は主に本州の南となります。

・秋雨の時期は秋の台風シーズンと重なっているため，台風から秋雨前線に向かって湿暖気流が流れ込み，積乱雲が発達して大雨となり，大規模な水害を引き起こす場合があります。また，上空の寒気や風の合流，低気圧の影響で雨雲や雷雲が発達したりすると，大雨になることがあります。

問55-17　右図は，ある日の日本付近の地上天気図である。この気圧配置の特徴について述べた次の文のうち，適切でないものはどれか？

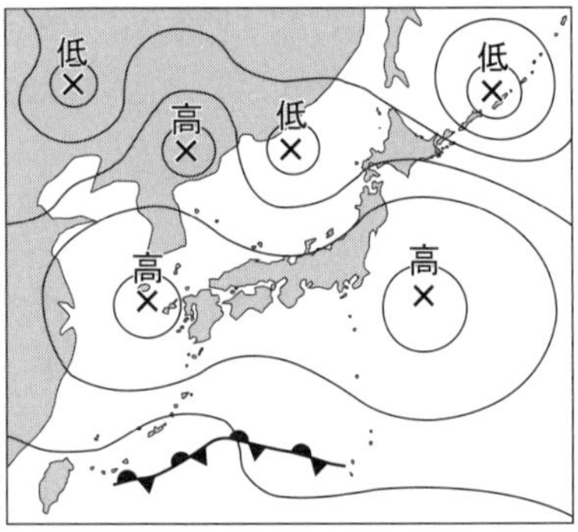

(1)　春と秋によく見られる気圧配置である。

(2)　一般に，帯状高気圧と呼ばれている。

(3)　太平洋側の広い範囲で南寄りの強風が吹く。

(4)　高気圧が連なり，晴天が数日間にわたって続く。

答　(3)

解　説

・春や秋には移動性高気圧と低気圧が交互に日本にやってきて，2～3日の周期で天気が変化しやすくなりますが，複数の高気圧が東西に連なって，低気圧が日本の北や南を通過するだけのようになることがあります。このような高気圧を帯状高気圧といって，数日から1週間程度穏やかな晴天が続くことになります。

問55–18　右図は2月下旬のある日の日本付近の地上天気図である。今後，朝鮮半島の南西にある低気圧が発達しながら日本海を東北東に進むと予想される場合に注意すべき事項として<u>適切でないもの</u>はどれか？次のうちどれか？

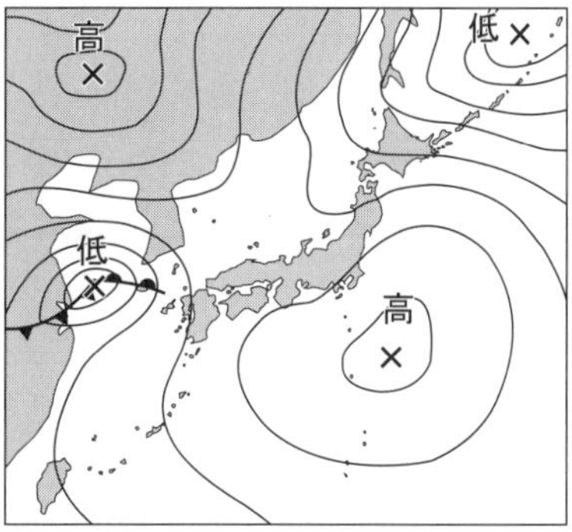

⑴　山陰から北陸にかけて，乾燥した状態になるおそれがある。

⑵　東海地方から関東地方にかけて，大雪になるおそれがある。

⑶　本州南岸では南寄りの強風が吹くおそれがある。

⑷　低気圧が本州の東方沖を抜けると，冬型の気圧配置が強まるおそれがある。

答　⑵

解　説

・冬から春にかけて現れる現象で，温帯低気圧が発達しながら日本海を北東に移動すると，南から暖かな風が低気圧に向かって強く吹き込み，季節外れの暖かな陽気となります。気象庁では立春（2/4 頃）から春分（3/21 頃）までの間に，日本海で低気圧が発達し，広い範囲で初めて吹く，暖かく（前日より昇温），（やや）強い南よりの風（8m/s 以上）を春一番としています。この風が山脈を越えて日本海側に吹き込むとき，山脈からの吹きおろしが，高温・乾燥してフェーン現象となります。温帯低気圧の通過後は気温が下がり，北寄りの季節風が吹き返します。低気圧が通過後，大陸から寒気を伴った高気圧が優勢となると，西高東低の冬型の気圧配置となります。

問55-19 霧について述べた次の文のうち，適切でないものはどれか？

(1) 霧と雲は同じものであるが，地表付近で発生するものを霧という。
(2) 暖かい水面に冷たい空気が流れ込むと，霧が発生することがある。
(3) 冷たい水面に暖かく湿った空気が流れ込むと，霧が発生することがある。
(4) 寒冷前線の接近に伴い積雲が発達すると，霧が発生しやすくなる。

答 (4)

解 説

・霧は接地層で微細な水滴が大気中に浮遊する現象で，日本の気象観測では水平視程 1km 未満の場合を言います。

霧の発生要因による分類

放射霧：晴れた冬の日などには，地表面から熱が放射され地面が冷え，地面に接している水蒸気を多く含んだ空気が冷やされることで発生します。発生条件は，晴天で風が弱く，地面付近の湿度が高いことです。盆地や谷沿いで発生しやすく，それぞれ盆地霧，谷霧と言います。

移流霧：暖かく湿った空気が水温の低い海上や陸地に移動し，冷却されることによって露点温度に達し発生します。移流とは大気が水平方向に移動することを指す気象用語。暖流上の空気が移動して，夏の三陸沖から北海道の東海岸などに発生させる海霧などがその代表的なもので，消滅までに非常に長時間かかり，厚さが 600m 程度に達することもあります。

蒸気霧：暖かく湿った空気が冷たい空気と混ざって発生します。冬に息が白くなるのと原理は同じで，暖かい水面上に冷たい空気が入り，水面から蒸発がおき，その水蒸気が冷たい空気に冷やされて発生するもので，実際は冷たい空気が暖かい川や湖の上に移動した際にも見られます。

前線霧：温暖前線付近で雨が降り湿度が上がったところに温度の比較的高い雨が落ちてくると，雨粒から蒸発した水蒸気で飽和状態となり，余分な水蒸気が水粒となって発生します。

上昇霧：山の谷に沿って湿った空気が上昇し，露点に達したところで発生します。遠くから見ると山に雲が張り付いて見え，その内部からの観察では濃い霧となっています。動かないように見えても実際は空気が下から次々と上昇しています。滑昇風により発生することも多く，滑昇霧とも言います。

逆転霧：気温の逆転層の下にできた層雲等の雲底が地表まで達してできます。

潮流・海流

海流と潮流

海流：地球規模でおきる海水の水平方向の流れの総称。海面での風（卓越風）によって起こされる摩擦運動がもとになってできる「風成循環」が一般的な発生原因とされています。

暖流：低緯度から高緯度へ向けて流れる海流。多くの場合，周囲の大気を暖めて自身は冷やされる海流です。暖流沿岸では温暖で湿潤な気候で，暖流が大気を暖めて水蒸気を供給するとともに，上昇気流が発生して雨が降りやすくなるためです。日本周辺には黒潮（日本海流）と対馬海流があります。

寒流：高緯度から低緯度へ向けて流れる海流。周囲の大気を冷やして自身は暖められる海流です。水蒸気を発生させにくい寒流は沿岸を冷涼で乾燥した気候にする傾向があります。日本周辺にはリマン海流と親潮（千島海流）があります。海水は濁っていて，緑色を帯びており，寒流は比較的水温が低いため栄養に富んでおりプランクトンが豊富であるため，魚類の多数生息する暖流が流れ込む海域は好漁場となります。

潮流（潮汐流）：潮汐は起潮力と呼ばれる力によって生ずる現象で，月と太陽の引力と公転によって生ずる遠心力の合力で，時間や場所によって異なります。この潮汐によって生ずる流れが潮流（潮汐流）で，鳴門海峡，来島海峡，関門海峡などは強潮流として有名です。

潮流（潮汐流）

日本近海での潮流の最強流速の目安

1．鳴門海峡　10.0kn.　　2．来島海峡中水道　9.7kn.　　3．関門海峡早鞆瀬戸　8.5kn.

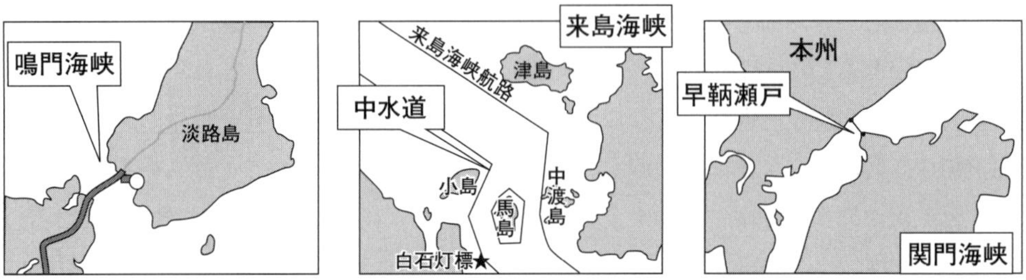

潮流の強い海域（(1)(4)(8) を一部改変）

海流

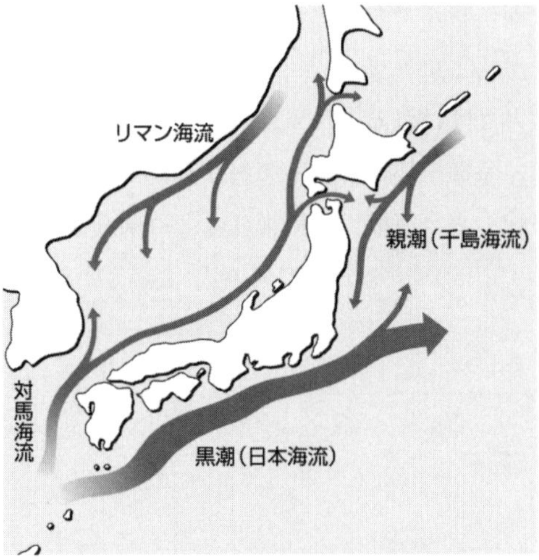

日本近海の海流

- 暖流：黒潮，対馬海流
- 寒流：親潮，リマン海流
- 太平洋側：黒潮，親潮
- 日本海側：対馬海流，リマン海流

問55-20　右図は，日本近海の海流の状況を示した略図である。図中(1)～(4)の海流の名称として正しいものは，次のうちどれか？

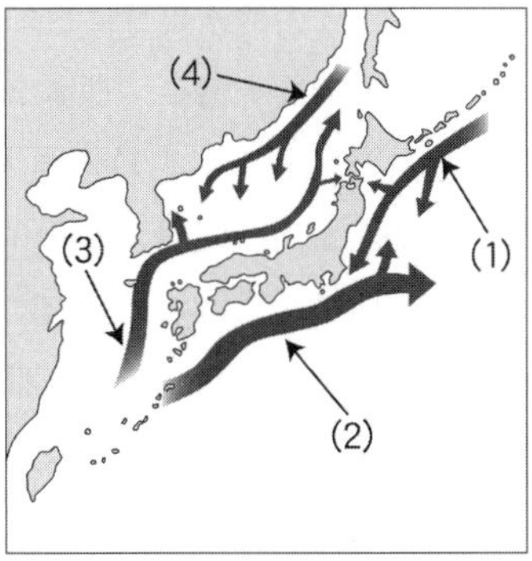

(1)　黒潮
(2)　親潮
(3)　対馬海流
(4)　東樺太海流

答　(3)

解　説　前ページの図を参照

問55-21　日本近海の海流の状況について述べた次の文のうち，適切でないものはどれか？

(1)　黒潮と親潮は日本の太平洋岸を流れている。
(2)　対馬海流には津軽海峡を抜ける支流がある。
(3)　親潮と日本海を北上する対馬海流は，ともに寒流である。
(4)　日本付近を流れる海流では，黒潮の平均流速が最も速い。

答　(3)

解　説

・対馬海流：九州西方沖に分布する黒潮系の水塊と東シナ海の沿岸水が混ざり合った海水が対馬海峡を通って日本海に流入する暖流。対馬暖流とも呼ばれます。対馬海流はいくつかの流路を通って日本海を北上します。一部が朝鮮半島東岸を北上し（東鮮暖流），本流は東北地方西岸（山形・秋田沖）を通り，多くは津軽海峡から太平洋へと流出し（津軽暖流），残りは北海道沿いに北上して宗谷海峡からオホーツク海へと抜け（宗谷暖流），わずかながら西樺太沖へも流れています。冬季の寒気であるシベリア高気圧が日本海を通過する際に，北西季節風を起こし，暖かい対馬海流から水蒸気を大量に蒸発させた結果，雪を降らせる雲を形成し，日本海側の大雪をもたらします。

・黒潮：台湾南東方付近に端を発し，東シナ海大陸棚の外縁に沿って北東上し，九州と奄美大島の間を通り，日本南岸に沿って流れ，房総半島沖を東流する海流です。黒潮はメキシコ湾流と並ぶ世界の強大海流の一つであり，最強流速は5kn.に達します。水温は20～30℃と高く，8月末から9月初めころが最も高くなります。栄養塩のプランクトンが少なく，透明度が高いため藍色に見えるので黒潮を呼ばれるようになりました。黒潮は四国・本州南岸にほぼ沿って流れる流路（非大蛇行流路）と，紀伊半島・遠州灘沖で南へ大きく蛇行する流路（大蛇行流路）があります。

・親潮：北太平洋北側に反時計回りに流れる循環を形成しています。ベーリング海に端を発し，カムチャッカ半島，千島列島沿いを南西に流れ，三陸沖より東に向きを転じる海流です。流速は0.3～0.5kn.で，冬季から春先にかけて強勢となります。親潮は栄養塩やプランクトンに富み，低温・低塩分で溶存酸素量が多く，緑や茶色がかった色をしています。流域は世界有数の漁場であり，多くの有用水産物を生み出すため，親潮の名が付けられました。また，親潮は北海道から東北の気象にも大きな影響を与えています。親潮が強い時に北太平洋高気圧から吹き出す風が親潮で冷やされて，冷たい東風として吹き，冷害を招くことがあります。

・リマン海流：日本海の北東部からは，リマン海流が大陸沿いに南下しており，オホーツク海及びアムール河を起源とする低水温・低塩分水を日本海北部の表層に供給しています。

問 56　潮汐

潮汐表は各地の潮汐を詳述したもので，日本近海の主要な港を標準港（国内標準港として 71 港）とし，その港の毎日の潮時と潮高が記載され，標準港以外の港の潮汐を求めるには，巻末に標準港を基準として各港に対する改正値が記載されているので，これを用いて各地の潮汐が計算できます。

(1)　標準港以外の潮汐を求める方法

①　その港の潮時は，標準港の潮時に潮時差が＋のときは加え，－のときは減じて求めます。

②　潮高（標準港の潮高－標準港の Z_0）×潮高比＋その港の Z_0（Z_0＝平均水面）

＜計算例＞

9 月 5 日の江の島における潮時（満，干），潮高を求めます。

標準港は横須賀港

潮時差　－ 00 h 10 m（10 分前）　注）マイナスは前，プラスは後。

潮高比　0.85

横須賀港の潮汐

	9 月		
	時刻		潮高
	h	m	cm
	01	41	156
5	09	19	34
	16	27	174
	21	50	114

（計算）

午前の満潮時：01h41m － 10m ＝ 01h31m	01 時 31 分
満潮時の潮高：156cm × 0.85 ＝ 132.6cm	約 133cm
午前の干潮時：09h19m － 10m ＝ 09h09m	09 時 09 分
干潮時の潮高：34cm × 0.85 ＝ 28.9cm	約 29cm
午後の満潮時：16h27m － 10m ＝ 16h17m	16 時 17 分
満潮時の潮高：174cm × 0.85 ＝ 147.9cm	約 148cm
午後の干潮時：21h50m － 10m ＝ 21h40m	21 時 40 分
干潮時の潮高：114cm × 0.85 ＝ 96.9cm	約 97cm

(2)　標準地点の水道以外の地点の潮流

日本近海の 20 箇所の水道の地点の潮流について記載があり，それ以外の地点での潮流については，標準地点の転流時及び最強時に対する潮時差を加減して，その地点の転流時及び最強時を求め，流速については流速比を乗じて求めます。

問56-1 金田湾（神奈川県）における 7 月 31 日の潮汐について述べた次の文のうち，誤っているものはどれか？

ただし，潮汐表による金田湾の標準港は横須賀港で，潮時差は－ 00h25m，潮高比は 0.90，横須賀の当日の潮汐は右表のとおりである。

横須賀港

	7月		
	時刻		潮高
	h	m	cm
	03	54	180
31	10	58	16
	17	39	182
	23	17	92

⑴ 午前の高潮時の潮高は，162 センチメートルである。
⑵ 午前の低潮時の潮時は，10 時 33 分である。
⑶ 午後の高潮から次の低潮までの潮差は 81 センチメートルである。
⑷ 当日，最も海面が高くなる時の潮時は，18 時 04 分である。

答 ⑷

解　説

⑴ 午前の高潮時の潮高：180cm × 0.90 ＝ 162cm
⑵ 午前の低潮時の潮時：10h58m － 00h25m ＝ 10h33m
⑶ 午後の高潮から次の低潮までの潮差：（182cm × 0.90）－（92cm × 0.90）＝ 81.0cm
⑷ 最も海面が高くなる時の潮時：17h39m － 00h25m ＝ 17h14m

問56-2 萩（山口県）における 6 月 3 日の潮汐について述べた次の文のうち，誤っているものはどれか？

ただし，潮汐表によると萩の標準港は八幡で，潮時差は＋01h00m，潮高比は 0.40，八幡の当日の潮汐は右表のとおりである。

八幡港

	6月		
	時刻		潮高
	h	m	cm
	04	03	46
3	09	58	155
	16	52	15
	22	58	128

⑴ 午前の高潮時の潮時は，10 時 58 分である。
⑵ 午前の高潮時の潮高は，93 センチメートルである。
⑶ 午前の高潮から次の低潮までの潮差は 56 センチメートルである。
⑷ 当日，最も海面が低くなる時の潮高は，6 センチメートルである。

答　(2)

解　説

(1)　午前の高潮時の潮時：9h58m ＋ 01h00m ＝ 10h58m

(2)　午前の高潮時の潮高：155cm × 0.40 ＝ 62.0cm

(3)　午前の高潮から次の低潮までの潮差：(155cm × 0.40) － (15cm × 0.40) ＝ 56.0cm

(4)　最も海面が低くなる時の潮高：15cm × 0.40 ＝ 6.0cm

問56-3　牛窓（岡山県）における 3 月 30 日の潮汐について述べた次の文のうち，<u>正しいもの</u>はどれか？

ただし，潮汐表によると牛窓の標準港は宇野で，潮時差は -00h10m，潮高比は 0.73，宇野の当日の潮汐は右表のとおりである。

宇野港

3 月			
	時刻		潮高
	h	m	cm
	01	10	229
30	07	23	78
	12	37	199
	19	10	5

(1)　午前の低潮時の潮高は，約 107 センチメートルである。

(2)　午後の高潮から次の低潮までの潮差は，約 142 センチメートルである。

(3)　午後の高潮時の潮時は，12 時 47 分である。

(4)　当日，最も海面が高くなる時の潮高は，約 229 センチメートルである。

答　(2)

解　説

(1)　午前の低潮時の潮高：78cm × 0.73 ＝ 56.94cm

(2)　午後の高潮から次の低潮までの潮差：(199cm × 0.73) － (5cm × 0.73) ＝ 141.62cm

(3)　午後の高潮時の潮時：12h37m － 00h10m ＝ 12h27m

(4)　最も海面が高くなる時の潮高：229cm × 0.73 ＝ 167.17cm

問56-4　石垣（沖縄県）における4月5日の潮汐について述べた次の文のうち，誤っているものはどれか？

　ただし，潮汐表によると石垣の標準港は那覇で，潮時差は＋00h05m，潮高比は0.78，那覇の当日の潮汐は右表のとおりである。

那覇港

4月			
	時刻		潮高
	h	m	cm
	04	32	156
5	10	24	81
	16	06	160
	22	41	28

(1)　午前の高潮時の潮高は，約122センチメートルである。
(2)　午後の低潮時の潮時は，22時46分である。
(3)　午後の高潮から次の低潮までの潮差は，約62センチメートルである。
(4)　当日，最も海面が低くなる時の潮高は，約22センチメートルである。

答　(3)

解　説

(1)　午前の高潮時の潮高：156cm × 0.78 ＝ 121.68cm
(2)　午後の低潮時の潮時：22h41m ＋ 00h05m ＝ 22h46m
(3)　午後の高潮から次の低潮までの潮差：（160cm × 0.78）－（28cm × 0.78）＝ 102.96cm
(4)　最も海面が低くなる時の潮高：28cm × 0.78 ＝ 21.84cm

潮流（潮汐流）

陸地と島，島と島の間にある海峡や水道では，潮汐流の流速は大きくなります。
満潮，干潮によって起こる現象ですから，流向，流速は時間によって変化します。
＋，－の符号は海峡や水道の地形によって異なるので，表の上部で確認しましょう。
例：　＋；東流E　　－；西流W　　＋；北流N　　－；南流S

問56-5　大村湾（長崎県）における 7 月 30 日の潮汐について述べた次の文のうち，誤っているものはどれか？

ただし，潮汐表による大村湾の標準港は佐世保港で，潮時差は + 02h55m，潮高比は 0.30，佐世保の当日の潮汐は右表のとおりである。

佐世保港

7 月			
	時刻		潮高
	h	m	cm
	01	25	120
30	07	03	280
	13	37	30
	20	15	299

(1)　午前の低潮時の潮時は，04 時 20 分である。

(2)　午前の高潮時の潮高は，36 センチメートルである。

(3)　午前の高潮から次の低潮までの潮差は 75 センチメートルである。

(4)　当日，最も海面が低くなる時の潮高は，9 センチメートルである。

答　(2)

解　説

(1)　午前の低潮時の潮時：01 時 25 分 + 02 時 55 分 = 4 時 20 分

(2)　午前の高潮時の潮高：280 × 0.30 ＝ 84cm

(3)　午前の高潮から次の低潮までの潮差：84 －（30 × 0.30）＝ 75cm

(4)　当日，最も海面が低くなる時の潮高：30 × 0.30 ＝ 9cm

問56-6　小豆島地蔵埼（香川県）における 9 月 28 日の潮汐について述べた次の文のうち，誤っているものはどれか？

ただし，潮汐表による小豆島地蔵埼の標準港は宇野港で，潮時差は − 00h20m，潮高比は 0.70，宇野の当日の潮汐は右表のとおりである。

宇野港

9 月			
	時刻		潮高
	h	m	cm
	04	55	70
30	10	48	225
	17	10	60
	23	12	270

(1)　午前の低潮時の潮高は，70 センチメートルである。

(2)　午前の低潮時の潮時は，04 時 35 分である。

(3)　午後の低潮から次の高潮までの潮差は 147 センチメートルである。

(4)　当日，最も海面が低くなる時の潮高は，42 センチメートルである。

答　(1)

解　説

(1)　午前の低潮時の潮高：70 × 0,70 ＝ 49cm

(2)　午前の低潮時の潮時：04h55m － 00h20m ＝ 04h35m

(3)　午後の低潮から次の高潮までの潮差：270 × 0.70 － 60 × 0.70 ＝ 147cm

(4)　当日，最も海面が低くなる時の潮高：60 × 0.70 ＝ 42cm

問56-7　7月23日の来島海峡（中水道）の潮流について述べた次の文のうち，正しいものはどれか？ただし，潮汐表によると，当日の来島海峡の潮流は右表のとおりで，表中，＋は南流，－は北流を表す。

来島海峡（中水道）

7月					
	転流時 Slack		最強 Maximum		kn
	h	m	h	m	
	00	14	03	16	－ 7.2
23	06	19	09	05	＋ 6.6
	11	51	15	13	－ 8.5
	18	21	21	33	＋ 9.7

(1)　南流が最も強くなる時刻は15時13分である。

(2)　午前の北流の時間帯は00時14分～06時19分である。

(3)　北流が最も強くなる時刻は，03時16分である。

(4)　南流から北流に変わるのは，11時51分と21時33分である。

答　(2)

解　説

(1)　南流が最も強くなる時刻：21時33分，南流最大9.7ノット

(2)　午前の北流の時間帯：00時14分～06時19分

(3)　北流が最も強くなる時刻：15時13分，北流最大8.5ノット

(4)　南流から北流に変わる時刻：00時14分，11時51分

問56-8　1 月 3 日の鳴門海峡の潮流について述べた次の文のうち，<u>正しいもの</u>はどれか？

ただし，潮汐表によると，当日の鳴門海峡の潮流は右表のとおりである。表中，＋は北流，－は南流を表す。

鳴門海峡

1月					
	転流時 Slack		最強 Maximum		kn
	h	m	h	m	
	00	58	04	05	－ 7.6
3	07	05	10	18	＋ 8.1
	13	34	16	45	－ 7.9
	19	59	22	56	＋ 7.3

⑴　北流が最も強くなる時刻は 16 時 45 分である。

⑵　南流から北流に変わるのは，07 時 05 分と 19 時 59 分である。

⑶　南流が最も強くなる時刻は，04 時 05 分である。

⑷　午前の南流の時間帯は 04 時 05 分～ 07 時 05 分である。

<u>答　⑵</u>

解　説

⑴　北流が最も強くなる時刻：10 時 18 分，北流最大 8.1 ノット

⑵　南流から北流に変わる時刻：07 時 05 分，19 時 59 分

⑶　南流が最も強くなる時刻：16 時 45 分，南流最大 7.9 ノット

⑷　午前の南流の時間帯：00 時 58 分～ 07 時 05 分

問56-9　10 月 15 日の備讃瀬戸の潮流について述べた次の文のうち，<u>正しいもの</u>はどれか？ただし，潮汐表によると，当日の備讃瀬戸の潮流は右表のとおりである。

備讃瀬戸
緯度 34°25′ N　経度 133°57′ E
＋：西流　W　　－：東流　E

10月					
	転流時 Slack		最強 Maximum		kn
	h	m	h	m	
	01	53	04	58	＋ 1.7
15	07	46	10	55	－ 1.9
	14	17	17	28	＋ 2.2
	20	24	23	27	－ 2.0

⑴　東流から西流に変わるのは，04 時 58 分と 17 時 28 分である。

⑵　東流が最も強くなる時刻は，07 時 46 分である。

⑶　西流が最も強くなる時刻は 14 時 17 分である。

⑷　午前の西流の時間帯は 01 時 53 分～ 07 時 46 分である。

答　(4)

解　説

(1)　東流から西流に変わる時刻：01 時 53 分，14 時 17 分

(2)　東流が最も強くなる時刻：23 時 27 分，東流最大 2.0 ノット

(3)　西流が最も強くなる時刻：17 時 28 分，西流最大 2.2 ノット

(4)　午前の西流の時間帯：01 時 53 分～ 07 時 46 分

問56-10　12 月 25 日の関門海峡（早鞆瀬戸）の潮流について述べた次の文のうち，正しいものはどれか？ただし，潮汐表によると，当日の関門海峡の潮流は右表のとおりである。表中，＋は西流，－は東流を表す。

関門海峡－早鞆瀬戸

12月					
	転流時 Slack		最強 Maximum		kn
	h	m	h	m	
	00	24	02	37	＋ 3.6
25	04	50	08	31	－ 5.0
	11	37	14	51	＋ 4.9
	17	57	21	45	－ 5.7

(1)　西流が最も強くなる時刻は，11 時 37 分である。

(2)　東流が最も強くなる時刻は，08 時 31 分である。

(3)　西流から東流に変わるのは，00 時 24 分と 11 時 37 分である。

(4)　午前の東流の時間帯は，04 時 50 分～ 11 時 37 分である。

答　(4)

解　説

(1)　西流が最も強くなる時刻：14 時 51 分，西流最大 4.9 ノット

(2)　東流が最も強くなる時刻：21 時 45 分，東流最大 5.7 ノット

(3)　西流から東流に変わる時刻：04 時 50 分，17 時 57 分

(4)　午前の東流の時間帯：04 時 50 分～ 11 時 37 分

問56-11　4 月 10 日の関門海峡（早鞆瀬戸）の潮流について述べた次の文のうち，<u>誤っているもの</u>はどれか？ただし，潮汐表によると，当日の関門海峡（早鞆瀬戸）の潮流は右表のとおりである。

関門海峡－早鞆瀬戸
緯度 33°58′ N　経度 130°58′ E
＋：西流　W　　－：東流　E

4月					
	転流時		最強		
	Slack		Maximum		kn
	h	m	h	m	
	01	12	04	24	− 7.3
10	07	10	10	08	+ 6.8
	12	46	16	30	− 8.1
	19	24	22	35	+ 7.6

(1)　西流が最強になる時刻は 22 時 35 分である。
(2)　東流が最強になる時刻は，16 時 30 分である。
(3)　西流から東流に変わるのは，07 時 10 分と 19 時 24 分である。
(4)　午前の東流の時間帯は 01 時 12 分～ 07 時 10 分である。

答　(3)

解　説

(1)　西流が最も強くなる時刻：22 時 35 分，西流最大 7.6 ノット
(2)　東流が最も強くなる時刻：16 時 30 分，東流最大 8.1 ノット
(3)　西流から東流に変わる時刻：01 時 12 分，12 時 46 分
(4)　午前の東流の時間帯：01 時 12 分～ 07 時 10 分

問56-12　1 月 14 日の備讃瀬戸の潮流について述べた次の文のうち，<u>誤っているもの</u>はどれか？ただし，潮汐表によると，当日の備讃瀬戸の潮流は右表のとおりである。

備讃瀬戸
緯度 34°25′ N　経度 133°57′ E
＋：西流　W　　－：東流　E

1月					
	転流時		最強		
	Slack		Maximum		kn
	h	m	h	m	
	00	38	03	48	− 2.5
14	07	18	10	30	+ 2.9
	13	37	16	35	− 2.0
	19	55	22	46	+ 2.2

(1)　東流から西流に変わるのは，07 時 18 分と 19 時 55 分である。
(2)　東流が最強になる時刻は，03 時 48 分である。
(3)　西流が最強になる時刻は 16 時 35 分である。
(4)　午前の東流の時間帯は 00 時 38 分～ 07 時 18 分である。

答 (3)

解　説

(1) 東流から西流に変わる時刻：07 時 18 分，19 時 55 分

(2) 東流が最も強くなる時刻：03 時 48 分，東流最大 2.5 ノット

(3) 西流が最も強くなる時刻：10 時 30 分，西流最大 2.9 ノット

(4) 午前の東流の時間帯：00 時 38 分～ 07 時 18 分

問56-13 3 月 7 日の備讃瀬戸の潮流について述べた次の文のうち，正しいものはどれか？ただし，潮汐表によると，当日の備讃瀬戸の潮流は右表のとおりで，表中，＋は西流，－は東流を表す。

備讃瀬戸

3月					
	転流時 Slack		最強 Maximum		kn
	h	m	h	m	
	00	42	04	25	＋ 1.8
23	07	51	10	42	－ 1.1
	14	03	16	51	＋ 1.1
	19	15	22	36	－ 1.7

(1) 東流から西流に変わるのは，07 時 51 分と 19 時 15 分である。

(2) 東流が最も強くなる時刻は，04 時 25 分である。

(3) 午後の西流の時間帯は, 14 時 03 分～ 19 時 15 分である。

(4) 西流が最も強くなる時刻は，16 時 51 分である。

答 (3)

解　説

(1) 東流から西流に変わる時刻：00 時 42 分と 14 時 03 分

(2) 東流が最も強くなる時刻：22 時 36 分（－ 1.7）

(3) 午後の西流の時間帯：14 時 03 分～ 19 時 15 分

(4) 西流が最も強くなる時刻：04 時 25 分

荒天航法

(1) 荒天準備

① 移動する恐れのある物は厳重に固縛。

② 倉口，舷窓，通風口等の開口部は密閉して浸水を防ぐ。

③ デッキ上に打ち込んだ海水の排出を良くするように，排水口（スカッパー）を全開にしておく。また，異物で閉鎖されないように十分に点検をしておく。

④ ビルジポンプの作動確認をしておく。バケツ，あかくみ等の準備。

⑤ デッキ上にライフラインを展張しておく。

⑥ プロペラの空転（レーシング）がないよう，喫水を深く，特に船尾喫水を深くするように工夫する。

⑦ シーアンカーを点検，準備しておく。

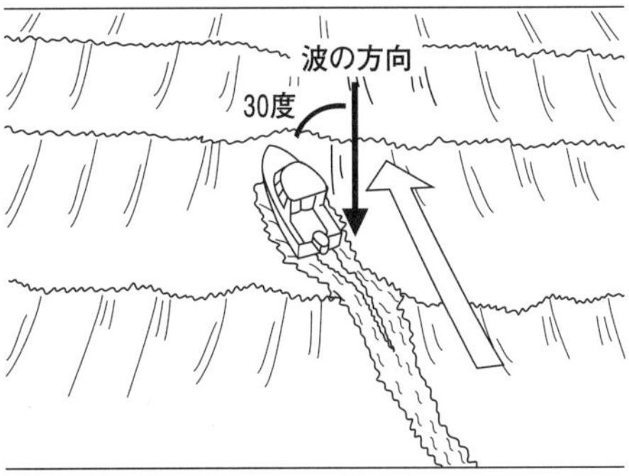

向かい波 20 ～ 30° をキープ（(6)を一部改変）

(2) 荒天航法（航行）

① 向かい波，すなわち船首から波を受けて航走するのは，転覆等の危険が少ない状態です。ただ，速力が速いと波を越えるときにジャンプする格好となり，船底が海面に叩きつけられるので，舵の効く範囲で速力を落として走ることが重要です。風浪を船首から 20° ～ 30° 方向から受けるように航行し，舵が効く程度まで減速して動揺を緩和させます。

② 変針する時は，大波を横から受けないように，波が小さいときにねらいを定めて，小角度の変針を小刻みに行うようにします。

③ 船体の横から波を受けると危険であり，特に

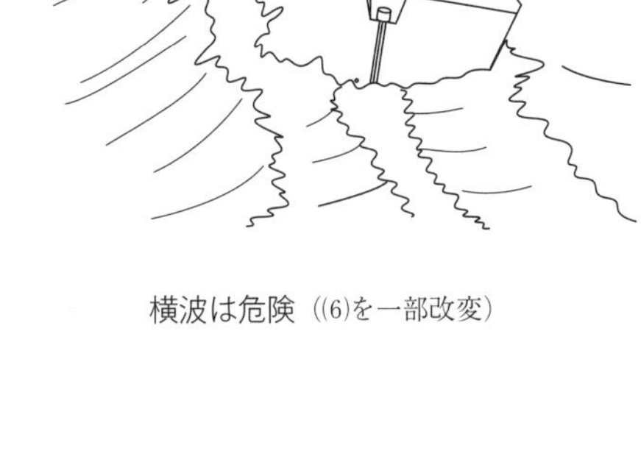
横波は危険（(6)を一部改変）

波が大きい場合，転覆の恐れがあります。横波を受けて航走しているときに船体の横揺れ周期と波の周期が同じになると（同調），横揺れが一層激しくなり危険です。直進時もさることながら，変針時にも横波を受けないように注意する必要があります。

④　追い波の時は上り斜面に位置を保つように航行します。

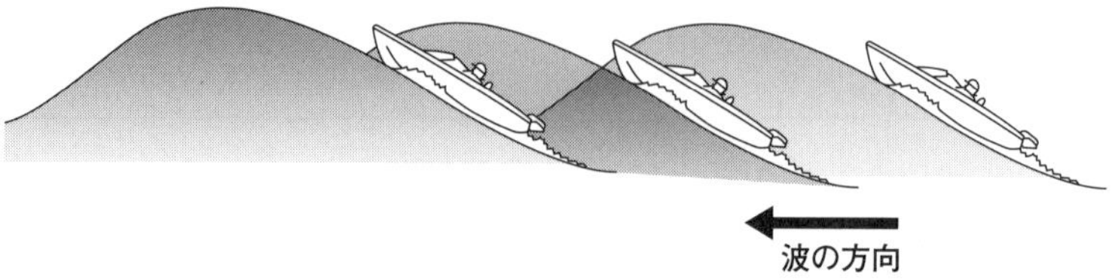

上り斜面に位置を保つように航行（(6)を一部改変）

⑤　船首を風に立てることが困難な場合は，スパンカー（船尾に展張する三角形又は台形の帆）を展張して，風に立てるようにします。シーアンカーを船首から投入して流し，風に立てるようにすることも有効です。

⑥　船尾から風浪（追い波）を受けて航走することは，危険な状況に陥ることがあるので要注意です。

(3)　荒天航海に関する用語の解説

プープダウン：後方から青波や崩れ波が襲うように覆いかぶさってくることがあり，これをプープダウンと言い，波の衝撃で船尾部分や舵が損傷を受けることがあります。

ブローチング：船が追い波で順走する時，船と波との相対速度が小さいため，船体が波乗り状態となり，舵効きが悪くなるため，船体が波間に横たわることがあり，転覆の危険があります。この現象をブローチングと言い，対策として，船尾からドローグを流して減速させて舵効きを良くします。ドローグが無い場合は，長いロープを船尾から流します。（ただし，スクリューに絡まないよう注意する必要があります。）

スラミング：荒天時に波に向かって航走すると，船首が波によって持ち上げられて縦揺れが激しくなり，ある瞬間に船首船底が波面から離れて，次の瞬間に激しく波面を叩く。これをスラミング又はパンチングと言います。船首船底の破損や凹損の原因となります。

レーシング：船体の激しい縦揺れのなかでは船尾プロペラの一部が周期的に波面から露出するようになり，プロペラは振動を伴いながら急激に回転を増します。このような現象をレーシングと言い，プロペラ翼の損傷や軸系及び機関に悪影響を与えることとなります。

スパンカー：船尾のマストに展張する三角形，又は台形の帆で，漁船や乗合釣り船等が流し漁をしているとき，船首が風に立つようにする帆です。

シーアンカー：錨が使用できない沖合で使用する落下傘型のアンカーで，船首から投入します。

ドローグ：市販されているものは，大きめのバケツ型をしたキャンバス製のものが多く，船尾から投入します。無ければロープ，バケツ，セール等で工夫すれば作ることができます。

スパンカー（ヤマハ発動機より）

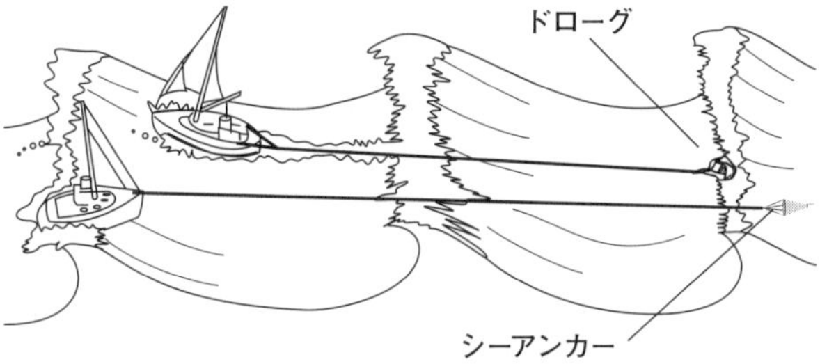

ドローグとシーアンカー（(6)を一部改変）

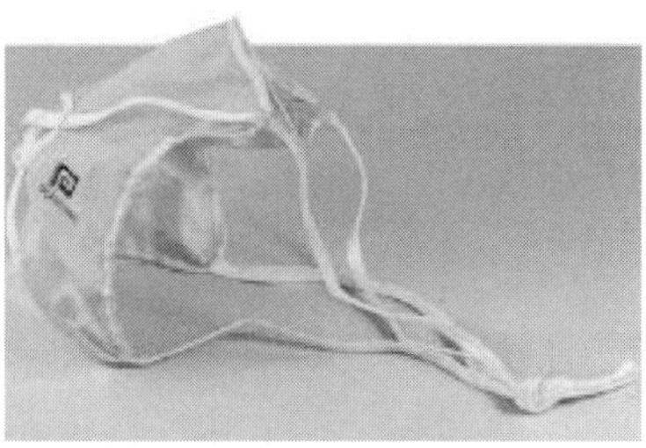

ドローグ（ネオネットマリン HP より）

問 57　荒天航法・台風避航

荒天準備

問57-1　シーアンカーについて述べた次の文のうち，適切でないものはどれか？

(1)　船首を波に立てて横波を受けないようにするときは，シーアンカーを船首から流す。
(2)　舵やエンジンが故障したとき，その場から流されるのをシーアンカーで抑えることができる。
(3)　追い波の中を航行するときは，船尾からシーアンカーを投入して速力を抑える。
(4)　シーアンカーがないときは，バケツやロープの束，帆などで代用できることもある。

答　(3)

解　説

・シーアンカーは，荒天時に船首を波の来る方向に向けて保ち，波の衝撃を和らげるために，船首から投じて使用する錨のような役割をする帆布製の凧，落下傘型の船具を言います。小型船の場合，バケツその他で代用することもあります。

問57-2　シーアンカーの利用目的について述べた次の文のうち，適切でないものはどれか？

(1)　荒天や航行不能になったときに，船首を波に立たせる。
(2)　舵やエンジンが故障したときに，船位の移動を抑える。
(3)　釣りやダイビングを楽しむときに，船体の動揺を抑える。
(4)　緊急停止が必要なときに，後進と併用して急減速する。

答　(4)

問57-3　荒天時の航法について述べた次の文のうち，適切でないものはどれか？

(1)　横揺れが大きくなったときには，針路と速力を調整して動揺を最小限に抑える。
(2)　シーアンカーがなくとも，バケツやロープなどで同様の効果が得られる場合がある。
(3)　追い波の中を航行するときには，プロペラにシーアンカーを巻き付けて速力を抑える。
(4)　漂泊するときには，横波を受けないようにシーアンカーを利用して船首を波に立たせる。

答　(3)

解　説

・シーアンカーについては，前問のとおり。
・船首から波を受けて航走するのは，転覆等の危険が少ない状態です。ただ，速力が速いと波を越えるときにジャンプする格好となり，船底が海面に叩きつけられるので，舵の効く範囲で速力を落として走ることが重要です。風浪を船首から 20°～ 30° 方向から受けるように航行し，舵が効く程度まで減速して動揺を緩和させるべきでしょう。
・プロペラにロープを巻き付けることは絶対に行わない，誤っても巻き付かないように細心の注意が必要です。

問57-4　荒天準備について述べた次の文のうち，適切でないものはどれか？

(1)　デッキ上の移動物は，海中に転落しないように船内に格納するか，ロープで固縛する。
(2)　舷窓，ハッチ，出入口などの開口部を確実に閉鎖し，船内に水が入らないようにする。
(3)　スカッパーに詰まりはないか，ビルジポンプは正常に作動しているかを確認する。
(4)　つまづいて落水しないように，デッキ周囲のライフラインは取り外して船内に格納する。

答　(4)

解 説

・(1)荒天準備を参照。

・ライフライン：荒天に備えてデッキ上にライフラインを張るのは，動揺の大きい時でも安全に移動できるようにする安全対策です。

・スカッパー：荒天時に波がデッキに打ち上げられたときに，排水できるようにスカッパー(排水口）は開放しておき，穏やかなときには閉じておく必要があります。

・ビルジポンプ：船底に溜まった汚水をくみ出すポンプです。

問57-5　荒天準備について述べた次の文のうち，<u>適切でないもの</u>はどれか？

(1)　移動しそうな荷物をロープで固縛する。

(2)　ハッチや舷窓などの開口部を閉鎖する。

(3)　デッキ上にライフラインを張りわたす。

(4)　デッキ上のスカッパーを密閉する。

<u>答　(4)</u>

解 説

荒天準備（127p 参照）

①　移動する恐れのある物は厳重に固縛する。

②　倉口，舷窓，通風口等の開口部は密閉して浸水を防ぐ。

③　デッキ上に打ち込んだ海水の排出を良くするように，排水口（スカッパー）を全開にしておく。また，異物で閉鎖されないように十分に点検しておく。

④　ビルジポンプの作動確認をしておく。バケツ，あかくみ等の準備をしておく。

⑤　デッキ上にライフラインを展張しておく。

⑥　プロペラの空転（レーシング）がないように，喫水を深くし，特に船尾喫水を深くするように工夫する。

⑦　シーアンカーを点検，準備しておく。

問57-6　追い波を受けて航行している船舶が最も ブローチングを起こしやすい位置(A)と，最も安全に航行できる位置(B)は，右図の(ア)～(エ)のうちどこか？適当な組み合わせを次のうちから選べ。

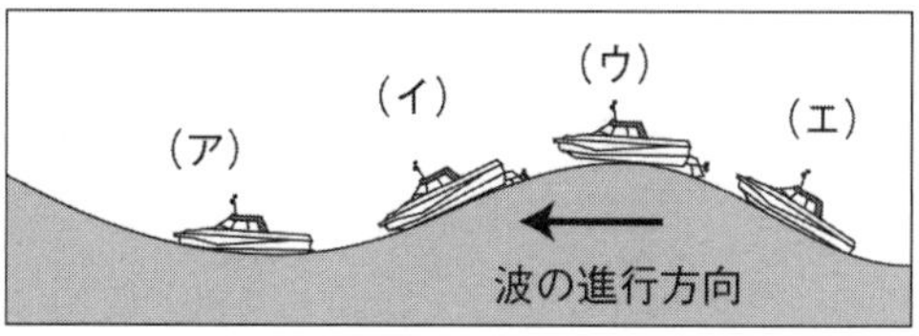

(1)　A：(ア)　B：(エ)　　(2)　A：(イ)　B：(エ)
(3)　A：(イ)　B：(ウ)　　(4)　A：(ア)　B：(ウ)

答　(2)

解　説

・荒天，追い波の時は上り斜面に位置を保つ(エ)の状態で航行するのが良いとされています。また，下り斜面(イ)ではエンジンを駆動又はエンジン出力を上げ，急いで上り斜面(エ)に移動するようにします。下り斜面(イ)の状態では，ブローチングが起きやすいとされています。

問57-7　荒天航行に関する注意事項について述べた次の文のうち，適切なものはどれか？

(1)　陸風が強い場合，海岸付近は高波が生じやすいので，岸から離れて航行する。
(2)　海風が強い場合，海岸付近は比較的波が穏やかなので，岸寄りを航行する。
(3)　追い波のときは，波の下り斜面に位置を保つように航行する。
(4)　前方からの風浪は，斜め船首方向から受けるように航行する。

答　(4)

解　説

(1)　陸風：陸から海に向かって吹く風，海岸付近の波はそれほど大きくはならない。波の発達は，風の強さ，吹続時間の長さ，吹送距離の長さの 3 要素によります。陸風の場合は吹送距離がほとんど無いに等しいので波高は高くなりません。

(2) 海風：海から陸に向かって吹く風，陸風とは異なり吹送距離は長くなるので，海岸付近では波高が高くなりやすいのです。特に遠浅の海では大きくなりやすいので，岸寄りの航行は危険です。波が水深の浅い海域（浅海域）に進入したときに，海底の影響を受けて波高，波速，波長が変化することを浅水変形と呼び，水深が波長の1/2よりも浅くなると海底の影響を受けて波高・波速・波長に変化が現れます。

(3) 下り斜面の状態では，ブローチングが起きやすいとされています。

(4) 船首から波を受けて航走するのは，転覆等の危険が少ない状態です。風浪を船首から20°～30°方向から受けるように航行し，舵が効く程度まで減速して動揺を緩和させます。

問57-8　航行中にブローチングを起こしやすいのは，どのような場面か？次のうちから選べ。

(1) 向かい波を受けて航行中，波頭を乗り越えたとき。
(2) 斜め向かい波を受けて航行中，波しぶきをかぶったとき。
(3) 追い波を受けて航行中，波の上り斜面に張り付いているとき。
(4) 斜め追い波を受けて航行中，波の下り斜面で回頭しかけたとき。

答　(4)

解　説

・ブローチング：船が追い波で順走する時，船と波との相対速度が小さいため，船体が波乗り状態となり，舵効きが悪くなるため，船体が波間に横たわることがあり，転覆の危険があります。特に船体が波の下り斜面にあるときに発生しやすい現象です。

台風避航

熱帯地方で発生する熱帯低気圧で，以下の条件を満たすものを台風と言います。

位置：北西太平洋の「東経100度線から180度経線までの北半球」に中心が存在するもの。
勢力：熱帯低気圧域内で最大風速17.2 m/s以上を満たしたもの。
温帯低気圧との違いは，前線を伴っていない。

台風は，大別すると発生期，発達期，最盛期，衰弱期の4つの段階に分けることができます。日本に接近する台風は主に最盛期と衰弱期のものです。

発生期：台風は赤道付近の海上で多く発生します。海面水温が高い熱帯の海上では上昇気流が発生しやすく，この気流によって次々と発生した積乱雲（日本では夏に多く見られ，入道雲とも言います）が多数まとまって渦を形成するようになり，渦の中心付近の気圧が下がり，さらに発達して熱帯低気圧となり，風速が 17.2m/s を超えたものを台風と呼びます。

発達期：発達期とは，台風となってから，中心気圧が下がり勢力が最も強くなるまでの期間を言います。暖かい海面から供給される水蒸気をエネルギー源として発達し，中心気圧はぐんぐん下がり，中心付近の風速も急激に強くなります。

最盛期：最盛期とは，中心気圧が最も下がり，最大風速が最も強い期間を言います。台風の北上に伴い，中心付近の風速は徐々に弱まる傾向に入りますが，強い風の範囲は逆に広がります。

衰退期：台風は海面水温が熱帯よりも低い日本付近に来ると海からの水蒸気の供給が減少し，熱帯低気圧や温帯低気圧に変わります。

台風の進路：台風は，春先は低緯度で発生し，西に進んでフィリピン方面に向かいますが，夏になると発生する緯度が高くなり，太平洋高気圧のまわりを回って日本に向かって北上する台風が多くなります。8月は発生数では年間で一番多い月ですが，台風を流す上空の風がまだ弱いために台風は不安定な経路をとることが多く，9月以降になると南海上から放物線を描くように日本付近を通るようになります。

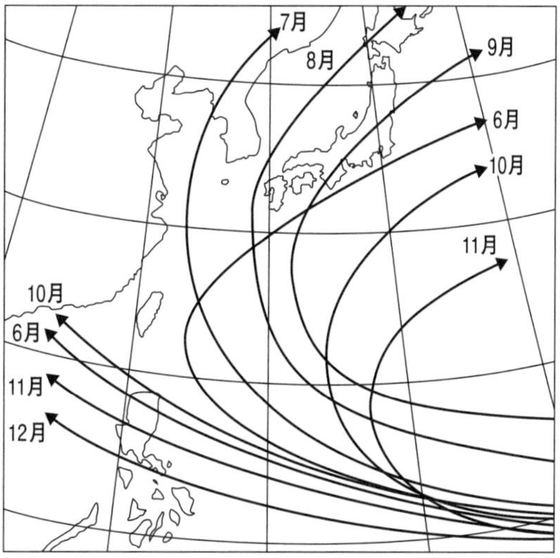

台風の一般的な進路（(10)を一部改変，© 小学館）

＜台風の特徴＞

① 台風の元となる熱帯低気圧は，熱帯地方で発生するため，温帯低気圧とは異なり，前線を伴わない。

② 台風周辺の等圧線はほぼ同心円状になっていて，等圧線の間隔が狭くなっています。

③ 台風の眼：台風の中心付近で風が弱く雲が少ない部分。台風の眼の周辺が最も風雨の強い領域です。

④ 右半円（危険半円）：台風は巨大な空気の渦巻きになっており，地上付近では上から見て反時計回りに強い風が吹き込んでいます。そのため，進行方向に向かって右の半円では，台風自身の風と台風を移動させる周りの風が同じ方向に吹くため風が強くなります。右半円に入ると台風中心に向かって左回りの風が吹き，台風の進行方向に流されるおそれがあるので，注意が必要です。

⑤　左半円（可航半円）：逆に左の半円では台風自身の風が逆になるので，右の半円に比べると風速がいくぶん小さくなります。左半円に巻き込まれた場合は，風が台風の進行方向と逆になるので，風を右舷船尾約30°に受けて航走すると，台風から離れる方向へ脱出できます。

（注意）左半円は可航半円とも呼ばれますが，右半円に比べると多少弱いという程度のもので，台風に遭遇しそうな場合は，出航を見合わせるか，航行中の場合は早めに避難港に避難するように心がけましょう。

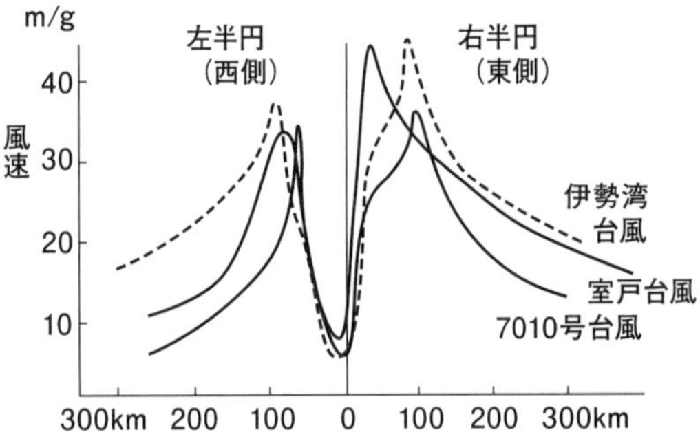

中心からの距離（(7)を一部改変）

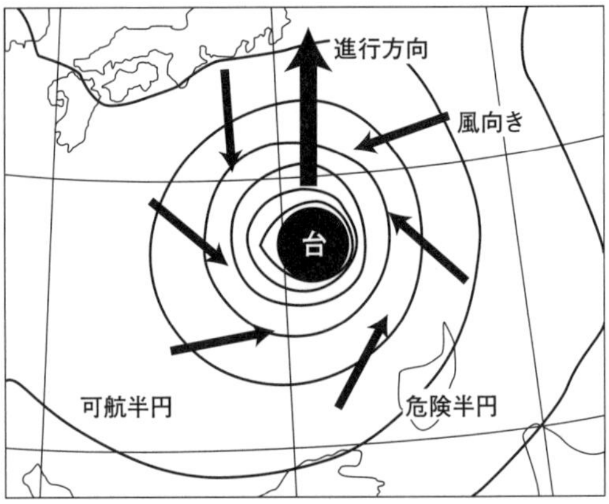

台風の進行方向と風向（(3)を一部改変）

問57-9　右図は，ある台風がたどった進路を示したものである。図中A～Dの地点における通過前と通過後の概略の風向の変化を表にしたものとして適当なものは，次のうちどれか？

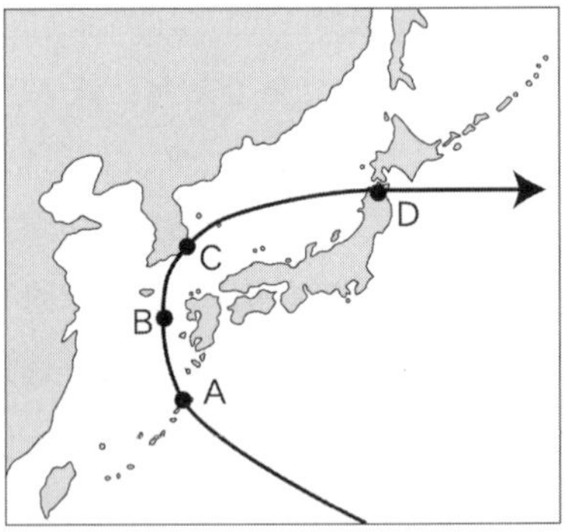

	地点	通過前	通過後
(1)	A	N E	S W
(2)	B	South	North
(3)	C	N W	South
(4)	D	East	West

答　(1)

解　説

AからDの各点に円を描き，進行方向，台風の風を記入して判断します。台風の風は円の中心に向かって左回り（反時計回り）に吹くので進行方向に向かって前後に風向の矢印を記入すると分かりやすくなります。（下表参照）

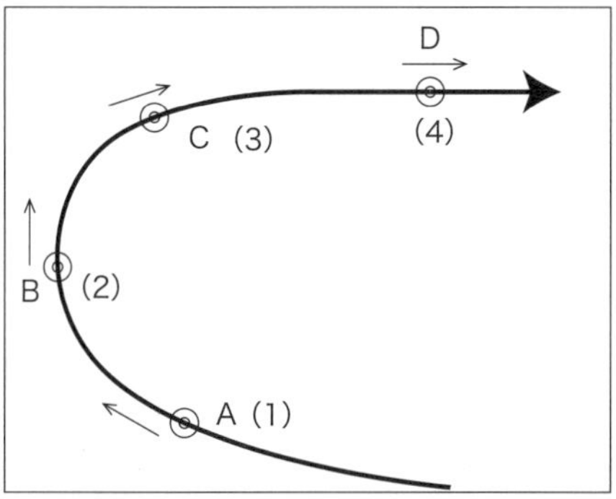

台風点	進行方向	風の方向	通過前	通過後
(1) A	台	台	NE	SW
(2) B	台	台	East	West
(3) C	台	台	SE	NW
(4) D	台	台	South	North

問57-10　日本近海を航行中のA船は，台風圏内に入ったことを知り，気象の変化に注意していたところ，東の風が強くなり風向きがほとんど変わらないまま，気圧が次第に降下していることが分かった。この時点までの台風の中心の進路は，ほぼどの方向と判断されるか？次のうちから選べ。

(1)　北北東　　(2)　東　　(3)　西　　(4)　北北西

<u>答　(1)</u>

解　説

東の風が強くなり風向が変わらないということは，右図のような状況であり，台風の進行方向の右前方に位置していると考えられます。気圧が下降しているということは，台風が接近していることが分かり，台風の進行方向の線上にいることが分かります。図のような場合，右舷船尾から風を受けて台風から離れるように航走することが望ましいでしょう。

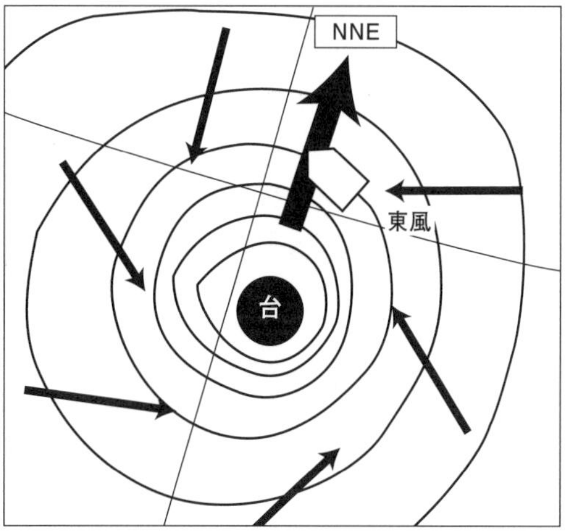

台風の進行方向と風向（(3)を一部改変）

問57-11　右図に示すように，日本付近を台風が矢印の方向に進む場合，台風の進行に伴い，(ア)地点の風向は，一般にどのように変化するか？次のうちから選べ。

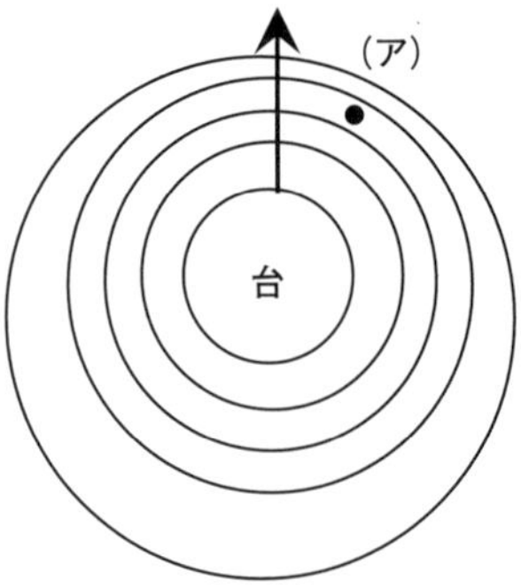

(1)　東→南東→南→南西　　(2)　東→北東→北→北西

(3)　西→南西→南→南東　　(4)　西→北西→北→北東

答　(1)

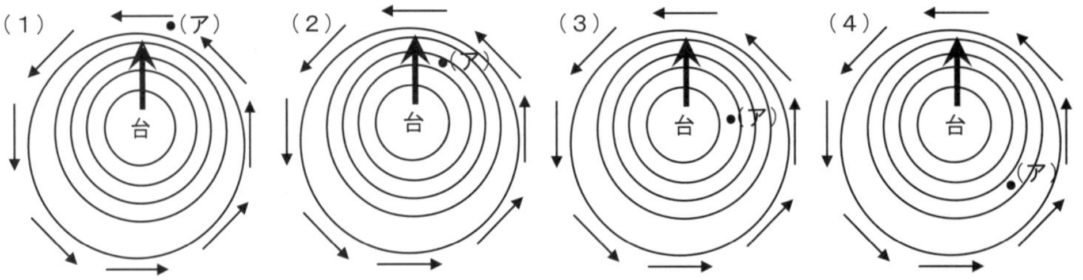

解　説

(ア)点の位置関係は台風の進行に対して右半円にあり，北上する台風の北東側に位置します。中心から遠く離れた状況では最初東風(1)となり，次第に近づくと南東の風(2)となります。台風と並行の位置になると南風(3)，通り過ぎると南西の風(4)に変わります。

問57-12　右図に示すように，台風の中心がA地点を通過する進路を取った場合，その進路と通過前，通過後の風向の変化の組み合わせとして適当なものは，次のうちどれか？

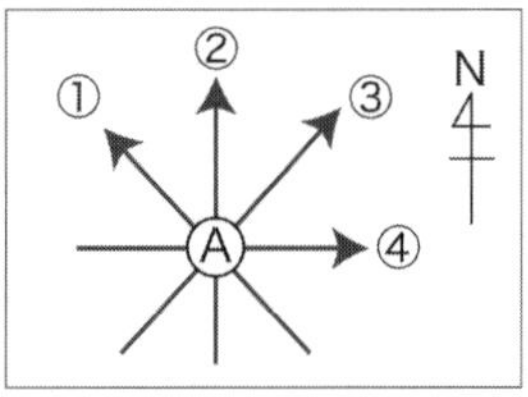

(1)　進路①：S→N　　(2)　進路②：E→W

(3)　進路③：NW→SE　　(3)　進路④：NE→SW

答　(2)

解　説

それぞれの進路に対する，通過前の風向と通過後の風向は以下の図のとおりです。

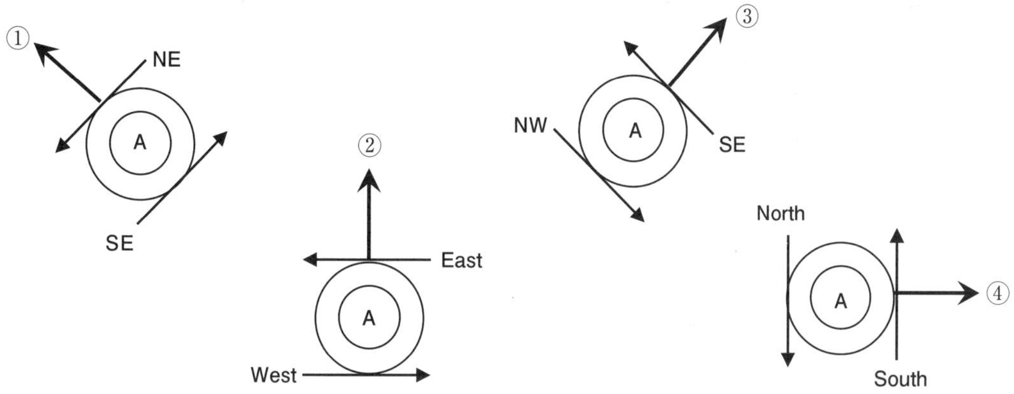

問57-13　台風の特徴について述べた次の文のうち，正しいものはどれか？

(1)　発生した直後は，西～北西に進み，途中から北～北東へと進路を変える場合があり，これを転向という。

(2)　右半円は，台風を移動させる風と中心に吹き込む風の方向が反対となって風が弱くなる傾向があるため，可航半円と呼ばれる。

(3)　左半円は，台風を移動させる風と中心に吹き込む風が合成されて風が強くなる傾向があるため，危険半円と呼ばれる。

(4)　中心部は台風の眼と呼ばれ，非常に強い上昇気流によって積乱雲が発生し，しゅう雨や雷を伴った強風が吹く。

答　(1)

解　説

危険半円（右半円）：台風の進行方向に対して右の半円では，台風自身の風と台風を移動させる周りの風が同じ方向に吹くため風が強くなります。

可航半円（左半円）：台風の進行方向に対して左の半円では，台風自身の風と台風を移動させる周りの風が逆になるので，右の半円に比べると風速がいくぶん小さくなります。

台風の眼：台風の中心付近で風が弱く雲が少ない部分。台風の眼の周辺が最も風雨の強い領域です。

問57-14　日本国内の港に停泊中のＡ船長は，自船の南方にある台風の圏内に入ったことを知り，気象の変化に注意を払った結果，この台風の進路は，ほぼ北北東であると判断した。このとき，進路を予測するうえで勘案した要素として適切でないものは，次のうちどれか？

(1)　雨が断続的に降っている。　　(2)　東の風が強くなってきた。

(3)　風向きがほとんど変わらない。　　(4)　気圧が次第に降下している。

答　(1)

解　説

・台風の中心付近では激しい雨となります。

・台風により暴風・強風を生じます。塩害を生じることがあり，送電線の碍子（がいし）で放電現象を伴うこともあります。台風は大きな空気の渦巻きになっていて，強い風が半時計回りに吹いています。台風の中心が西側を通る場合，風向には時計回りに変化し（例えば，東→南→西），東側を通る場合は反時計回り（例えば，東→北→西）に変化します。

・台風が接近して来ると，気圧は下がります。

問57-15　台風の特徴について述べた次の文のうち，誤っているものはどれか？

(1)　左半円は，台風を移動させる風と中心に吹き込む風の方向が反対となって風が弱くなる傾向があるため，可航半円と呼ばれる。

(2)　右半円は，台風を移動させる風と中心に吹き込む風が合成されて風が強くなる傾向があるため，危険半円と呼ばれる。

(3)　中心部は台風の眼と呼ばれ，非常に強い上昇気流によって積乱雲が発生し，しゅう雨や雷を伴った強風が吹く。

(4)　発生した直後は，西〜北西に進み，途中から北〜北東へと進路を変える場合があり，これを転向という。

答　(3)

解　説

台風の眼：台風の中心付近で風が弱く雲が少ない部分。強い下降流があり，風，雨ともになく，青空が見えることもあります。一方，台風の眼の周辺が最も風雨の強い領域です。

問57-16　自船が台風の進行方向の左半円にいるときは，一般に風波をどの方向から受けて避航するのがよいか？次のうちから選べ。

(1)　右舷船首　　(2)　右舷船尾　　(3)　左舷船首　　(4)　左舷船尾

答　(2)

解　説

・左半円での風向は，台風の進行方向とは逆方向となるので，右舷船尾約 30° 位に風を受けて航走し，風波の状況を見ながらさらに右転して台風中心から離れるようにします。一方，船が「危険半円」に追いつかれて暴風域に入り，風・波を右舷後方から受けて航行すると，台風と同じ方向に進むことになり，暴風域から抜け出しにくくなります。また，風・波を左舷後方から受けて航行すると，台風の中心に向かって進むこととなり，より強い暴風域に突入することになってしまいす。台風の右半円に入りかけた時には，風を右舷船首に受けて航走し，暴雨域から遠ざかるように避航することが求められます。

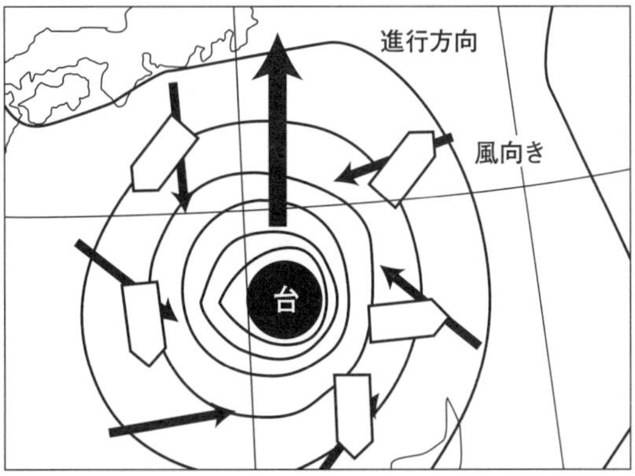

台風の進行方向と風向（(3)を一部改変）

問57-17　台風の一般的な特徴について述べた次の文のうち，誤っているものはどれか？

(1)　台風の眼と呼ばれている中心部では，激しい暴風雨となる。
(2)　中心部では激しい三角波が起きる。
(3)　中心部付近では，風向が一定しない。
(4)　台風から離れるほど風力が小さくなる。

答　(1)

解　説

・台風の眼：台風の中心付近で風が弱く雲が少ない部分。強い下降流があり，風，雨ともになく，青空が見えることもあります。一方，台風の眼の周辺が最も風雨の強い領域です。

問57-18　台風の接近による風向の変化と自船との位置関係について述べた次の文のうち，適切でないものはどれか？

(1)　自船が台風の進路上に位置する場合，風向はほとんど変化しない。
(2)　自船が台風の進路の右側に位置する場合，風向きは時計回りに変化する。
(3)　自船の東側を台風が通過する場合，風向は反時計回りに変化する。
(4)　台風の中心の位置は，風を背中に受け，右正横 20° ～ 30° の方向である。

答　(4)

解　説

・台風に限らず低気圧全般について，風を背中に受け，北半球では左手前方の方向に低気圧の中心があり，南半球では右手前方に低気圧の中心がある。（バイスバロットの法則：Buys Ballot's law）

問57-19　台風の特徴について述べた次の文のうち，適切でないものはどれか？

(1)　発生直後は，通常，西又は北西に進む。
(2)　進路上にある地点では，次第に気圧が下がる。
(3)　進行方向に向かって左の半円は右の半円よりも風雨が強い。
(4)　台風の眼の中は，風が弱く，青空も見えることがある。

答　(3)

解　説

危険半円（右半円）：台風の進行方向に対して右の半円では，台風自身の風と台風を移動させる周りの風が同じ方向に吹くため風が強くなります。

可航半円（左半円）：台風の進行方向に対して左の半円では，台風自身の風と台風を移動させる周りの風が逆になるので，右の半円に比べると風速がいくぶん小さくなります。

台風の眼：台風の中心付近で風が弱く雲が少ない部分。台風の眼の周辺が最も風雨の強い領域です。

問57-20　港の岸壁に係留して停泊中のＡ船は，台風圏内に入ったことを知り，気象の変化から，ほぼ進路上にいることが分かった。Ａ船の船長がとった次の荒天準備のうち，適切でないものはどれか？

(1)　高潮に備えるために，潮汐表で満潮時刻を調べた。
(2)　強風に船首が立つように，シーアンカーを使用した。
(3)　岸壁に打ち付けられないように，沖側にアンカーを打った。
(4)　係留ロープが切れないように，ロープの本数を増やし，すれ当てをした。

答　(2)

・台風など強い低気圧が来襲すると，波が高くなると同時に海面の水位も上昇します。これを高潮といいます。

高潮の発達には主に二つのメカニズムがあります。一つは大気圧の低下に伴い，海面が吸い上げられるように上昇する「吸い上げ」と呼ばれる現象です。大気圧が1hPa低下すると海面は約1cm上昇します。平常時の大気圧は1,013hPa程度であるため，台風の中心気圧が910hPa程度になると，台風の中心では海面が約1m上昇することになります。

二つ目のメカニズムは，湾口から湾奥に向けて強風が吹き続けることにより，湾の奥に海水が吹き寄せられて海水面が上昇する「吹き寄せ」です。この「吹き寄せ」による海水面の上昇は，風速が速いほど，湾の長さが長いほど，湾の水深が浅いほど大きくなります。北半球では，台風など熱帯性低気圧の常襲地帯で，南に開いた長い湾，しかも湾内の水深が浅い場合には，高潮の水位上昇量が大きくなります。

・シーアンカーは，荒天で航行が困難なとき，横波を受けないように船首から海に投入して船首が風に立つようにするもので，停泊中には使用しません。

問57-21　台風の進路予測について述べた次の文のうち，適切でないものはどれか？

(1)　発生当初の低緯度では太平洋（小笠原）高気圧に沿って西寄りに進みながら北上する。
(2)　偏西風が強く吹く中緯度付近まで北上すると，上空の風に乗って東向きに進路を変える。
(3)　太平洋高気圧の東の縁にある気圧の谷付近で転向し，進路を大きく変える。
(4)　夏季は台風を押し流す上空の風が弱いため，不安定な進路をとることが多い。

答　(3)

解　説

・台風は大まかに見れば北上し，夏季から秋季には太平洋（小笠原）高気圧の周囲に沿って移動するものが多くなっています。低緯度で発生した台風は太平洋（小笠原）高気圧の南に位置しており，その付近には貿易風が吹いているため，この貿易風により台風は西寄りに進みながら少しずつ北上します。一定の緯度に達すると高気圧の西の縁に位置し，縁に沿うように進行方向を変えて北上します。そこでは偏西風が吹いており，台風はこの風に乗って東寄りに進路を変えるようになります。これを台風の転向といい，この進路が変わる地点を転向点といいます。また，夏季の早い時期は偏西風が北寄りであるため，台風の進路は不安定で迷走することがあります。偏西風が南下して来ると，転向後の台風は貿易風より偏西風の速度が大きいことから，ごく稀に時速100kmにも達することがあります。

海 難 防 止

問 58　海難事例

海難審判法（昭和 22 年法律第 135 号）において，「海難」とは以下に掲げるものをいいます。

①　船舶の運用に関連した船舶又は船舶以外の施設の損傷。

②　船舶の構造，設備又は運用に関連した人の死傷。

③　船舶の安全又は運航の阻害。

また，海上保安庁では，海難を「船舶事故」と「人身事故」に分け，

「船舶事故」は，海上において船舶に次のいずれかに該当する事態が生じた場合，

①　衝突・乗揚・転覆・浸水・爆発・火災・行方不明。

②　機関，推進器，舵等の損傷又は故障その他運航不能等。

「人身事故」は，海上又は海中において次のいずれかに該当する事態が生じた場合としています。

①　船舶事故によらない乗船者の海中転落，負傷，病気，中毒等。

②　海浜等において発生した乗船者以外の者の負傷，溺水，帰還不能等。

近年，日本周辺海域において小型船舶（20 トン未満）の事故が多く発生しています。2022 年（令和 4 年），海上保安庁の発表によると，小型船舶（プレジャーボート，漁船，遊漁船）による海難は全体の 74％を占めています。

海難の原因を分類すると，「見張り不十分」が最も多く，その後に「操船不適切」，「整備不良」，「船体及び機器の整備不良」が続きます。「整備不良」及び「船体及び機器の整備不良」は，運航不能（主に機関の故障）が増えるにつれて増加する傾向にあることが見て取れます。プレジャーボートに限ると，運航不能（機関故障）が最も多く，約 3 割となっており，「衝突」，「乗揚げ」と続きます。運航不能（機関故障）の故障箇所別割合では，燃料系 26％，電気系 22％，軸系 18％，冷却水系 18％の順になっています。機関故障の原因は整備不良が最も多く，次いで老朽衰耗となっています。

発生場所としては，港内が約 40％，これを含め 3 マイル以内での発生が約 8 割を占めています。

海難が発生すると，「海難審判及びこれに基づく命令」によって海難審判が行われます。その

目的は審判によって海難の原因を明らかにし，よって海難の発生防止に役立たせようとする主旨の行政審判です。

裁決及び懲戒として，海難の原因を調べ，裁決により原因が明らかにされます。また，懲戒としては，①免許の取消，②業務停止（1か月以上3年以内の期間，ほとんどが1か月単位），③戒告があります。

問58-1　次の海難事故について，その最も直接的な原因は，下のうちどれか？

「船外機を搭載したプレジャーボートM丸の船長は，仲間と2人で釣りに行くこととなった。出航前，船長は燃料油を補給したのち，機関の始動に備えて燃料タンクの空気取り入れ弁のツマミ（エアベントスクリュー）を回した。なお船外機の使用前には，燃料タンク内が負圧となって燃料が供給されなくなるのを防ぐため，このツマミを一杯回し，空気取り入れ弁を十分に開いておく必要があった。ところが船長は，ツマミを少し回したところで止めてしまったため，ほとんど弁は閉じた状態であった。出航後，釣り場に着いた船長は，機関を停止し，船首から投錨をして釣りを開始した。

しばらくして船長は，折からの強風で走錨していることを認め，揚錨して錨を入れ直した。ところがその後も走錨は止まらず，付近の島へ圧流されていったが，揚錨と投錨を繰り返しながら釣りを続けた。こうして島の沖の消波ブロックが前方20メートルまで近づいたとき，船長は初めて危険を感じて船外機の始動操作を行った。ところが航行中燃料消費によって負圧になった燃料タンクからは燃料油が供給されず，エアベントスクリューを回すことに思い至らないまま機関が始動できなかった。その結果，操船不能となって圧流され続けたM丸は消波ブロックに乗り揚げ，船底部に破口を生じて甲板下のキャビン及び倉庫が浸水し，のち廃船となってしまった。」

(1)　空気入れ弁が開いていることを確認しなかった。
(2)　燃料タンク内の燃料油量を確認しなかった。
(3)　気象や海象の最新情報を確認しなかった。
(4)　投錨地点の底質を確認しなかった。

答　(1)

解　説

エアベントスクリューは右図のように，船外機の燃料タンクのキャップについており，燃料タンクの空気抜きのためのものです。タンク内に空気を入れてやらないと，燃料はキャブレターに流れていかないので，始動前にツマミを回してタンクの負圧を解消し，燃料が流れるようにします。

エアベントスクリュー
（ボートロックフィッシュ HP より）

万一閉じたままだと燃料が流れなくなり，本事例のようにエンジンが始動しないことがあります。

走錨：強風や潮流などで船舶が受ける外力が錨と錨鎖の抵抗力やプロペラの推進力を上回れば，錨が錨鎖と共に引きずられます。 この時，錨が傾いたり反転現象によって把駐力（錨が海底との間に生み出す抵抗力）が小さくなり錨が移動し続けることを走錨（そうびょう）といいます。

問58-2　次の海難事故において，その最も直接的な発生原因は，下のうちどれか？

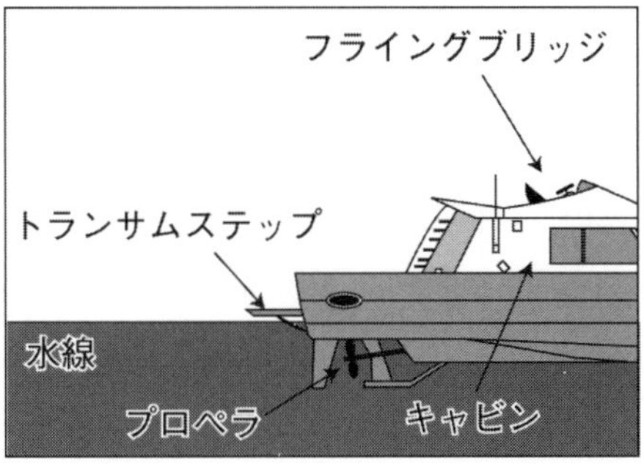

「A 号は，2 機のエンジンを装備したフライングブリッジ（以下「FB」という）仕様のプレジャーボートで，船尾にはゴムボートへ乗り移るときなどに利用するトランサムステップが設備されていた。

この日，A 号船長は FB で操縦し，会社の同僚を乗せて D 島に向けてマリーナを出航した。D 島の海水浴場の沖合に到着した船長は，投錨してエンジンをかけたままクラッチを中立として錨泊を開始した。同じころ同僚たちは浜辺でバーベキューをするため，ゴムボートで海水浴場に荷物を運ぶ準備にとりかかった。

錨泊作業を終え，FB から船尾方向を見た船長は，ゴムボートがトランサムステップに接舷され，2 人の同僚が乗り移って荷物の積込みをしているので，上陸の準備が始まったことを知った。しばらくして，突然船尾方向から大声があがり，船長が後方を振り向いたところ，2 人の姿が見えなくなっているうえ，ゴムボートが転覆しているのを発見した。

そこで船長は，ゴムボートから離れるために少し船を動かそうと投錨したままクラッチを前進に入れたところ，回転した２つのプロペラが，落水して船尾付近で漂っていた２人の同僚に接触してしまった。叫び声を聞いた船長が再び船尾を振り返ったとき，海面に浮いている２人の同僚を見て初めて事故が起きたことを知った。この結果，１人は死亡し，もう１人は重傷を負った。」

(1)　投錨作業を含めた操縦を FB から降りずに行った。
(2)　投錨した後，エンジンをかけたままにしておいた。
(3)　船を前進させる前に船尾付近の安全を確認しなかった。
(4)　船を前進させるときに２機のエンジンを同時に使った。

答　(3)

解　説

トランサムステップは右の写真のようにプレジャーボートの船尾にあり，ゴムボートに乗り移る場合等に使用するためのステップ板で，船外機の場合は左右に分かれており，形状は様々です。ステップの真下にはプロペラがあり，プロペラの使用には細心の注意が必要となります。

トランサムステップ（ヤマハ発動機より）

本件では，トランサムステップで２人が作業をしていることを FB にいた船長が確認しています。船尾で大声がしたので振り返ると２人の姿が見えなかったとあります。FB からは船尾の海面付近は見えませんが，落水したと判断すべきで，船尾に行って２人の状況を把握した上で救助の手段を考えるべきであったところ，確認しないままプロペラを作動させたことは，船長の重大な過失となります。

トランサムステップと船外機（ヤマハ発動機より）

問58-3　モーターボートM号は，琵琶湖西岸に所在するマリーナの所有船で，A船長がバス釣りの目的で借り受け，マリーナ沖合の浅瀬で発進準備をしていた。船外機が湖底に接触しないように同乗者に沖合に向けて押させ，水深１メートル程度まで来たところで発進準備が整ったので，同乗者を乗せ，機関を始動した。そのとき右舷前方から，蛇行運転をしながら接近する水上オートバイＲ号を初めて認めたが，同船が自船を避航してくれるものと思い，注意喚起信号を行うことも，Ｒ号が前路を航過するまで発進を見合わせることもせず，機関を極微速力前進にかけて発進した。

一方，蛇行運転を繰り返しながら遊走していたＲ号のＢ船長は，付近に支障となる他船はいないものと思い，前路の見張りを十分に行わなかったので，左舷前方に停留中のM号が存在することも，このまま進行すると同船と安全距離を保つことができない状況であることにも気づかなかった。

Ａ船長は，Ｒ号は，依然蛇行運転をしたまま接近するので，このままでは衝突の危険があると感じて機関中立とし，更に機関を後進にかけた丁度そのころ，至近に迫ったM号を初めて認めたＢ船長も，とっさに右舵をとって避航動作を取ったが，結局互いに避けきれず，M号の船首とＲ号の側面が衝突した。なお，琵琶湖では，滋賀県琵琶湖等水上安全条例により，動力船の操船者が他の船舶との間に安全な距離を保たないで蛇行運転させることなどが禁止されていた。

上記の海難事故について，その原因に<u>該当しないもの</u>は，次のうちどれか？

(1)　Ａ船長が注意喚起信号を行わず，発進を見合わせなかったこと。
(2)　Ａ船長がＲ号の接近に対し，機関を中立とした後，後進にかけたこと。
(3)　Ｂ船長が見張り不十分で，M号の初認が遅れたこと。
(4)　Ｂ船長がM号との安全な距離を保たず，蛇行運転を続けたこと。

<u>答　(2)</u>

解　説

海上（水上）における衝突回避については，海上衝突予防法の規定に従っており，本件のように右舷前方から接近してくる船舶（Ｒ号）に対しては右転して当該他船（Ｒ号）の船尾を航過するように避航動作をとることが通常の避航動作ですが，蛇行しながら接近してくるため，機関停止に続き後進とする避航動作は理にかなっています。しかしながら，Ｒ号が自船を避航してくれるものという「思い込み」により適切な対応ができていなかったこと，適切ではあったが対応が遅れたことは否めない状況です。R号のB船長の行動である(3)(4)が大きな問題ですが，衝突をしないために適切な動作をとらなければなりません。

水上安全条例：湖川及び特定水域などの内水面における水上交通の安全を目的とした都道府県の条例を言います。海上衝突予防法における航法や港則法の航法などの総合的な交通ルールや，危険の際の航行中止や警音，夜間航行の灯火を規定しています。例）茨城県水上安全条例，中禅寺湖水上安全条例，東京都水上安全条例，山梨県富士五湖水上安全条例，滋賀県琵琶湖等水上安全条例など

問58-4 次の海難事故について，A号船長が事故を起こすこととなった原因として最も重大と考えられるものは，下のうちどれか？

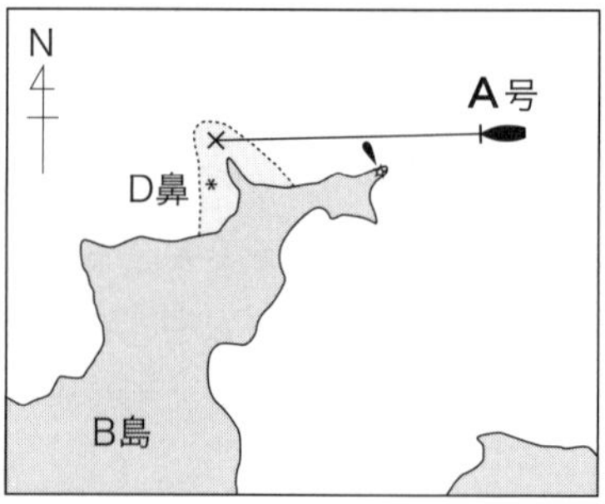

「プレジャーボートA号船長は，同乗者8人を乗せ，釣りを兼ねたクルージングの目的で定係港を出航した。沖合でしばらく釣りをした後，B島西側の入江に移動するため，B島の北側を航行する予定で発進した。

ところで船長は，しばしば父親とA号に乗ってB島周辺水域に出かけ，その都度父親から水域の状況や航法について指導を受けていた。例えばB島北東部のD鼻沖合に干出岩を含む険礁域が約200メートル沖まで出ていることや，A号にはレーダー等の航海機器がなく目視でしか船位を確認できないので，この付近を航行する際には険礁域から十分に離れるよう教えられていた。また，その後の航海で，自分でも干出岩などの存在を確認していた。

ところが船長は，B島の北東端を通過するとき，島に接近しすぎてD鼻沖の険礁域に向かうような状況となったがこれに気付かず，しばらくして険礁域にある暗岩に乗り揚げてしまった。」

(1) 水域の状況を把握していながら，適切な針路を選ばなかった。
(2) 父親の助言や指導を全く聞かない自己中心的な性格であった。
(3) 自分の目測を過信していたので，レーダー等を積まなかった。

(4)　同乗者が多く，喫水が下がっていることに気付かなかった。

答　(1)

解　説

A号の船長は父親からこの海域の航行に関して十分に教えられており，かつ自分自身もこの海域を航行しており，この海域の険礁域は熟知していたものと考えられます。気象・海象も良好であったと考えられますが，針路設定が不適切であったため，事故を起こしてしまったものと考えられます。つい，うっかりの油断が原因であると考えられます。どんなに熟知した海域であっても，油断せずにクロスベアリングなどで海図に自船の船位を記入して航行していれば，防ぐことができた事故であると考えられます。

問58-5　次の海難事故について，その最も直接的な原因は，下のうちどれか。

「プレジャーボートＡ丸は年に数回釣りに使用される程度で，運航時間の短い船だった。Ａ丸船長は，数年前にバッテリーが過放電してエンジンがかからなくなった際，バッテリーを新替えするとともに操舵席上の屋根に充電用の太陽電池パネルを増備した。船長は，太陽電池を設置したので，日頃はバッテリーの電圧や電解液の比重について点検していなかった。

そして，久しぶりに釣りに行くことになった日も船長は発航前にバッテリーの容量を十分に確認しなかったので，再び過放電に近い状態になっていたことに気付かなかった。出航後，付近の釣り場まで航行し，投錨して一旦エンジンを停止した後，釣りを始めた。このときもエンジンの運転時間が短く，バッテリーの充電は依然として不足したままであった。

釣りを楽しんだ船長が，帰港するためにＡ丸のエンジンをかけようとしたところ，バッテリーが過放電となって容量が著しく低下していたため，スターターモーターが十分に回らず，エンジンの始動ができなかった。その結果，Ａ丸は航行できなくなり，船長は海上保安部に救助を要請し，駆けつけた巡視艇により最寄りの港に曳航された。」

(1)　年間使用回数が少なかった。
(2)　太陽電池の増備が不十分であった。
(3)　バッテリー容量を十分確認しなかった。
(4)　当日のエンジンの運転時間が短かった。

答　(3)

解　説

バッテリーの問題です。プレジャーボートの場合，年間の使用回数が少ないせいもあり，バッテリーについて，あまり注意していない傾向にあります。しかし，使用頻度が少ないほど，バッテリーは放電している可能性が高くなります。したがってバッテリーの点検は慎重に行う必要があります。

・以下海上保安部からの注意です。

出航前には必ずバッテリーのチェックをしましょう。

① ケーブル端子の緩みや腐食の点検

② 電圧の確認（バッテリーチェッカーで確認！：12.5V 以上で良好）

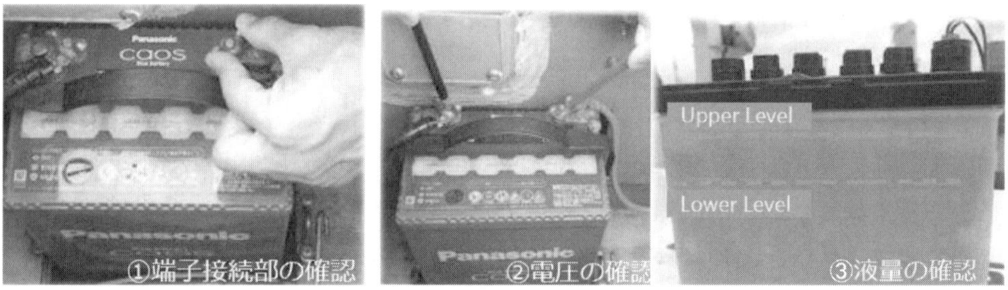

バッテリーと比重計（海上保安庁 HP より）

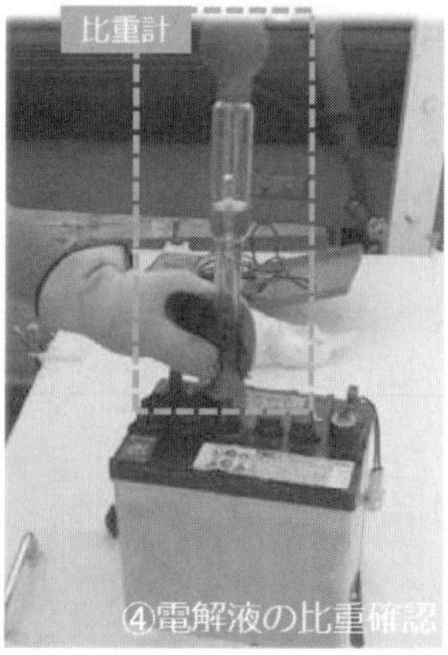

③ 液量の確認（液量を Upper Level と Lower Level の間に保ちましょう）

④ 電解液の比重確認（1.25 以上で良好）

※ ③，④は，メンテナンスフリーのバッテリーでは，点検不要です。

普段よりセルモーターの回転が遅いなど，おかしいなと思ったら・・・

→ 充電や蒸留水の補充，バッテリーの交換を行いましょう。

バッテリーの寿命について

→　概ね 2 〜 3 年ほどが寿命といわれていますので，定期的に交換しましょう。

ただし，使用環境，使用条件，使用頻度等の要因により，寿命の期間は変化します。

問58-6　次の海難事故について，その直接の原因とは考えられないものは，下のうちどれか？

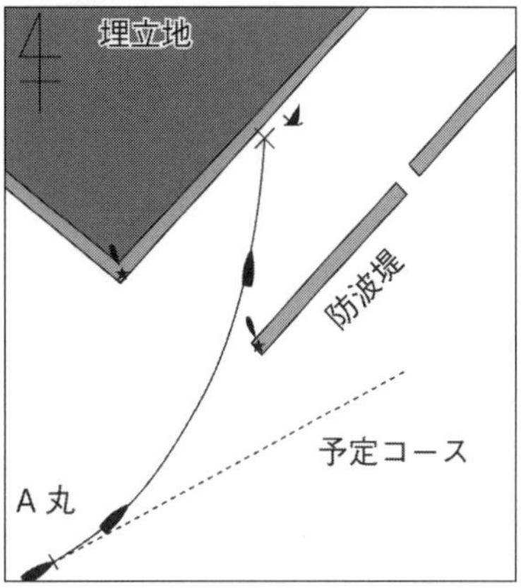

「プレジャーボート A 丸の船長は，釣り仲間 4 人を乗せ，夜も明けきらない中，釣り場に向かった。ところで船長は，普段，早朝に出航する際には 5,6 時間の睡眠をとっていたが，前夜はビール大びん 5 本を飲みながら夜遅くまで妻と話し込んでいたため，当日は 2 時間半ほど睡眠をとっただけであった。

このように出航時の船長は，睡眠不足のうえ，完全に酔いが覚めていない状態であった。しかし眠気を感じなかったので，仲間を操舵室に呼び入れて，一緒に見張りに当たるといった居眠り防止の処置をとらなかった。

出航後，船長は舵輪後方のいすに腰掛けて操船と見張りに当たっていたところ，間もなく居眠りを始めた。そのため，持っていた舵輪がわずかに左に回った状態となり，元の針路を外れてゆっくりと左転しながら進行していたが，これに気付かなかった。

しばらくして船体の動揺で目が覚めた船長は，周囲を見たところ，船首右前方に予定針路の左にあるはずの防波堤先端に設置された標識灯の灯火を見て，針路がずれていることに気付いたが，防波堤を過ぎてから元の針路に戻ればよいと考え，そのまま続航した。

その後も船長は同じ姿勢で航行を続けたところ，再び居眠りを始め，先ほどと同じように A 丸がゆっくり左転を続けた結果，埋立地護岸の外周に設置された消波ブロックに乗り揚げ，破口を生じて浸水し，沈没してしまった。

(1)　周囲の状況が分かりにくい早朝に，僚船を伴わず単独で出航した。

(2)　睡眠不足のうえ，完全に酔いが覚めていない状態で操船した。

(3)　仲間と一緒に見張りに当たるといった，居眠り防止のための処置をとらなかった。

(4)　一度居眠りをしたにもかかわらず再び一人で操船した。

答　(1)

解　説

事故の原因はＡ丸船長の居眠りであり，そのために埋立地護岸の外周に設置された消波ブロックに乗り揚げ，浸水，沈没の重大事故になったのです。(2)(3)(4)は居眠りに関わる内容ですが，(1)は居眠りには直接的な関わりはありません。

航海当直中又は操船中に居眠りは絶対あってはならないことで，航海前には十分な睡眠をとり，居眠りをすることがないように体調を整えておくべきです。また，眠気が襲うようなことがあれば，あらゆる手段を用いて居眠りを防止するように努めることが必要であり，状況によっては投錨するなどして仮眠をとることも検討するべきです。

問58-7　次の海難事故について，その発生原因として考えられないものは，下のうちどれか？

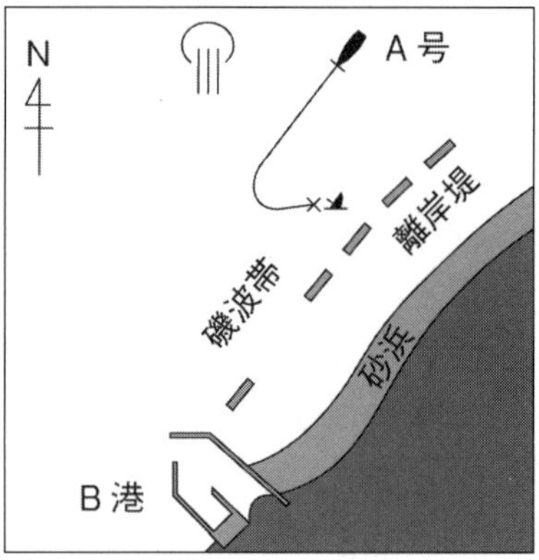

「プレジャーボートＡ号船長は，同乗者２人とともに，昼前に係留場所を発して友人と待ち合わせているＢ港に向かった。出航後，針路を南西方向にとり，全速力で航行していたところ，午後になって北寄りの風が強くなり，波高が２メートルに達するようになったが，Ａ号は右舷後方に風浪を受けながら航行を続けた。

Ｂ港の沖合に着き，船長が携帯電話で友人に港内の様子を尋ねたところ，港内もすでに波立っているとの返答があり，入港をあきらめて帰航することにした。

ところで，Ｂ港のある沿岸水域は沖合まで比較的水深が浅く，当時は風力５に達する北寄りの風の影響で，すでに磯波が発生していた。Ａ号は，帰航するためゆっくりと左旋回したところ，風とうねりに押されて次第に陸岸に接近し，やがて磯波が発生する水域に進入してしまった。その後船首がほぼ東を向いたところで，左舷に波を受けて激しく横揺れし，さらに砕け波が船内に打ち込んで右舷に大傾斜した後，復原力を失って転覆してしまった。」

(1)　気象に対する配慮が不適切であった。

(2)　磯波に対する配慮が不適切であった。

(3)　港内の状況に対する配慮が不適切であった。

(4)　転舵の時機と方法に対する配慮が不適切であった。

答　(3)

解　説

本件では気象，風浪及びうねり，磯波，荒天時の操船方法に対する配慮が必要であったと考えられます。今回の場合，左旋回ではなく右旋回して沖側に回頭すべきですが，風上に向かうこととなり，難しい場合は，一旦右寄りに針路をとって左側（陸側）の水域を十分に広く開けてから左転をするなどとする方法があります。磯波が発生しているところは，複雑な波となり，時として異常な力を受けるので危険な水域と言えます。

普段から気象に注意を払って，気象情報を収集しておくことが必要であるとともに，現場での気象状況を注意深く観察して，荒天の兆候を早期に掴むことが必要です。それでも荒天に遭遇する場合がありますので，そのような場合は荒天対策を実施するとともに，安全な操船を心掛けるようにしなければなりません。

問58-8　A船長1人が乗り組み，一本釣り漁の目的で出港した漁船T丸は，操業を終えて漁場を発し，港則法で定められた特定港であるK港に向けて帰途に就いた。港内に入り，航路の外側を進行していたところ，前方に手漕ぎボートが停留しており，これに向首する状況となった。ところがA船長は，前路を一瞥しただけで他船はいないものと思い，楽な姿勢で操縦できるよう，操舵室のいすを右舷向きに据えてこれに腰掛け，右舷側を向いて船側の手すりに足を掛けて航行を続けた。

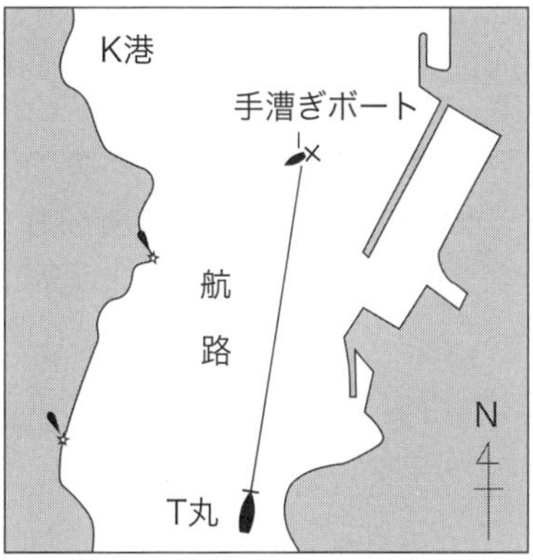

一方，手漕ぎボートで釣りをしていたB氏は，至近に迫ったT丸に対して立ち上がって手を振ったが，同船がさらに接近するので，櫓を使って急いで船首を左方に向けた。しかし避けきれないと思ったB氏が危険を感じて海中に飛び込んだ直後，T丸は，原針路，原速力のまま，手漕ぎボートの左舷船尾に衝突した。A船長は手漕ぎボートの存在に最後まで気付かないままであった。

上記の海難事故について，その原因に該当しないものは，次のうちどれか？

(1)　無動力船である手漕ぎボートが港内で釣りをしていたこと。

(2)　汽艇等である手漕ぎボートの衝突を避けるための措置が遅かったこと。

(3)　汽艇等以外の船舶であるＴ丸が航路を航行していなかったこと。

(4)　Ｔ丸の見張りが不十分で衝突を避けるための措置をとらなかったこと。

答　(1)

解　説

平成 28 年 5 月 12 日に成立し，同月 18 日に公布されました「海上交通安全法等の一部を改正する法律（平成 28 年法律第 42 号）」により港則法も改正され，「雑種船」を「汽艇等」とし，汽艇（総トン数 20 トン未満の汽船をいう。），はしけ及び端舟その他ろかいのみをもつて運転し，又は主としてろかいをもつて運転する船舶をいうこととなりました。

本件の手漕ぎボートは「汽艇等」に相当し，汽艇等以外の船舶の進路を避けなければなりません。したがって手漕ぎボートのＢ氏は，早期に漁船の進路をあけるようにしなければなりません。一方，Ｔ丸のＡ船長はできる限り航路を航行し，航路外で釣りをしている手漕ぎボートと衝突しない進路をとるべきです。また，Ａ船長は適切な見張りを実施し，早期に手漕ぎボートを発見するとともに，適切に避航動作をとらなければなりません。

問58-9　次のような海難事故を防止するためには，Ａ丸船長はどのように行動すべきであったか？下のうちから最も適切なものを選べ。

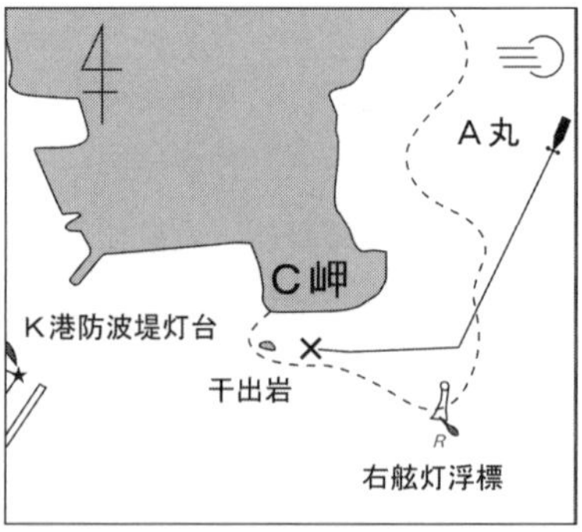

「プレジャーボートＡ丸船長は，船舶所有者のＢ氏とともに定係港Ｋ港を出航し，沖合で釣りをしていた。日没となったため帰航することとし，船長は，針路を南西に向け約５ノットで航行を始めた。航行中，左舷船尾に腰掛けたＢ氏から特に指示はなかったので，船長は自分の判断で操舵と見張りに当たった。このとき二人とも救命胴衣を着用していなかった。

ところで，右舷灯浮標が設置されたＣ岬沖合は，暗礁や干出岩があって水深が急激に浅くなっているため，東寄りの風が吹くと波浪が起きやすい海域であった。当時，この付近には，風力３の東風が吹き，波高は２メートルで波浪注意報が発表されていた。

こうしてＡ丸は，Ｃ岬をかわした後，針路をＫ防波堤灯台に向けたところ，東方からの追い風を受ける状況となった。しかし船長は，この程度なら大丈夫と思い，そのまま航行していたところ，追い波によってＡ丸の船尾が急激に持ち上げられ，船体が右舷方向に大きく傾斜して船長とＢ氏は海中に投げ出された。船長は自力で戻ったが，Ｂ氏はおぼれて死亡してしまった。」

(1)　救命胴衣を着用し，追い波の危険性を考慮した針路をとる。
(2)　強風を避けるため陸岸に接近し，速力を上げて航行する。
(3)　船舶所有者の指示や助言を受けながら航行する。
(4)　同乗者を船首に移動させ，測深をさせながら航行する。

答　(1)

解説

本件は，風力３の東風があり，波高２メートルで波浪注意報が発表されている状況で，Ａ丸船長が定係港であるＫ港に帰港する際，判断を誤ったことが原因と考えられます。

①　Ｃ岬をかわした後の航路選定として暗礁や干出岩のある水深の浅い海域を航行したこと。

すなわち，浅い海域は波速が遅くなり，波高が高くなります。また海底の影響により複雑な波となることがあります。

②　右舷灯浮標は，これを右舷に見て航行するものであり，航路の右側には岩礁や浅瀬があることを示しています。Ａ丸船長は右舷灯浮標を右舷に見て航行すべきです。

③　船尾から風浪を受けて航行する場合，操船困難に陥りやすいので注意が必要です。

④　小型船に乗船する場合は，常に救命胴衣を着用する必要があります。平成 30 年２月からすべての小型船舶の乗船者にライフジャケットの着用が義務化されました。

問58-10　次の海難事故について，その発生原因として適切でないものは，下のうちのどれか？

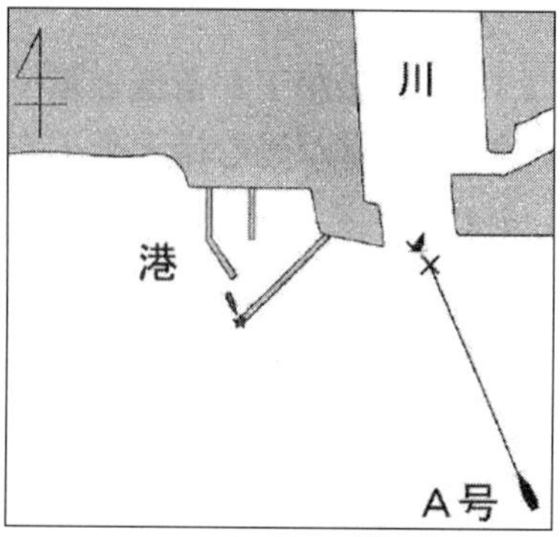

「プレジャーボートA号船長は，息子と一緒に釣りをするため，河口から1キロメートルほど上流にある係留地を出港した。川を南下して海に出た後，しばらく釣りをしていたが，南寄りの風が強まったため，釣りをやめて帰航することにした。

ところで，係留地のある川は，数日前からの雨で水かさが増していたうえ，当時は下げ潮の時間帯で流速も増していた。さらに南西の強風のため河口付近は波浪が高く，三角波も発生していた。

河口付近が見渡せる位置でいったん停留した船長は，高い波浪の状況から三角波に遭うかもしれないと思った。しかし，波浪が穏やかになる頃合いを見計らえば何とか通過できると思い，付近に一時的に避難できる港があるにもかかわらず，河口への進入を中止しようとは考えなかった。しばらくして波浪が穏やかになったので，6ノットの速力で河口へ向かって走り出したところ，船尾部が三角波に持ち上げられて左舷側に大きく傾斜し，復原力を失って転覆してしまった。」

(1)　波浪が穏やかになる頃合いを見計らえば，河口を通過できると思って進入した。
(2)　下げ潮の時間帯で川の流れが速くなっているのに，河口の手前で停留した。
(3)　河口付近に発生する三角波の危険性に対する配慮が不十分であった。
(4)　避難できる港があるにもかかわらず，河口への進入を中止しなかった。

答　(2)

解　説

河口付近は，河口流と言われる強い流れがあるとともに，河口流により波高が高くなる傾向にあります。水路協会では以下のように注意を喚起しています。
「河口付近は，河口流の作用により波が集中して波高が大きくなることがあり，小型船舶の転覆事故が起こりやすい場所です。操船には十分に注意してください。」

本件では雨で増水していたこと，それにより河口流が強くなっていたこと，さらに下げ潮の時間帯のため流速は早くなっていたと考えられます。このような状況で南西の強風により河口付近では波高が高くなっていたものと考えられます。

穏やかな頃合いを見計ればという状況は，十分に風波が収まった頃合いであり，付近に避難できる港があるのであれば，風波が収まるまで避難すべき状況だったと考えられます。

河口の手前で停留し，状況を把握することは，河口流で陸岸寄りへ流されることはないと思われるので問題ではなく，もし風で陸岸に寄せられるようであれば，沖へ移動するように対応ができるので問題ないと考えられます。

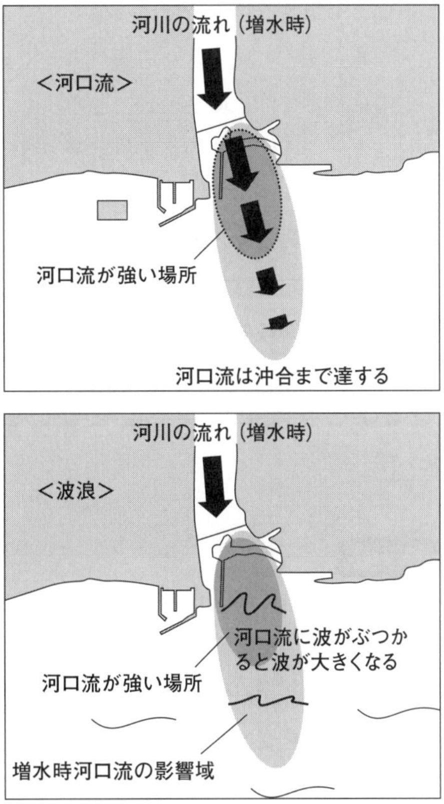

河口付近の流れ（(5)を一部改変）

問58-11　次の海難事故について，A丸船長が海難事故を起こすこととなった原因として最も重大と考えられるものは，下のうちどれか？

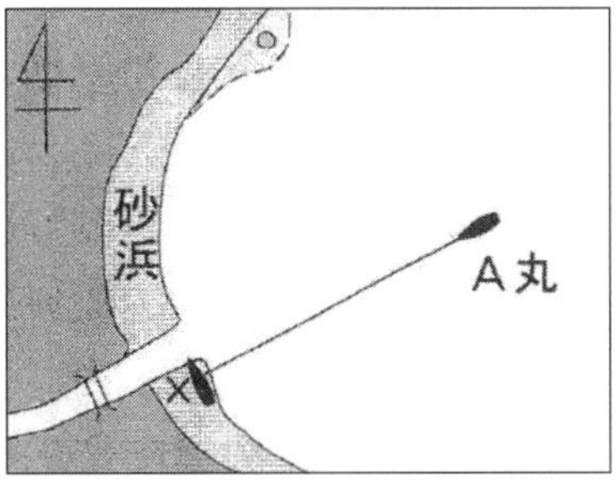

「船外機を装備したクルーザー型ヨットA丸の船長は，友人2人を乗せて釣りをするために係留港を出航した。その後，係留港の沖合で釣りをしていたがあまり釣れなかったので，南西方向にある海岸から約50メートル沖合のポイントまで，帆を上げずに船外機を使って移動することとした。

目的地に近づいたので同乗者に船首で投錨の用意をさせ，白波が立つ程の岸に向かう風が吹いているなか，船首を海岸方向に向けて右舷船尾方向より風を受けた状態で投錨しようとした。ところが，投錨のためエンジンを中立にしたところ，すぐに風下となる海岸方向に流され始めたため投錨をいったん中止し，エンジンを後進にかけて沖に向かおうとした。しかし，力の弱いヨットの船外機ではなかなか沖に向かうことができず，そのまま風に流されて遠浅の海岸に乗り揚げてしまった。」

(1) 風圧流に対する判断が不適切であった。
(2) 投錨予定地点の選定が不適切であった。
(3) エンジンの使用方法が不適切であった。
(4) 周囲の見張りが不適切であった。

答 (1)

解説

投錨を行う際，白波が立つ程の岸に向かう風が吹いていたことから，この風による風圧力により，圧流されることが予想できたはずです。速力を落としていくと，その影響は大きくなります。投錨のためにエンジンを中立にしたため，また速力が低下したために相当な風圧流の影響を受けたもの考えられます。また，投錨する場合は可能な限り船首を風に立てた状態（風の方向に向けた状態）で行うほうが錨の効きがよくなります。

なお，エンジンは前進で使用することが多いので，後進は前進に比べて出力が小さくなっています。

問58-12 次の海難事故について，その発生原因に該当しないものは，下のうちどれか？

「プレジャーボートＡ丸の船長は，釣り仲間３人とともに，付近の海上に濃霧注意報が発表されている中，沖合の釣り場に向かった。出航時の視程は約100メートルで，ほとんど周りが見えない状況であり，さらにＡ丸はレーダーやホーンを備えていなかったが，船長はそのうち晴れるものと思い，出航を見合わせなかった。

一方，プレジャーボートＢ丸もコンパスやレーダー，ホーンを備えていなかったが，船長は，操縦歴が長く，釣り場にも詳しいため，Ａ丸同様，濃霧でも出航を見合わせることなく，Ｂ丸のオーナーとともに同じく沖合の釣り場に向かった。

釣り場に着いたＡ丸船長はエンジンを止め，霧中信号を行うこともなく，漂泊しながら釣りを始めた。しばらくして，右方向から自船に向かって接近するＢ丸を見つけたが，釣り情報を聞きに来た船だと思い，特に何をすることもなく様子を見ていた。

一方のＢ丸船長は，発航後，GPS プロッターの船首輝線で進行方向を確認しながら全速力で霧中信号を行わずに航行していた。すると，操縦席の右側に立って見張りをしていた同乗者が船首間近にＡ丸を見つけて大声を上げたため，あわてて速力を落としたが間に合わず，そのままの針路と速力で，Ａ丸の右舷中央部に衝突してしまった。」

(1)　著しく視界が制限されている状況にもかかわらず，Ａ丸船長が出港を見合わせなかったこと。

(2)　Ｂ丸オーナーが，所有者権限で船長に対して出港を見合わせるなどの指示をしなかったこと。

(3)　濃霧にもかかわらず，Ａ丸が霧中信号を行わないままエンジンを止めて漂泊し続けたこと。

(4)　視程約 100 メートルの状況にもかかわらず，Ｂ丸船長が全速力で釣り場に向かったこと。

答　(2)

解　説

まず，Ａ丸，Ｂ丸の両船の船長は，付近の海上に濃霧注意報が発表されている上，視程約 100 メートルという著しく視界が制限された状況にもかかわらず，出港を見合わせなかったことに問題があります。

Ａ丸船長はエンジンを止め，漂流している場合においても，他船に自船の存在を知らせるための霧中信号を行う必要があります。また，右方向から自船に向かって接近するＢ丸を見つけた時に，Ｂ船に対して自船の存在を知らせる必要がありました。

Ｂ丸船長は著しく視界が制限された状態であるにもかかわらず，霧中信号を行うこともなく，全速力で航行していたことは問題であり，針路を保てる最低限の速力で注意深く航行するべきです。

一方，出港の判断は船長の責任であり，オーナーの責任は問われず，事故の発生原因とは言えません。ただし，船長に提言することはできたはずです。

問58-13　次の海難事故について，その直接の発生原因として適切でないものは，下のうちどれか？

「プレジャーボートＡ丸船長は，慣れ親しんだ沖合の釣り場に向かうため，早朝に家を出た。出発前に見たテレビの天気予報では，航行予定水域に海上濃霧警報が出ていたが，いつものように日が高くなれば霧は晴れるものと思い，霧が立ちこめる中，１人で出航した。なお，船長はＡ丸に海図を載せておらず，レーダーやGPSプロッターなども装備していなかった。

出航後しばらくして，後方を振り返った船長は，濃霧のため陸岸が見えないことに気付き，船位の確認が難しくなったことを察した。そこでだいたいの船位が分かればと，エンジンを停止して釣り糸で測深をしてみたがよく分からなかった。さらに取り出した簡易マグネットコンパスを海中に落としてしまったため，航行を中止して漂泊することにした。船長は，携帯電話で友人に連絡して状況を伝えたところ，しばらくして友人から海上保安部が捜索に当たっているとの連絡を受けたが発見されなかった。その後，勘を頼りにしばらく航行してみたが，携帯電話の通話圏外に出たうえ電池も切れて通話もできなくなったので，再びエンジンを止めて漂泊していたところ，いつしか眠ってしまった。

夜になって目を覚ました船長は，霧が晴れていたため陸岸の灯火を確認したが，現在位置が分からず，燃料の残量も心もとなかったため，付近にあった定置網用のブイに係留し，夜明けを待つこととした。翌朝，ブイ付近を通りかかった漁船に発見され，Ａ丸は無事帰港した。」

(1)　日が高くなれば霧は晴れるものと判断したこと。
(2)　レーダーやGPSプロッターを装備していなかったこと。
(3)　濃霧の中であるのに，勘をたよりに航行したこと。
(4)　定置網用のブイに係留して夜明けを待ったこと。

答　(4)

解　説

航行予定水域に海上濃霧警報が出ており，霧が立ちこめる中においては，出航を見合わせるべきであり，「日が高くなれば霧は晴れる」という思い込みは海難事故の原因となります。放射霧の場合，「日が高くなれば霧は晴れる」ことがありますが，他の発生原因の場合にこの言葉は相当しません。

仮に航行中に予期せぬ霧が発生した場合，レーダーやGPSプロッターが装備されていれば，船位の確認や見張りが可能となり，海難事故を防ぐことができます。

濃霧の中で勘により航行することは衝突や乗揚げの危険があり，できるだけ移動しないようにするべきです。定置網用のブイに係留したり，錨泊したりして夜明けや霧が晴れるのを待つべきです。

問58-14　次の海難事故の発生を防止するためには，何について注意を払うべきであったか？最も適切なものを下のうちから選べ。

「A氏は，船内外機型のプレジャーボートを中古で購入し，数回の試運転をした後，自宅に運んでドライブユニットのギヤオイルを自分で交換することにした。所定の手順どおり，空気が入らないよう注意してドライブユニットの下方の孔からオイルを押し込んで注入したが，最後になってオイルの注入孔をふさぐプラグを見失い，これを探そうとドライブユニットから目を離している間に注入孔からかなりのオイルがこぼれてしまった。しかしA氏は，規定量を上回った分のオイルがあふれ出たものと思い込み，ギヤオイルが不足している状態になったことに気付かなかった。交換作業を終了し，この船を近くの港に運んだ後，付近の水域で２日ほどクルージングを楽しんだ。

数日後，A氏は仲間５名と魚釣りをするため出港したが，１時間ほど航走したところで，潤滑不良のためドライブユニット内部の歯車が異常摩耗し，沖合３海里の地点で航行不能となってしまった。携帯電話で陸上と連絡をとろうとしたが，通話圏外のため救助要請ができず，なすすべもなく沖合 35 海里まで流された。こうして海上で一夜を明かしたが，翌日の午後，捜索中の巡視船に発見され，無事救助された。」

(1)　ドライブユニットにかかわる整備や点検は，専門の業者にすべて任せるようにする。
(2)　ギヤオイルの交換後は，オイルが規定量入ったかどうかを必ず確認するようにする。
(3)　ギヤオイルはあふれることを考慮して所定の量よりも多めに入れておくようにする。
(4)　ギヤオイルの交換は，機関故障の原因となりやすいので，なるべく行わないようにする。

答　(2)

解　説

ギヤオイルはギヤ，クラッチ，ベアリング，シャフトなどを保護しています。

ギヤオイルが不足していたり，汚れていると回転部分に異常摩耗が発生したりするため，規定量が入っているか点検し，定期的に交換する必要があります。専門業者が交換した場合でも規定量が入っているかを必ず確認する必要があります。

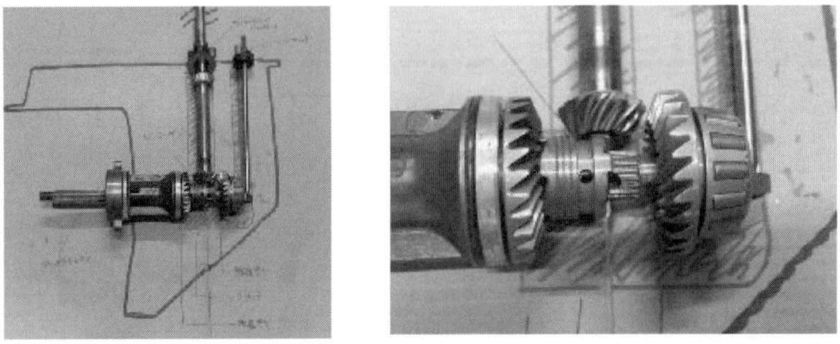

ギヤ部分（ヨコタオートマリン HP より）

問58-15　次の海難事故について，その最も重大な発生原因は，下のうちどれか？

「プレジャーボートＡ丸船長は，以前，錨が海底に引っ掛かって揚げられなくなったことがあった。そこで，錨が根掛かりしたときはエンジンで船を前進させ，アンカーロープを強く引くことによって錨が反転し，簡単に海底から外すことができるように錨に細工していた。

ある日，2 人の同乗者とともに釣りに出た船長は，釣り場に到着したのでエンジンを止めて水深 10 メートルのところに錨を投じた。アンカーロープを約 30 メートル伸ばしたところで，右舷側中央部前寄りのリングに結んで錨泊し，釣りを始めた。しばらくして魚が釣れなくなったので帰航することとし，錨を揚げようとアンカーロープを手繰ったところ，錨が海底に引っ掛かり揚がらなかったので，エンジンの前進力で錨を揚げることにした。そこで，アンカーロープを右舷側のリングに結んだまま，船外機のスロットルレバーを急速に一杯に回して急発進した。ところが海底に引っ掛かった錨は思うように海底から外れず，それどころか，張り詰めたアンカーロープによって船体が右舷側に大きく傾斜し，復原力を失って転覆してしまった。」

(1)　海底に錨が引っ掛かったときに回収しやすいように，錨に細工した。

(2)　揚錨するときのアンカーロープを結ぶ場所やエンジンの操作が適切でなかった。

(3)　水深に対してアンカーロープの長さが適切でなかった。

(4)　揚錨するときに，エンジンを使用して船を前進させた。

答　(2)

解　説

海底に錨が引っ掛かったときに回収しやすいように錨に細工することは，どのような細工か不明であるものの，本来の錨の性能を損なう恐れがあるためお勧めできません。本件ではアンカーロープの係止位置に問題があるとともに，エンジンのスロットルレバーを急速に一杯に回して急発進したことが発生原因と考えられます。揚錨に際しては，エンジンを前進又は後進に使用することは問題ないものの，安全かつ効果的に使用する必要があります。

問58-16　次の海難事故について，その発生原因と考えられないものは，下のうちどれか？

「A丸は，総トン数27トン，長さ約17メートルのクルーザー型モーターボートで，船長が関係者5人を乗せて，隣県のマリーナまで回航することとなった。

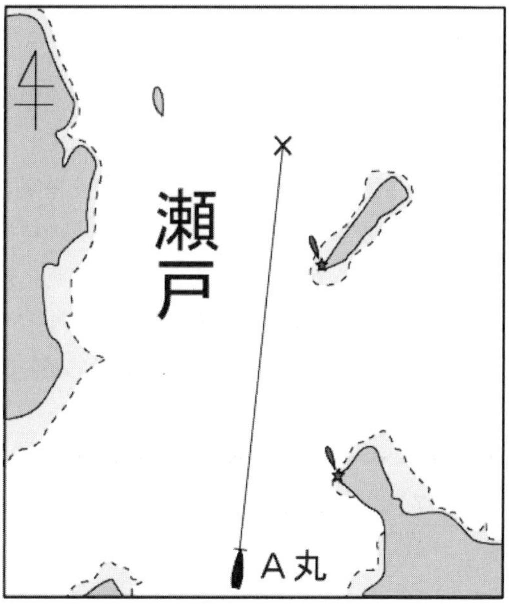

出航当日の航行予定水域には，強風波浪注意報が発表されており，北東の風が強く，波浪が2メートルのち3メートルになるという気象状況だった。船長は，発航前にテレビと電話でこの情報を入手していたが，マリーナを発つ時点ではそれ以上の情報は入手しなかったため，この水域には3日前から強風波浪注意報が発表されていて，予想以上に時化模様であることを知らなかった。船長は，途中まで航行して波浪が3メートルを超えるような状況であれば引き返して，最寄りのD港で時化が収まるのを待つつもりで出航した。

しばらくしてA丸が進路上の北東に口を開けた瀬戸に差し掛かったところ，瀬戸の北口からの波浪の影響を受けて船体の動揺が激しくなった。船長は波浪が2～3メートルになったと判断し，また，前方の見通しも悪くなってきたので，自動操舵から手動での操舵に切り替えた。この先さらに波浪が高まることが予想されたが，無理ならば引き返せばよいだろうと思った船長は，すぐに航行をやめようとはしなかった。

瀬戸の半ばまで来ると，波浪がさらに高まり，動揺が激しくなったので，船長はこれ以上の航行は無理だと判断し，引き返すこととした。船長が波高を見ながら反転するタイミングを計っているとき，4～5メートルに達した波浪を右舷船首に受け，船首が高く持ち上げられたのち，波の谷に向けて急降下して船首船底部が海面に叩きつけられた。その結果，操舵室のフロントガラスが大破し，船体各部も壊れ，乗員のほとんどが骨折などの重軽傷を負った。」

(1) 気象情報や海象情報の収集が不十分であった。
(2) 3日前から強風波浪注意報が発表され，航行予定水域が時化模様であった。
(3) 20トンを超える小型船舶にもかかわらず手動で操舵にあたった。
(4) 波浪が高まり，見通しが悪くなった時点で引き返さずに航行を続けた。

答 (3)

解 説

海難防止の観点から，気象・海象情報の収集は重要で，当日の情報のみでなく，数日前の情報から先の予報までを含め，収集しておく必要があります。また，航行海域の地形などの特徴を把握し，気象・海象への影響を勘案した計画と対応が必要となります。

自動操舵の性能と操舵を担当する人の技量にもよりますが，一般的には荒天時は自動操舵よりも手動操舵の方が，海象と船体運動に効果的に対応できると考えられます。

荒天時に引き返す，避難港を目指すなどの対応の決定やその時期については，難しいものの，安全を最優先に考え，早めの対応が肝要です。

問58-17 次の海難事故を未然に防止するために必要な事項に該当しないものは，下のうちどれか？

「プレジャーボートＡ丸の船長は，ある日，Ａ丸の所有者である所属会社からの指示を受け，乗客10人をＣ港からＤ港まで送ることになった。船長は，過去に3回Ａ丸で両港の間を往復した経験があった。そのため，凪のときに全速力で両港間を航行すると，片道の所用時間が 40 分で燃料消費量が約 30 リットルであることを知っていた。

A 丸の最大搭載人員は 10 人であったため，船長は乗客を 8 人と 2 人の二組に分けて送ることにした。燃料計で約 170 リットルの残量があることを確認し，午前 10 時頃，D 港に向けて出港した。時化模様の中，凪のときの 2 倍もの時間を要しながら両港間を行き来して，ようやく二組目がD港に着いたのは午後 2 時頃であった。船長は一服した後C港に帰港しようとしたが，天候が一段と悪化してきたので出航を見合わせ，D 港で停泊することにした。

翌日の午前 11 時頃，天候が少し回復したので，船長は帰港することとした。出航時に燃料計を見て，40 ～ 50 リットルの残量があると判断したため，燃料を補給しないままC港に向けて出航したが，その 1 時間後，燃料計の針がゼロを指してエンジンが停止した。船長は直ちに投錨したが，波浪注意報が発表されているなか，風力 5 の風を受けてアンカーロープが切れ，漂流を始めた。さらに無線機が故障していたため救助を求められずにいたところ，午後 9 時頃，勤務先からの通報を受けて捜索中の巡視船に発見され，その後救助に来た僚船から燃料の補給を受けて自力で帰港した。」

(1) 気象情報を収集し，無理をしないようにする。
(2) 一往復で済ますため，乗客は一度に乗せる。
(3) 通信手段として携帯電話なども用意する。
(4) 荒天時は燃料に余裕を持つように心掛ける。

答 (2)

解　説

一往復で済ますために乗客を一度に乗せることは，最大搭載人員を超えた状態で航行することとなり，法令上はもちろん，安全上も問題であり，行うべきではありません。本事例では，荒天時は通常の速力が得られず，航海時間も長くなることから，燃料消費量が増えることを考慮し，十分な燃料を確保すべきで，D 港を出航する前に燃料を補給すべきでした。

また，発航前検査で無線機が故障していることが判れば，無線機を修理又は更新すべきです。携帯電話を用意することは有効ですが，携帯電話は使用可能範囲が限られるので，あくまでも補助的な通信手段と考えて，本来必要な無線機を搭載して出航すべきです。

問58-18　次の海難事故について，その直接の原因とは考えられないものは，下のうちどれか？

「漁船A丸は操業の目的で港を出港し，定置網に向かった。到着後，しばらく漁を行い，作業終了後，付近に数隻の遊漁船が点在する状況を簡単に確認し，帰航を始めた。

A丸船長は，前方に遊漁船を確認し，その間を航行しようとしていたが，A丸は増速したことによって船首が浮上し，船首前方に死角が生じる状態で航行していたので，ちょうど真正面にも遊漁船がいることに気付いていなかった。

A丸船長は，見張りをする際に，立ち位置を変えて死角を補うなどの措置はとらず，左右前方の遊漁船の間に船はいないものと思い込んで，そのまま航行を続けた。

一方，遊漁船B丸は，釣客8人を乗せて港を出港し，釣りをしながら移動を繰り返した後，良い釣り場を見つけたので，機関を中立とし，漂泊状態で釣りをしていた。

B丸船長は左舷船尾方向約1km先に，自船に向かう態勢で航行してくるA丸を視認した。しかし，A丸が避けてくれるものと思い，警告信号を行ったり衝突を避けるための措置をとったりすることなく釣りを続けた。

このような状況で，B丸船長は依然としてA丸が避けるものと思い込み漂泊を続けていたが，A丸が間近に迫り，衝突の危険を感じたので，B丸は汽笛を鳴らし，機関を前進に入れ，舵を左一杯に取ったが間に合わず，両船は衝突してしまった。」

(1)　A船長が，発進する際にしっかりと周りの状況を確認していなかったこと。
(2)　A船長が，立ち位置を変えるなどして，死角を補う見張りをしていなかったこと。
(3)　B船長が，警告信号を行わず，衝突を避けるための措置をとらなかったこと。
(4)　B船長が，汽笛を鳴らし，機関を前進に入れ，左舵一杯としたこと。

答　(4)

解　説

A船長は，航行開始前から周囲の見張りを適切に行う必要があり，発進する際には周囲の状況を確認する必要がありました。航行中は常に適切な見張りを行い，早期に他船等の発見に努める必要があります。その際には，死角となって見逃すことの無いように立つ位置を変えて見張ることも重要です。特に操舵位置から見張りの障害となるような構造物がある場合や，本件のように増速すると船首が持ち上がって死角が生ずるような場合は，必ず立ち位置を変えて見逃すことの無いように注意する必要があります。

B船長は，漂泊状態であっても常時適切な見張りを行う必要があります。具体的には，本船に接近してくる他船の発見に努めるとともに，発見した他船等の動静に注意し，注意喚起信号，警告信号を行うとともに，すぐに主機始動して衝突回避ができるようにしなければなりません。

上級運航Ⅱ

機関の保守・整備

問 59　燃料消費・航続距離・航続時間

燃料消費：燃料消費は，エンジン出力，航続時間に比例する。

航続距離：当該船舶が積み込んでいる燃料で，継続して一定の速力で航走できる距離。

航続時間：当該船舶が積み込んでいる燃料で，継続して一定の速力で航走できる時間。

$$1\text{ノット} = \frac{1\ \text{海里}}{1\ \text{時間（h）}}$$

※1ノットは1海里進むために1時間を要する船速。

$$\text{燃料消費量（L/h）} = \frac{\text{消費した燃料（L）}}{1\ \text{時間（h）}}$$

※燃料消費量とは1時間当たりに消費した燃料の量

問59-1　10ノットで航走するときの燃料消費量が毎時20リットルの船が，18海里離れた2地点間を往航10ノット，復航9ノットで往復したとき，燃料消費量が64リットルであった。では，9ノットで航走するときの1時間の燃料消費量は何リットルか？次のうちから選べ。ただし，風潮流の影響はないものとする。

(1)　12リットル　　(2)　14リットル　　(3)　15リットル　　(4)　18リットル

答　(2)

解　説

往航：1時間，10ノットで消費20リットル

→　18 海里の消費燃料：20 リットル × 1.8 ＝ 36 リットル

復航：64 リットル（全航程）－ 36 リットル（往航）＝ 28 リットル（復航）

18 海里 /9 ノット＝ 2 時間

2 時間で 28 リットル・・・28 リットル /2 時間＝ 14 リットル /1 時間

問59-2　A港から 22 海里離れているB港まで航行する。途中 4 海里の海峡があり，この区間は 8 ノットで航行し，それ以外の区間は 12 ノットで航行する。8 ノットで航行するときの燃料消費量を毎時 10 リットル，12 ノットで航行するときの燃料消費量を毎時 15 リットルとすれば，出航前に搭載しなければならない燃料の量はいくらか？次のうちから選べ。ただし，予備燃料として 2 割を加えよ。

(1)　30 リットル　(2)　33 リットル　(3)　36 リットル　(4)　39 リットル

答　(2)

解　説

22 海里 -4 海里＝ 18 海里　(12 ノット航行区間) 18 海里 /12 ノット＝ 1.5 時間

→　12 ノット航行区間燃料消費＝ 15 リットル × 1.5 時間＝ 22.5 リットル

(8 ノット航行区間) 4 海里 /8 ノット＝ 0.5 時間

→　8 ノット航行区間燃料消費＝ 10 リットル × 0.5 時間＝ 5 リットル

合計＝ 22.5 リットル＋ 5 リットル＝ 27.5 リットル × 1.2（2 割の予備）＝ 33 リットル

問59-3　14 ノットで航行するときの燃料消費量が毎時 20 リットルの船舶が，燃料 72 リットルを搭載して，同じ速力で航行する場合の航続距離は何海里か？次のうちから選べ。ただし，風潮流の影響により燃料消費量が 2 割増えるものとする。

(1)　42 海里　(2)　49 海里　(3)　56 海里　(4)　63 海里

答　(1)

解　説

燃料消費量：20リットル×1.2（2割増し）＝24リットル/1時間

72リットル/24リットル/1時間＝3時間

3時間×14ノット＝42海里

問59-4　9ノットで航走した場合の燃料消費量が毎時24リットルの船が12ノットで航行すると9ノットのときの1.5倍の燃料を消費する。この船が12ノットで30海里を航走するときの燃料消費量は何リットルか？次のうちから選べ。

(1)　60リットル　　(2)　72リットル　　(3)　81リットル　　(4)　90リットル

答　(4)

解　説

12ノット時の燃料消費量＝24リットル/1時間×1.5（倍）＝36リットル/1時間

30海里を12ノット航行での時間＝30海里/12ノット＝2.5時間

燃料消費量＝36リットル×2.5時間＝90リットル

問59-5　容量70リットルの燃料タンクを備えたC号艇は，20ノットで航走するときの燃料消費量は毎時28リットルで，16ノットのときは毎時24リットルである。この艇が燃料を満載して同一速力で航行する場合，どちらの速力で航行するほうが，より長い距離を航行できるか？また，その距離は何マイルか？次のうちから選べ。ただし，風潮流の影響はないものとする。

(1)　16ノット：105.0マイル　　(2)　20ノット：98.0マイル

(3)　20ノット：50.0マイル　　(4)　16ノット：46.7マイル

答　(3)

解　説

（20 ノットの場合）

航続時間：70 リットル /28 リットル＝ 2.5 時間

航走距離：20 ノット× 2.5 時間＝ 50 マイル

（16 ノットの場合）

航続時間：70 リットル /24 リットル× 16 ノット＝航走距離 46.7 マイル

→　よって 20 ノットで 50 マイル航走できる。

問59-6　A港から 26 海里離れているB港まで往復しようとする。両港の港口から 1 海里は徐行区間で，それぞれ 4 ノットで航行しなければならない。それ以外の区間は平均速力 12 ノットで航行し，そのときの燃料消費量を毎時 11 リットル，徐行区間の燃料消費量を毎時 6 リットルとすれば，出航前に搭載しなければならない燃料の量はいくらか？次のうちから選べ。ただし，予備燃料として 2 割を加えよ。

(1)　48 リットル　　(2)　52 リットル　　(3)　57 リットル　　(4)　60 リットル

答　(4)

解　説

26 海里－ 2 海里（4 ノット航走距離）＝ 24 海里（12 ノット航走距離）

2 海里 /4 ノット＝ 0.5 時間　燃料消費＝ 6 リットル× 0.5 時間＝ 3 リットル

24 海里 /12 ノット＝ 2 時間　燃料消費＝ 11 リットル× 2 時＝ 22 リットル

合計燃料消費量＝ 3 リットル＋ 22 リットル＝ 25 リットル× 1.2（予備）＝ 30 リットル

往復なので　30 リットル× 2 ＝ 60 リットル

ガソリンエンジンとディーゼルエンジンの基本

ガソリンエンジンの概要

ガソリンエンジンとディーゼルエンジンの基本的な構造はおおむね同じです。その代表として，小型船に多いガソリンエンジンの概要を示します。ここでは4ストローク・ガソリンエンジンを用いた船内外機と，2ストローク・ガソリンエンジンの船外機を紹介します。

⑴　船内外機の構造

船内外機は，エンジンを船内後部に据え付け，プロペラを含むドライブユニットを，ダブルユニバーサルジョイントを介してトランサムの外側に取り付けた方式です。

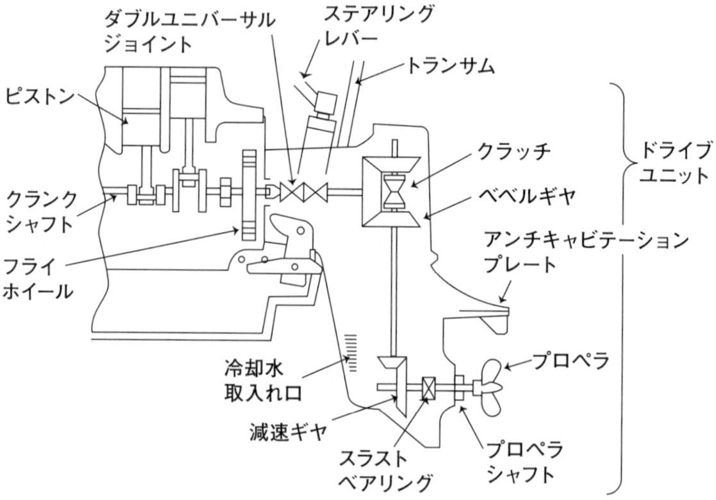

船内外機の構造（(6)を一部改変）

クランクシャフトの回転はギヤを介して水平→垂直→水平と方向を変えてプロペラに伝えられます。ダブルユニバーサルジョイントの部分でドライブユニットごと方向を変えることができるので，油圧などのパワーによって左右に動かして（推力の向きを変えて），操舵を行います。また，内部のギヤオイルで金属の摩耗や発熱を抑えています。

⑵　船外機の構造

船外機は上部にあるエンジン本体とプロペラを含むドライブユニットが一体になっており，トランサムに船外機を取り付けます。船外機全体の向き（推力の向き）を変えて操舵します。

ドライブユニット内部にはギヤオイルが蓄えられており，減速ギヤやクラッチを潤滑しています。

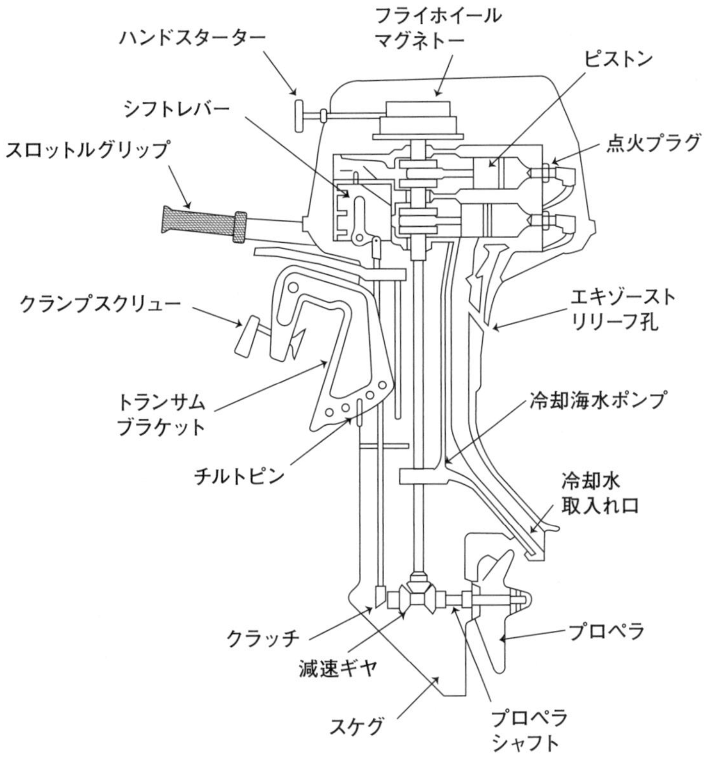

船外機（(6)を一部改変）

問59-7　ガソリンエンジンと比べたディーゼルエンジンの特徴として適切でないものは，次のうちどれか？

(1)　圧縮比が高く，熱効率が良いため，燃費が良い。
(2)　頑丈な構造であるが，爆発圧力が高いので，騒音や振動が大きい。
(3)　電気的な部品が少なく，点火装置が不要なため故障率が低い。
(4)　簡単な構造で，エンジン本体の重量が非常に軽い。

答　(4)

解　説

ディーゼルエンジンは構造上，ガソリンエンジンよりも重くなります。ディーゼルエンジンは圧縮による高温で燃料を自己着火させるので，高い圧縮比に耐えるために必要なより頑丈な部品（ピストン，シリンダーヘッド，クランクシャフトなど）を使用するためです。

また，ガソリンエンジンと比べたディーゼルエンジンの特徴には以下のものがあります。

① 燃料の点火方法：ガソリンエンジンは，スパークプラグによる電気火花で燃料を点火します。一方，ディーゼルエンジンは，圧縮による高温で燃料を自己着火させます（圧縮着火）。

② 効率とパワー：ガソリンエンジンは，回転数が高く，高出力を発生しますが，ディーゼルエンジンに比べて燃料効率が低いことが多いです。一方，ディーゼルエンジンは，圧縮比が高いため，熱効率が良く，ガソリンエンジンよりも燃料効率が高いです。トルクが大きく，重い荷物を運ぶのに適しています。

③ 排出ガスと環境への影響：ガソリンエンジンは，NOx（窒素酸化物）やHC（炭化水素）の排出がディーゼルエンジンよりも少ないですが，CO_2排出量は比較的高いです。一方，ディーゼルエンジンはNOxやPM（微粒子状物質）の排出量がガソリンエンジンよりも高いですが，CO_2排出量は低いです。

④ 騒音と振動：ガソリンエンジンは，比較的静かで，振動も少ないです。一方，ディーゼルエンジンは構造上，騒音が大きく，振動も強い傾向があります。

⑤ 安全性：ガソリンはディーゼル燃料に比べて揮発性が高く，爆発のリスクが高まることがあります。一方，ディーゼルエンジンは燃料がガソリンよりも揮発性が低く，比較的安全です。

⑥ 環境への影響：ガソリンエンジンは，CO_2の排出が多く，水中生物に対する影響も考慮する必要があります。一方，ディーゼルエンジンは，NOxや微粒子状物質の排出が多いですが，CO_2排出は少ないです。

⑦ 価格と維持費：ガソリンエンジンは，初期コストが低く，修理やメンテナンスも一般的にはディーゼルエンジンより安価です。一方，ディーゼルエンジンは，初期コストが高いが，燃料効率の良さにより長期的な運用コストは低い場合があります。フィルターや排気処理系統のメンテナンスが必要です。

⑧ 用途：ガソリンエンジンは，速度が重視されるプレジャーボートや小型の釣り船などに適しています。一方，ディーゼルエンジンは，商用船や長距離を航行するヨット，大型の釣り船など，より大きな荷物を運ぶ必要がある船に適しています。

問59-8　ガソリンエンジンと比べたディーゼルエンジンの特徴として，適切でないものはどれか？

⑴　頑丈な構造になっているので，騒音や振動が小さい。
⑵　軽油を使用するので，燃料費が安い。
⑶　電気的な部品が少ないので，故障率が低い。
⑷　圧縮比が高いので，シリンダーブロックが厚くて重い。

答　⑴

解　説

ディーゼルエンジンは点火方法が圧縮着火である「圧縮着火機関」に分類され，ピストンによって圧縮加熱した空気に液体燃料を噴射することで着火させます。液体燃料は発火点を超えた圧縮空気内に噴射されるため自己発火します。

大型低速であるほどディーゼルエンジンの長所が引き立ち，短所が目立たなくなる傾向にあります。逆に小型高速ではガソリンエンジンが有利になります。船舶も，軍用や高速船，小型船（20 トン未満）の船外機などの例を除き，ディーゼルエンジンであることが一般的です。

ガソリンエンジンは点火方式が「火花点火」，燃焼方式が「均一予混合燃焼」です。

一方，ディーゼルエンジンは拡散燃焼なので容積に制限はありません。ただし，高圧下の拡散燃焼速度は遅いので大容積エンジンは低回転に限られます。これは，むしろ大型船舶やポンプ，発電機などの大出力エンジンにとって都合が良いのです。1 万馬力を超える巨大出力の歯車減速機は信頼性に乏しいので，低速エンジンの直接出力が求められます。

⑴　ディーゼル船はその構造から，音や振動が大きいと言われています。
⑵　ガソリンと軽油の価格に違いが発生している理由は，軽油引取税がガソリン税よりも約 20 円安いからです。この税金の違いにより，軽油の価格が安くなっています。
⑶　ディーゼル船とガソリン船ではエンジンの構造が異なりますが，ディーゼルエンジンは，構造上は丈夫で壊れにくいという特徴があります。点火装置を必要としないため電気系統の故障が少ないと言われています。
⑷　軽量化がすすめられているガソリンエンジンと比べると，複雑で頑丈なため重量もある

エンジンがディーゼルエンジンとなっています。

問59-9　ディーゼルエンジンの始動前に点検すべき事項として適切なものは，次のうちどれか？

(1)　エンジンオイル量が，オイルレベルゲージの上段のマークを大きく上回っていること。
(2)　冷却清水の水位が，リザーブタンクの下限のマークを下回っていること。
(3)　セジメンタのドレンプラグが完全に開いていること。
(4)　キングストンバルブが完全に開いていること。

答　(4)

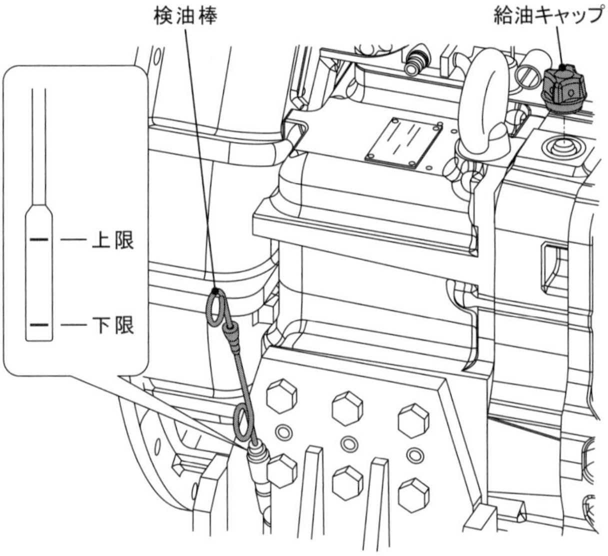

オイルレベルゲージ

解　説

(1)　量や水位を示すレベルゲージは上限・下限の間にある必要があります。
エンジンオイル（潤滑油）の量と質（粘度，汚れ）を点検します。エンジンに使用されている潤滑油は劣化しますが，劣化し始めるとその状態は急速に進みます。これを放置しておくと，エンジンの過熱（軸受け部）や機関停止などの原因になります。

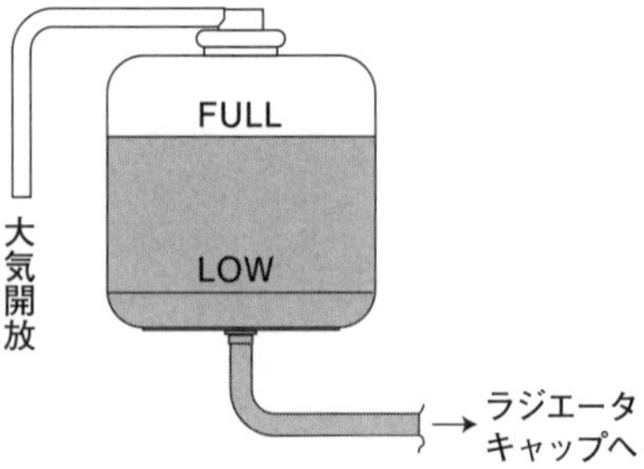

冷却水リザーブタンク（⑿を一部改変）

(2)　リザーブタンク清水量の点検：清水量は，出港毎に点検して下さい。リザーブタンクの水位を確認し不足の場合は，補充して下さい。(エンジン停止直後は，冷却水が高温のため，キャップを開けるのは危険です。キャップを開ける場合は，エンジンが十分冷えてから開けて下さい。）

(3)　セジメンタとは燃料タンクとポンプの間にあり，燃料油に混じっているドレン（汚水）を分離する装置，下部にあるプラグを開けて排出します。通常は閉めておきます。

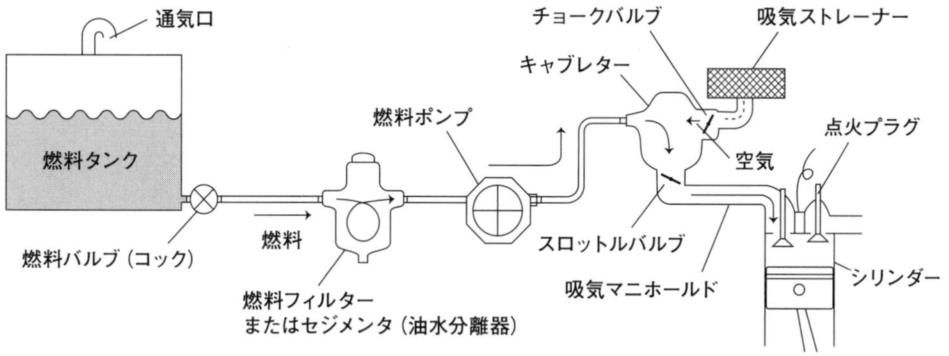

燃料系統とセジメンタ（(6)を一部改変）

(4)　冷却海水取り入れ口の状態を点検します。冷却海水系統に浮遊物を吸い込むと冷却水不足となり，オーバーヒートを起こすことがあります。また，冷却水取り入れ弁（キングストンバルブ）がある場合は，それを開くことを忘れないようにします。

問59-10　出航前の機関点検の重要性について述べた次の文のうち，適当でないものはどれか？

(1)　プレジャーボートの航行中の海難事故は，機関故障によるものが上位を占める。
(2)　機関故障の大半は，出航前に適切な点検や整備を行わなかったことが原因で発生している。
(3)　水上で機関が故障した場合，知識はあっても工具や部品が揃わないため修理不能なことがある。
(4)　最新型エンジンに換装した直後は，故障する可能性がないため出航前点検を省くことができる。

答　(4)

解　説

出航前の点検は必ず実施する必要があります。たとえ最新型エンジンに換装したとしても，新しいが故の不具合や取り付け時の不具合などの可能性もあるので，必ず点検をする必要があります。

問59-11 ディーゼルエンジンの始動後の点検について述べた次の文のうち，適切でないものはどれか？

(1) エンジンからの異音や，船体の不自然な振動がないことを確認する。
(2) 冷却水が正常に排出されているかどうか，排水口を目視して確認する。
(3) 排気口からの排気の色が，白く不透明であることを確認する。
(4) 冷却水循環ポンプの取り付け部分から，水漏れがないことを確認する。

答 (3)

解 説

エンジン始動後は，アイドリング状態で暖機運転を行い，その間に各計器類の示度，警報装置の状態を確認します。

冷却水の排水状態を確認します。

振動，音，排気色などに異常がないか確認します。エンジンが正常に作動している時は，排気ガスの色はほとんど無色透明です。排気ガスが白色であるのは，エンジンオイルが漏れて燃焼していることが考えられます。

問59-12 エンジン各系統の点検を安全に実施するための注意点として適切でないものは，次のうちどれか？

(1) 始動前に冷却清水タンク内の冷却水量を点検した場合は，運転中に蒸気や熱湯が吹き出さないように，タンクのフィラーキャップを確実に閉める。
(2) エンジン停止後に冷却水の量を点検する場合は，温度が下がり過ぎるとフィラーキャップが固着して開かなくなるので，なるべくエンジンが熱いうちにキャップを緩める。
(3) バッテリーを点検する場合は，強酸性のバッテリー電解液が皮膚や目などに付着しないように注意し，万一付着したときは，すぐに多量の水で洗い流す。

(4)　電気系統を点検する場合は，特に通電の必要がなければ必ずメインスイッチを切り，誤って電路をショートさせたり，感電して怪我をしたりすることがないよう慎重に行う。

答　(2)

解　説

エンジンの冷却水は，人間に例えると体温調節に相当するもので，エンジン内・外部の温度やオイルの温度を，常に適正範囲に保ち，ピストンやシリンダライナ等が膨張して起こる焼付事故を防いだり，またオイルの温度上昇等による油膜の形成不良による異常事態を回避するなど，エンジンを円滑に運転するために必要な冷却調節の役割をしています。

また，水冷却方法には，海水直接冷却（海水冷却）と海水間接冷却（清水冷却）がありますが，現在販売されているエンジンの，ほとんどが清水冷却です。

清水量は，出港毎に点検して下さい。リザーブタンクの水位を確認し不足の場合は，補充して下さい。(エンジン停止直後は，冷却水が高温のため，キャップを開けるのは危険です。キャップを開ける場合は，エンジンが十分冷えてから開けて下さい。)

問59-13　ディーゼルエンジンのＶベルトの点検要領について述べた次の文のうち，適切でないものはどれか？

(1)　Ｖベルトが切れると，充電不足や冷却水の循環不良でエンジンが停止することがあるので，摩耗や表面のひび割れなどを定期的に確認する。

(2)　Ｖベルトの張りはプーリーの間の中央部を指で押し，たわみ具合が基準値内にあるかどうかを確認する。

(3)　Ｖベルトの厚さが保管中に伸びて薄くなるのを防ぐため，上架のたびにプーリーから取り外しておく。

(4)　Ｖベルトのたわみが大きい場合は調整ボルトを調節して張り直すが，調節の余地がないようなら早めに交換する。

答　(3)

解 説

Vベルトの点検要領：Vベルトの中間部分を指で押し，少したわむ位の張り具合を確認する。また，Vベルトに磨耗や亀裂（ひび割れ），擦り切れが無いかを指差し確認する。

上架時に取り外す必要はありません。

安全装置

エンジン各部の圧力，温度，回転数，出力等の上がり過ぎ，下がり過ぎがないようにエンジン各部には安全装置が備えられています。

(1) シリンダ安全弁：異常燃焼等のため圧力が異常に高くならないように，シリンダ内に安全弁（逃し弁）があります。

(2) 出力制限装置：燃料が必要以上に送り込まれて過負荷運転にならないよう，燃料噴射量を制限するための出力制限装置が設けられています。

(3) 回転数制限装置：定格回転数以上に回転があがらないように，ガバナー（調速装置）には回転数制限装置が取り付けられています。

(4) クランクケース逃し弁（ブリーザーパイプ）：クランクケース内のガス抜き（過圧防止の逃し弁）です。

問59-14 ディーゼルエンジンに設けられた燃料系統の安全装置として適当なものは，次のうちどれか？

(1) 高圧になった燃焼ガスを外気に逃がすよう，シリンダ内部にはブリーザーパイプが備えられている。

(2) 定格回転数を超えても安定した運転ができるよう，ガバナー（調速機）には定格回転数の上限を調整する機構が備えられている。

(3) 必要以上に燃料が送り込まれて過負荷運転にならないよう，燃料噴射量を制限するための出力制限装置が取り付けられている。

(4) 非常時に空気を取り入れて燃料の供給を遮断するよう，燃料ポンプには高圧管に空気を圧送する装置が取り付けられている。

答 (3)

解　説

⑴　リザーブパイプ（クランクケース逃し弁）はクランクケース内のガス抜きであり，シリンダ内部の圧力が異常に高くならないようにするのはシリンダ安全弁です。

⑵　定格回転数を超えないようにガバナー（調速機）には，回転制限装置がありますが，定格回転数を超えても安定した運転ができるようなものではありません。

⑶　燃料が必要以上に送り込まれて過負荷運転にならないよう，燃料噴射量を制限するための出力制限装置が設けられており，封印されていますので，適当です。

⑷　非常時には燃料コックを閉めて燃料の供給を遮断する必要があります。

問59-15　ディーゼルエンジンの警報装置及び安全装置について述べた次の文のうち，適切でないものはどれか？

⑴　過負荷運転を防止するため，燃料噴射ポンプには，燃料噴射量の制御装置が設けられている。

⑵　エンジンの回転数が定格回転数以上にならないように，ガバナーには，空気の量を調節して回転数を制御する機構が設けられている。

⑶　冷却海水量警報装置は，冷却海水の取入れ量が異常に少ないときに警報を発する。

⑷　過電流が流れた場合に回路内の電気機器を保護するため，電気系統には，自動的に電気を遮断する装置が設けられている。

答　⑵

解　説

ガバナー（調速機）は，エンジンにかかる負荷が変化した場合，回転速度が変わるため，エンジンの回転速度を検出し，要求通りの設定速度になるように自動的に燃料ポンプの燃料噴射量を調節して，エンジンの回転速度を一定に保つ機能を持つ装置です。小型ディーゼルエンジンは大部分が機械式ガバナー，中形ディーゼルエンジンには機械油圧式ガバナーを採用しており，大形および超大形ディーゼルエンジンには空気制御式油圧ガバナーが採用されています。最近，特に超大形では電子式ガバナーが採用されることが多くなってきました。

問59-16　小型ディーゼルエンジンの燃料について述べた次の文のうち，誤っているものはどれか？

(1)　エンジンの回転数は，燃料と空気の混合気の濃度を変えることによって制御する。
(2)　燃料として使用する軽油は，粘度が低く比重が小さいものほど良質である。
(3)　燃料系統に空気が入りエンジン停止した場合は，プライミングが必要である。
(4)　燃料タンク内の空気が燃料管に入ってエンジンを停止する場合がある。

答　(1)

解　説

(1)　エンジンの回転数は，燃料の噴射量を変えることによって制御します。リモコンレバーを作動すると，燃料噴射量増減タックが左右に動き，プランジャーが左右に回り，プランジャーに付けられた斜め溝によって燃料の送り出し量が増減し，これによってエンジンの回転数も増減します。出力制限装置は，このラックに設けられて封印されています。

(3)　燃料に空気が混入して始動不能になった場合は，プライミングポンプを使って空気を除去します。プライミング（空気抜き）は空気が完全に抜け，燃料だけが出るようになるまで続けます。

警報装置

エンジンの異常は，操縦者自身が計器類や音あるいは振動などから感じ取るほかに，エンジンに装備されたセンサーによって警告音や警告灯にて操縦者に知らせる仕組みがあります。

一般的な警報装置（セーフティーモニター）は以下の警告灯が一体となっており，始動時にキーをオンにするといったん点灯し，エンジンがかかって異常がなければ消灯します。警告音もキーをオンにするといったん作動し，エンジンがかかれば停止します。

1）潤滑油圧

エンジンオイルの油圧が異常に低くなっていることを警告する。

2）冷却水温度

冷却水の水温が異常に高いことを警告する。

3）冷却海水流量

冷却海水の取入れ量が異常に少ないことを警告する。

4）充電

オルタネーターが発電していないことや過電圧なこと，あるいは出力ヒューズが溶断したことなどを警告する。

問59-17　右図は，ディーゼルエンジンの警報装置（セイフティーモニター）の一例である。図中(1)〜(4)の警報が点灯した場合の原因として適当でないものは，次のうちどれか？

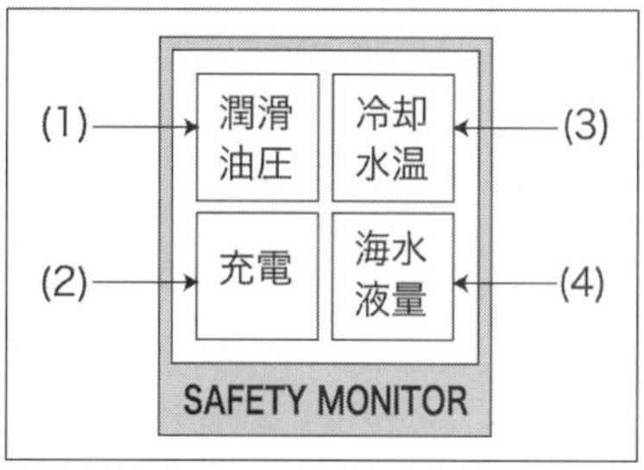

(1)　エンジンオイルの圧力が異常に低下している。
(2)　オルタネーターの発電が正常でない。
(3)　冷却清水の温度が異常に低下している。
(4)　冷却清水の取入れ量が異常に少ない。

答　(3)

解　説

冷却清水なので，低くても問題ありません。冷却清水が異常に高温になったときに点灯します。

オルタネーター：オルタネーターは発電機です。エンジンの力で発電して電装品の電気を賄うのと，バッテリーを充電します。エンジンに付属していてベルトで駆動されています。

問59-18　ディーゼルエンジンの警報装置について述べた次の文のうち，適切なものはどれか？

(1)　冷却水温度警報装置は，冷却水の温度が異常に低い場合に警報を発する。
(2)　冷却海水流量警報装置は，冷却海水の取入れ量が異常に多い場合に警報を発する。
(3)　潤滑油圧力警報装置は，エンジンオイルの圧力が異常に高い場合に警報を発する。
(4)　充電警報装置は，オルタネーターが発電していない場合や過電圧の場合に警報を発する。

答　(4)

解　説

(1)　冷却水温度警報装置は，冷却水の温度が異常に**高い**場合に警報を発します。

(2)　冷却海水流量警報装置は，冷却海水の取入れ量が異常に**少ない**場合に警報を発します。

(3)　潤滑油圧力警報装置は，エンジンオイルの圧力が異常に**低い**場合に警報を発します。

問59-19　ディーゼルエンジンの警報装置及び燃料系統の安全装置について述べた次の文のうち，適切でないものはどれか？

(1)　潤滑油圧力警報装置は，エンジンオイルの圧力が異常に低下した場合に警報を発する。

(2)　充電警報装置は，オルタネーターが発電していないときや過電圧のときに警報を発する。

(3)　定格回転を超えても安定した運転ができるよう，ガバナーには定格回転数の上限を調整する機構が備えられている。

(4)　必要以上に燃料が送り込まれて過負荷運転にならないよう，燃料噴射量を制御するための出力制限装置が取り付けられている。

答　(3)

解　説

ガバナー（Governor）は，ディーゼルエンジンなどの内燃機関において，エンジンの回転数を制御するための重要な装置です。この装置はエンジンの運転中に安定した回転数を維持し，過剰な回転数の上昇を防ぐ役割を果たします。ガバナーの主な機能は以下のとおりです。

①　回転数の制御：エンジンが設定された最適な回転速度範囲内で動作するようにします。

②　過負荷防止：エンジンが過負荷になると，ガバナーは燃料供給を制限し，過度な回転数の上昇を防ぎます。

③　安定動作の維持：燃料供給の微調整により，エンジンが安定して動作するようにします。

したがって，定格回転を超えても安定した運転ができるようにするものではありません。

ディーゼルエンジンの警報装置には，以下のようなものがあります。

・温度センサー：エンジンの過熱を検知し，警告を発します。
・圧力センサー：エンジン内の油圧や燃料圧を監視します。
・排気ガスセンサー：排気中の有害物質のレベルを監視します。

また，ディーゼルエンジンの安全装置には，以下のようなものがあります。

・燃料フィルター：燃料中の不純物を取り除き，エンジンの損傷を防ぎます。
・過圧防止バルブ：燃料圧が過剰に高くなるのを防ぎます。
・緊急停止装置：重大な問題が発生した際に，エンジンをすぐに停止させる機能です。

問59-20　ディーゼルエンジンの警報装置について述べた次の文のうち，適切でないものはどれか？

⑴　冷却水温度警報装置は，冷却水の温度が異常に高い場合に警報を発する。
⑵　冷却海水量警報装置は，冷却海水の取入れが異常に多い場合に警報を発する。
⑶　潤滑油圧警報装置は，エンジンオイルの圧力が異常に低下した場合に警報を発する。
⑷　充電警報装置は，オルタネーターが発電していない場合や過電圧の場合に警報を発する。

答　⑵

解　説

冷却海水量警報装置は，冷却海水の取入れが異常に少ない場合に警報を発します。冷却海水量が少なくなると，十分に冷却されないため，オーバーヒートなどの故障につながります。

冷却海水流量警報装置の警告灯が点灯する場合

1）キングストンバルブが開いていない，又はゴミが詰まっている。
2）冷却系統のホースから水が漏れている。
3）海水ポンプが故障している。

これらをチェックします。

排気タービン

排気タービン過給機は，タービンとコンプレッサよりなっており，機関の排気ガスの力により駆動されるタービンと同軸にあるコンプレッサにより，空気が圧縮されて機関のシリンダに充填されます。すなわち，シリンダ内の空気の密度は，無過給の場合より増加し，それに見合う燃料噴射量を増加させることができ，それだけ機関の出力を増加させることができます。また，コンプレッサ出口に空気冷却器をおくと，コンプレッサで圧縮され温度が上昇した空気は，冷却器によってほぼ大気温度まで冷却されます。このことは空気の密度を更に増加させることになり，結果的には，一定容積に吸込まれる空気の重量を増加させ，機関の充填効率を増加させることになり，過給の効果を更に上げることになります。

問59-21　右図は，排気タービン過給機付ディーゼルエンジンの加給系統の略図を示したものである。図中(ア)の位置に取り付けられている装置のはたらきは，次のうちどれか？

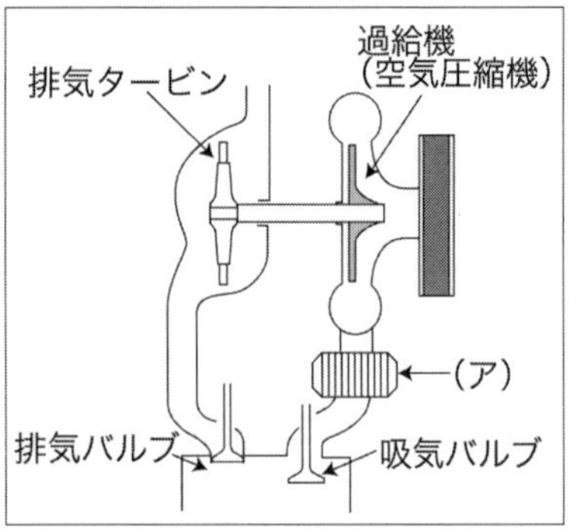

(1)　空気の温度を上げ，密度を減らす。
(2)　空気の温度を上げ，容積を減らす。
(3)　空気の温度を下げ，容積を増す。
(4)　空気の温度を下げ，密度を増す。

答　(4)

解　説

(ア)はインタークーラーで，過給機で圧縮された空気を冷却する中間冷却機のことを指します。

問 60　燃料油系統・潤滑油系統

燃料油系統

燃料油を積み込む準備

① 燃料タンクの残量をチェック，燃料タンクの空気抜きが開いていることを確認，燃料の品質確認，エンジンは停止します。

② 定められた規格の品質であること，異常な臭いのあるものは避けます。

③ ドラム缶から補給する場合は，缶の底の油は沈殿物や水分がある場合があり，残した方が良いでしょう。

【燃料補給時の注意】

燃料や潤滑油を補給する場合は，絶対にこぼさないように注意します。万一こぼれた場合は速やかに拭き取る，水面に油がこぼれた場合は，油吸着材等で吸い取るようにします。

問60-1　船舶に燃料を積み込む前に行う準備について述べた次の文のうち，適当でないものはどれか？

(1) 燃料タンクの残量を測る。　(2) エンジンを停止する。
(3) 燃料タンクの空気抜きを閉じる。　(4) 燃料油の品質を調べる。

答 (3)

解　説

燃料タンクについている空気抜きは，停泊中は閉じておき，燃料積込み時やエンジン始動する場合は開け，運転中は開けた状態にしておきます。空気抜きを開けずに使用を続けると，燃料が供給されなくなります。

空気抜き（海上保安庁 HP より）

問60-2 ディーゼルエンジン船に燃料を補給する場合の注意事項として適当なものは，次のうちどれか？

(1) ドラム缶から補給する場合は，底の沈殿物も残さずに入れるようにする。
(2) 古くて異常な臭いのする燃料は，新しい燃料に混ぜて使用する。
(3) できるだけ粘度が高く比重が大きい燃料を使用する。
(4) エンジンメーカーが定めた規格の燃料を使用する。

答 (4)

解 説

燃料補給時の注意：①メーカーの定めた規格に適合する燃料を使用します。
②携行缶やドラム缶等から補給するときは，底部の沈殿物が入らないように注意し，長期間放置しておいたり，異臭のする燃料は，使用を避けます。

問60-3 右図はディーゼルエンジンの燃料系統に備え付けられているセジメンタの略図である。セジメンタ内で燃料と分離したドレンは，図中(1)～(4)のうち，どこから排出すればよいか？

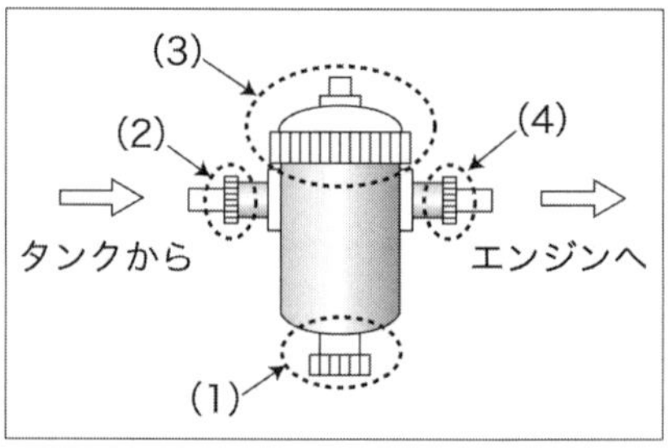

答 (1)

解 説

燃料タンクの底部に溜まったドレン（水などを含む不純物）が燃料と共にシリンダーに入ると燃焼不良となりエンジンが停止することがあります。このようなことを防止するために，燃料タンクと燃料ポンプの間に図のようなセジメンタを設け，燃料の流れをここで一時停止し，燃料とドレンを分離します。運転前には燃料系統の配管をたどって燃料漏れがないことを確認し，更にこのセジメンタを点検，ドレンがあれば下部のドレンプラグ(1)を緩めてドレンを排出します。

また，定期的に底部のドレンプラグを緩めてたまった水を除去します。混入する水分が多いようならば，原因を調査します。

問60-4　ディーゼルエンジンの燃料系統への空気の混入について述べた次の文のうち，適切でないものはどれか？

(1)　混入した空気はプライミングポンプを使って完全に抜く。
(2)　空気が残っていると燃料ポンプが燃料を送れず，始動不能となることがある。
(3)　運転中に空気が混入すると，エンジンがオーバーヒートすることがある。
(4)　船の動揺で，燃料タンク内の空気を燃料とともに吸い込むことがある。

答　(3)

解　説

運転中に空気が混入するとエンジンが停止するか，爆発が不規則となるので，オーバーヒートすることはありません。

燃料に空気が混入して始動不能になった場合は，プライミングポンプを使って空気を除去します。プライミング（空気抜き）は空気が完全に抜け，燃料だけが出るようになるまで続けます。

問60-5　ディーゼルエンジンの燃料に混入する不純物による影響とその対策について述べた次の(A)と(B)の正誤を判断し，下のうちから当てはまるものを選べ。

(A)　ディーゼルエンジンの燃料系統に空気が入り込むと，燃料ポンプが送油できずに始動不能になるため，クランキングを行い混入した空気を抜く。
(B)　燃料タンクの底部にたまったドレンは，燃料とともにシリンダーに入ると燃焼不良の原因となるため，定期的にタンクから抜いておく。

(1) (A)だけ正しい　(2) (B)だけ正しい　(3) ともに正しい　(4) ともに誤っている

答 (2)

解説

(A) 空気が混入した場合に空気を抜くのはプライミングといいます。

(B) 燃料タンクの底部にたまったドレンは，セジメンタ下部のドレンプラグを緩めてドレンを排出します。定期的に底部のドレンプラグを緩めてたまった水などのドレンを除去します。

問60-6 ディーゼルエンジンの燃料系統の保守整備について述べた次の文のうち，適切でないものはどれか？

(1) セジメンタのフロートが上にあがってきた場合は，早めに燃料を補給してフロートを下げる。

(2) 燃料フィルターを清掃し空気が燃料パイプに入った場合は，プライミングを行う。

(3) 燃料フィルター内のエレメントを洗浄する場合は，新しい燃料で行う。

(4) 燃料タンクの底部に溜まったドレンは，定期的に抜く。

答 (1)

解説

セジメンタとは燃料タンクから主機の間に設けられていて燃料の水抜きを行う装置のことを言います。セジメンタは燃料を滞留させることにより水と燃料（軽油）との比重差を利用して水の分離を行うものであり，通常内部に浮遊するフロートを備え，フロートが上がってきたら，ドレンプラグを開けて水抜き（ドレン排出）します。

問60-7 ディーゼルエンジンの燃料配管系統のプライミングの完了は，どのような状態から判断できるか？次のうちから選べ。

(1) 何も出なくなった。　　(2) 空気だけが出るようになった。
(3) 燃料油だけが出るようになった。　　(4) 燃料油と空気の泡だけが出るようになった。

答 (3)

解　説

燃料に空気が混入して始動不能になった場合は，プライミングポンプを使って空気を除去します。プライミング（空気抜き）は空気が完全に抜け，燃料だけが出るようになるまで続けます。

問60-8 ディーゼルエンジンの燃料系統の保守整備について述べた次の文のうち，適切でないものはどれか？

(1) 燃料パイプの亀裂は，そこから空気が入り，始動不能の原因となるので，補修又は交換する。
(2) 燃料フィルターのエレメントが汚れている場合は，新しい燃料油で洗浄するか交換する。
(3) 燃料系統を開放した後は，必ずアイドリング運転を行って，混入した空気を排出する。
(4) セジメンタにドレンがたまっている場合は，容器下部のドレンプラグを緩めて排出する。

答 (3)

解　説

燃料に空気が混入している場合は，プライミングを行って空気を排出します。空気が混入している場合は，始動不能となることもあり，アイドリング運転すらできないことがあります。

潤滑油系統

エンジンオイル（潤滑油）

エンジンの運動部分であるシリンダとピストン，回転軸と軸受などの摩擦のある部分の摩擦を少なくするために，また摩擦部に発生した熱を取り去って，焼き付くのを防ぐために潤滑油を循環させます。

さらに潤滑油は，その間隙の気密を保つ役目もしています。また，歯車が受ける歯面の衝撃を吸収する役目もしています。

問60-9　エンジンオイルについて述べた次の文のうち，適当でないものはどれか？

(1)　オイルレベルゲージの上限の目盛と下限の目盛の間にオイル面があれば適量である。
(2)　エンジンオイルの中に水が混入すると，油圧が下がり，乳化してくる。
(3)　エンジンオイルの中に燃料油が混入すると，油圧が下がり，臭いが強くなる。
(4)　エンジンオイルの交換は，エンジンが完全に冷えている状態で実施する。

答　(4)

解　説

(1)(2)(3)は，記述のとおりです。

(4)あらかじめエンジンを始動し，オイルの流通を良くしてから停止し，オイルパンに戻ってから排出します。

問60-10　エンジンオイルの役割について述べた次の文のうち，適切でないものはどれか？

(1)　エンジン内部の金属の表面を覆って水分や空気と直接触れないようにし，錆が発生するのを防ぐ。
(2)　エンジン運動部の摩擦を少なくし，摩擦熱を取り去るとともに摩耗金属粉やカーボンなどを洗い流し，内部を清潔に保つ。
(3)　電気部品の接点となる金属の電気抵抗を減らして伝導率を高め，安定した電気の供給を助けるとともに耐用年数を延ばす。
(4)　シリンダーとピストンの隙間の気密を保ち，燃焼により生じた圧力が漏れるのを防ぐとともに歯車類が受ける歯面の衝撃を吸収する。

答　(3)

解　説

エンジンオイルには，(3)のような電気に関する働きはありません。

問60-11　エンジンオイルの役割として適切でないものは，次のうちどれか？

(1)　運動部分の摩擦を少なくし，摩擦熱を取り去る。
(2)　歯車類の歯面の衝撃を吸収する。
(3)　シリンダーとピストンの隙間の気密を保つ。
(4)　混入した燃料油を分離して排除する。

答　(4)

解　説

エンジンオイルの役割には以下のものがあり，これらの機能を通じて，エンジンが効率的かつ長期にわたって安定して動作することを支援していますが，混入した燃料油を分離して排除する役割はありません。

①　潤滑：エンジン内部の動く部品間の摩擦を減らし，スムーズな動きを促進します。
②　冷却：エンジンの運転中に発生する熱を分散させる役割を持ちます。
③　清浄・防錆：エンジン内部の汚れや金属片を回収し，これらがエンジン内部で問題を引き起こすのを防ぎます。また，金属部品の錆びを防ぐ防錆剤も含まれています。
④　シール効果：エンジン内部の圧縮を維持し，燃焼室内のガス漏れを防ぎます。

なお，定期的なオイル交換は，エンジンの健全な状態を維持するために重要です。

問60-12　エンジンの運転中には，オイルパン内のオイル量を計測しないほうがよいとされる理由として最も適切なものは，次のうちどれか？

(1)　オイルレベルゲージがカムシャフトに当たるため。

(2)　エンジンオイルの量を正確に測れないため。
(3)　オイルに空気が混入して乳化するため。
(4)　オイルパン内のオイルの圧力が低下するため。

答　(2)

解　説

エンジンの運転中にオイルパン内のオイル量を計測しない方がよいとされる理由は，正確な測定が困難だからです。エンジンが稼働しているとき，オイルはエンジン内を循環しており，オイルパンには一定量のオイルが残っていないため，正確なオイルレベルを測定することが困難です。オイルがエンジンの各部を潤滑している間は，オイルパン内のオイル量は低く表示される傾向があります。

他にエンジンが運転中にオイルパンの蓋を開けると，熱いオイルが飛び散るリスクがあり，火傷や他の安全上の問題を引き起こす可能性があります。また，エンジンが稼働中にオイルレベルを確認しようとすると，汚れや異物がエンジン内に入り込むリスクがあり，エンジンの損傷につながる可能性があります。

問60-13　エンジンオイルの交換要領について述べた次の文のうち，適当でないものはどれか？

(1)　交換前には暖機運転を行い，エンジンオイルの流動性を良くしてから排出する。
(2)　汚れたエンジンオイルが残らないよう，確実に排出してから新しいオイルを補給する。
(3)　大気中の水分の混入を防ぐために，エンジンオイルを加熱しながら補給する。
(4)　交換後しばらくエンジンを運転し，停止後，時間を置いて油面が落ち着いてから油量を計測する。

答　(3)

解　説

1）エンジンオイルの役割

・減摩作用　・冷却作用　・密封作用　・洗浄作用　・防錆作用　・緩衝作用　・防音作用

エンジンを長持ちさせるためにはオイルの交換は不可欠です。潤滑だけでなくゴミやスラッジ（ミクロン単位の鉄の破片）の除去・温度を下げる・気密性を高める・防錆といった効果があります。エンジンを長持ちさせるためには一番重要なことだと言っても過言ではありません。良く稼動させる人で年に2回，あまり稼動させない人でも年に1回は交換する必要があります。

2）交換要領

オイルは温まっている方が粘度が低く，サラサラになるので排出しやすいです。エンジンが冷えている時は暖気運転（5～10分程度で外気温で違う）をしてから排出します。

暖気前にオイルレベルゲージ棒を抜き取り先端部の目視をします。また指でオイルを触って確認します。差し込んで一旦オイルを拭き取りまた差し込み，古いオイルの量と質（粘度）をチェックします。

暖気後エンジンを止め抜き取りです。汚れたエンジンオイルが残らないよう，確実に排出してから新しいオイルを補給します。

オイルがすべて抜き取れれば，上の注入口から注入していきます。注意事項としてはこぼさないこと，レベルゲージの目盛り範囲内で入れておくようにします。満杯近くなれば何度もゲージを差し込んで拭いてはチェックの確認をしながら注入します。

交換後しばらくエンジンを運転し，停止後，時間を置いて油面が落ち着いてから油量を計測します。

＊オイルはエンジンを運転してなくても酸化しますので少なくとも1年に1回は交換する必要があります。

問60-14　エンジンオイルの補給や交換の方法について述べた次の文のうち，適当でないものはどれか？

(1)　オイルレベルゲージの目盛の上限を超えないように注意しながら，適量を補給する。

(2)　劣化して粘度の上がったエンジンオイルには，粘度の低い別のエンジンオイルを補給する。

(3)　補給後，エンジンを一旦運転した後停止し，しばらくしてからエンジンオイル量を再計測する。

(4)　エンジンオイルを交換するときは，なるべくオイルフィルターも同時に交換する。

答　(2)

解　説

エンジンオイル交換はメーカー指定のオイルを交換します。

オイルフィルターはオイル交換時に同時に交換するのが望ましいとされています。

オイル交換時には，あらかじめエンジンを始動し，オイルを温めて流通を良くしてから運転を停止し，オイルパンの油面が落ち着いた後に排出します。オイルパンの底部が狭く，受け皿を入れるのが困難な場合は，ドレンポンプ（オイル交換ポンプ）を使ってオイル注入口，または検油棒挿入口から排出します。

オイルを注入後はエンジンを始動した後停止し，オイルパンの油面が落ち着いてから，油量を再点検しレベルゲージの上限を限度とします。上限を超えるとオイルが巻き上げられて燃焼室に入って燃焼し，オーバーヒートの原因となることがあります。

オイルの劣化

① オイルクーラーの冷却水やシリンダライナーかん合部からの漏水，ブリーザーパイプのドレン等の水が混入及び乳化による劣化。

② 軸受や歯車などからはがれた金属の混入。

③ 不完全燃焼時の燃料やカーボン等の混入による劣化があります。

問60-15 異物が混入したエンジンオイルの状態として適当なものは，次のうちどれか？

(1) 燃料が混入すると粘度が上がる。

(2) 金属粉が混入するとキラキラ光って見える。

(3) 未燃焼ガスが混入すると白濁する。

(4) 水分が混入すると透明になる。

答 (2)

解　説

(1) 燃料が混入すると粘度は下がります。

(2) 金属粉がキラキラ光って見えます。

(3) 未燃焼ガスが混入すると色相は黒濁色になります。

(4)　水分が混入すると乳白色になります。

問60-16　ディーゼルエンジンのオイルに燃料油が混入している場合の現象として誤っているものは，次のうちどれか？

(1)　エンジンのブリーザーパイプからの発煙が多くなる。
(2)　油圧計の示度が低くなる。
(3)　エンジンオイルが乳化して白濁してくる。
(4)　エンジンオイルの粘度が下がり，さらさらしてくる。

答　(3)

解　説

(1)　燃料油が混入するとガス抜き管（ブリーザーパイプ）からの発煙が多くなります。
(2)　粘度が下がるため，油圧計の示度も低くなります。
(3)　燃料油が混入した場合は，黒褐色に変色し，臭いが強くなり粘度が下がります。乳化し白濁するのは水分が混入した場合です。
(4)　粘度が下がるとさらさらしてきます。

プライミング

ディーゼルエンジンでは，燃料系統に空気が入り込むと，ポンプは燃料を送ることができずに始動できなくなります。あるいは運転中であればエンジンが停止してしまいます。そのため，燃料系統に入り込んだ空気を完全に抜き取る作業をプライミングと言います。

問60-17　ディーゼルエンジンの燃料噴射ポンプから燃料噴射バルブまでの高圧管のプライミングを行う要領として適当なものは，次のうちどれか？

(1)　燃料噴射バルブの高圧管ニップルを緩めて，スターターモーターでターニングする。
(2)　燃料噴射バルブの高圧管ニップルを緩めて，燃料ポンプ付属の手動ポンプを押す。
(3)　燃料噴射バルブの漏油管を外して，燃料油を注入する。

⑷　燃料噴射ポンプの送出しバルブを開き，燃料ポンプ付属の手動ポンプを押す。

答　⑴

解　説

燃料系統の範囲によって空気抜きの手順が異なります。問は燃料噴射ポンプから燃料噴射バルブまでの高圧管のプライミングとしてあるため，⑴となります。

⑴　燃料噴射バルブの高圧管ニップルを緩め，スターターモーターでエンジンをターニング（回転）させながら空気を抜きます。

＊燃料タンク～燃料ポンプ（プライミングポンプにもなります）
セジメンタの空気抜きプラグを緩め，タンク内の圧力で空気を抜きます。

＊燃料ポンプ～燃料噴射ポンプ
燃料ポンプに付属している手動ポンプのプライミングポンプを押して圧力をかけ，各所の空気抜きプラグを緩めて空気を抜きます。

問60-18　右図はディーゼルエンジンの燃料系を示した略図である。図中⑴～⑷の役割として適切でないものは，次のうちどれか？

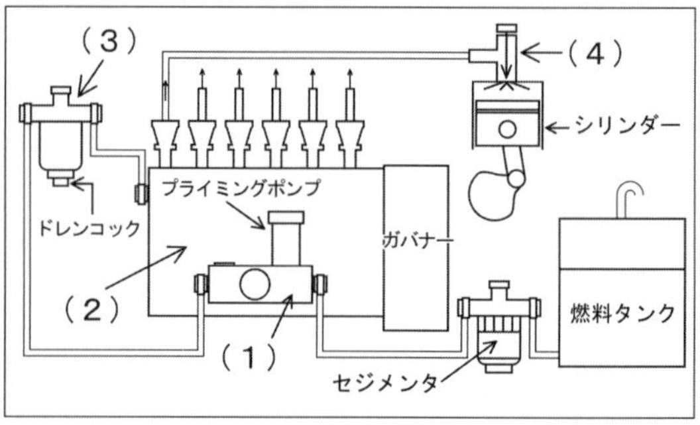

⑴　一定の圧力で燃料油を送る。
⑵　燃料と空気を混合する。
⑶　燃料中の不純物をろ過する。
⑷　燃料を霧状に噴射する。

答　⑵

解　説

⑴　燃料供給ポンプ　⑵　燃料噴射ポンプ　⑶　燃料フィルター　⑷　燃料噴射バルブ

⑴　燃料供給ポンプ：燃料タンクからの燃料油を圧送する。

⑵　燃料噴射ポンプ：カムの回転によってプランジャーが上下運動をして燃料が高い圧力で高圧管へ押し出され，燃料噴射バルブに送り込まれる。

⑶　燃料フィルター：セジメンタは燃料に含まれる水や澱みを取り除く装置で，燃料との比重によって，ドレン（汚染水）は下部のドレンコックを緩めて排出する。

⑷　燃料噴射バルブ：燃料噴射バルブの先端にあるニードルバルブを押し上げ，燃料はシリンダーの内部へ霧状に噴射される。シリンダーの内部には圧縮された高温の空気があるので，霧状の燃料はガス化して着火，爆発，燃焼によってピストンを押し下げピストンの運動が回転力となる。

⑸　ガバナー（調速装置）：リモコンレバーで設定された回転数を保つために，燃料噴射ポンプの燃料噴射量を制御する。

問60-19　ガソリンエンジンのエンジンオイルが劣化している状態として適切でないものは，次のうちどれか？

⑴　色相が黒褐色になっている。　⑵　粘度が増大している。
⑶　沈殿物が増加している。　⑷　水分の含有量が減少している。

答　⑷

解　説

劣化の状況

①　色が黒褐色になります。
②　粘度が増大します。指に取って汚れや粘度を確認します。
③　沈殿物が増加します。
④　臭いは，燃料が混ざっているようなにおいがしたら交換します。
⑤　水分が混入すると乳化白濁します。

問60-20　ディーゼルエンジンが燃焼不良を起こす原因として適当でないものは，次のうちどれか？

(1)　燃料ポンプが破損して燃料が供給されなくなった。
(2)　燃料フィルターが詰まって燃料が流れにくくなった。
(3)　燃料タンクの底部にたまったドレンが燃料に混入した。
(4)　燃料噴射ノズルが詰まって燃料が正常に噴射されなくなった。

答　(1)

解　説

(1)　燃料ポンプが破損している場合は，エンジンは始動しないか，すぐに停止します。

他に，汚れたエアフィルターを使い続けますと，燃焼に必要なきれいな空気がエンジン内に取込めず，燃焼不良を引き起こします。早めに清掃，または交換する必要があります。

問60-21　エンジンオイルの油圧について述べた次の文のうち，適切でないものはどれか？

(1)　エンジンオイルに水が混入すると下がる。
(2)　オイルフィルターが汚れると上がる。
(3)　エンジンオイルに燃料油が混入すると下がる。
(4)　エンジンオイルの温度が低いと上がる。

答　(2)

解　説

オイルフィルターが詰まるとオイルをろ過できないだけでなく，油圧も下がります。

問60-22　使用中のエンジンオイルが乳白色になる原因として<u>考えられるもの</u>は，次の文のうちどれか？

(1)　水分が混入している。
(2)　オイルパン内のオイル量が多すぎる。
(3)　軸受の金属粉が混入している。
(4)　エンジンオイルの温度が高すぎる。

答　(1)

解　説

エンジンオイルに水分が混入すると乳化白濁します。

問60-23　エンジンオイルの品質を維持するための方法として<u>適切でないもの</u>は，次のうちどれか？

(1)　エンジンオイルの温度を高く保つ。
(2)　メーカー推奨のオイル交換周期を守る。
(3)　定期的にオイルフィルターを交換する。
(4)　燃料油，水分，ゴミの混入を避ける。

答　(1)

解　説

エンジンオイルは温度を，常に適正範囲に保ち，ピストンやシリンダーライナ等が膨張して起こる焼付事故を防いだり，またオイルの温度上昇等による油膜の形成不良による異常事態を回避するため冷却しています。

問 61　冷却水系統・電気系統

冷却水系統

エンジンの運転中はシリンダ，シリンダカバー，排気弁，排気集合管（エキゾーストマニホールド）等が高温になり，潤滑油も熱を帯びるため，これらを冷やす必要があります。

方法は２種類あり，直接冷却（海水冷却）は，冷却に海水を利用し，エンジンの冷却水経路に直接流して冷却する方式です。間接冷却（清水冷却）は，エンジンの冷却水に清水を循環させて冷却し，その熱せられた清水をヒートエクスチェンジャーの内部の流通細管を海水が流れて冷却する方式です。

冷却水系統の点検項目としては，以下があります。

1）冷却水（間接冷却の場合）の量。

2）冷却水取り入れ口の付着物や異物の有無。

3）冷却水循環経路の詰まり。

4）冷却水ポンプＶベルトの損傷，緩み。

5）冷却水循環ポンプＶベルトの損傷，緩み。

インペラ

冷却海水は，船底の海水取り入れ口にあるインペラ（ゴム製の歯車）を回転させ，海水を供給します。インペラが損傷したり，劣化すると冷却水が減少するため，オーバーヒートの原因となります。定期的にインペラの状況を点検して交換の必要があるときは，エンジンルーム底部のキングストンバルブ（海水取り入れ口（弁））を閉めてから，冷却水ポンプのカバーを外せば交換できます。

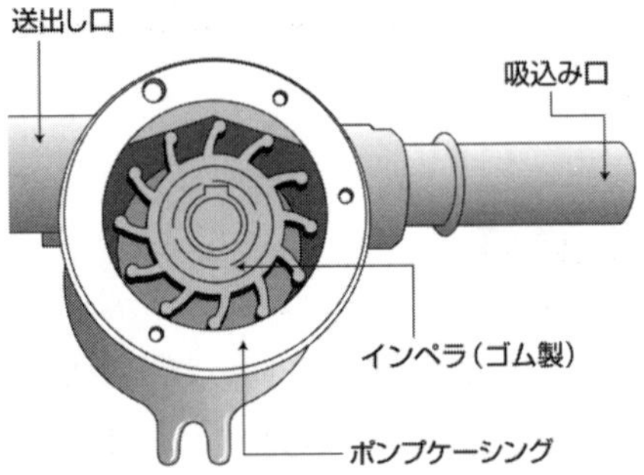

サーモスタット

冷却海水温とエンジン内部の温度によって直接冷却の場合は海水の流量を，間接冷却の場合は清水の流量をコントロールするもので，

① エンジン始動後の冷却水の温度を速やかに適温まで上昇させる。

② 温度を一定に保つ。

③　エンジンを停止したときに過冷却にしないようにする。

この3点の働きをし，内部にはワックスが入っています。冷却水の温度によりワックスが固体，液体と変化し，その体積の変化でバルブが変化することにより流水量を調整します。

防食亜鉛（ジンク）

空気は絶縁体ですが，水は良導体ですから水の中に異種金属を入れておくと，例えば鉄と銅であれば鉄が電食され腐食します。そこで，亜鉛を入れると亜鉛が鉄の代わりに電食され，鉄部分を保護します。

防食亜鉛とは，上記の性質を応用したもので，直接海水と接している金属部分を保護するため，ボルトの先に亜鉛が付いたジンクがあり，必要箇所にボルト締めするだけで取り付けられます。定期的に点検し，電食されていれば取り替えます。

亜鉛部分を塗装することは厳禁です。

問61-1　直接冷却式エンジンの冷却水系統について述べた次の文のうち，適切でないものはどれか？

(1)　サーモスタットは冷却海水の流れを制御し，エンジンの温度を一定に保つはたらきをする。

(2)　冷却水温度計が異常を示した場合の原因として，冷却水ポンプの故障やサーモスタットの破損が考えられる。

(3)　エンジン内部の冷却水通路にある冷却海水は，エンジンが冷えているときはエンジン内部で循環せず，船外に排出される。

(4)　エンジンから焦げ臭いにおいがした場合，冷却水系統の海水取入口や海水フィルターの詰まりが考えられる。

答　(3)

解　説

直接冷却式エンジンの冷却システムでは，外部の水（海水，湖水，川水など）を直接エンジン内に循環させて冷却します。直接冷却式エンジンの冷却水系統におけるサーモスタットの役割は，エンジンの運転温度を適切な範囲内に保つことです。サーモスタットは温度感応型のバルブで，エンジンの冷却水の流れを制御し，エンジンの温度を最適なレベルに維持します。

問61-2 右図は，船内外機船における間接冷却式エンジンの冷却水系統を示した略図である。図中(ア)の役割として適切なものは，次のうちどれか？

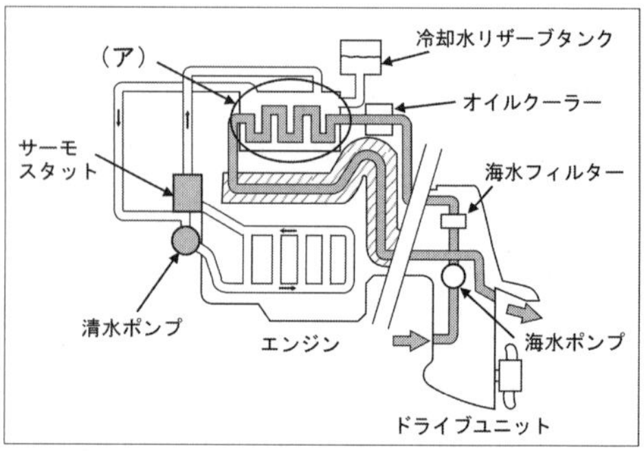

(1) 冷却清水の温度に応じて清水の流れを制御する。
(2) 冷却清水の不純物を取り除く。
(3) 冷却清水を冷やす。
(4) 海水を汲み上げ，エンジンに送り込む。

答 (3)

解 説

(ア)はヒートエクスチェンジャーです。

ヒートエクスチェンジャー（清水冷却器）は，エンジンを冷却して高温になった清水を，海水で冷却する（熱を奪う）装置です。

問61-3 間接冷却式ディーゼルエンジンで，冷却水系統のサーモスタットが破損すると，エンジンの冷却に支障をきたす理由として最も適当なものは，次のうちどれか？

(1) 清水循環ポンプの送水量が低下するため。
(2) 適温の冷却清水がエンジン内を循環しなくなるため。
(3) 冷却水温度計の示度と実際の冷却水温が一致しなくなるため。
(4) リザーブタンク内の冷却水量が減少するため。

答 (2)

解　説

サーモスタットの役割を一言で言うと「温度調節機」です。適温の冷却水がエンジン内を循環するよう，冷却水の温度に応じて直接冷却方式では海水の，間接冷却方式では清水の流れを制御します。

サーモスタットの一例（左 満点星 HP，右 カーライフサポート HP より）

問61-4　間接冷却式エンジンの冷却清水系統に設けられている，サーモスタットの役割として適切なものは，次のうちどれか？

(1)　エンジンの温度に応じて，冷却清水と冷却海水の混合割合を制御する。
(2)　冷却清水の温度に応じて，冷却清水の熱交換器への流れを制御する。
(3)　エンジンの温度に応じて，冷却海水の船外への排出量を制御する。
(4)　冷却清水の温度に応じて，冷却海水の船内取入れ量を制御する。

答　(2)

解　説

サーモスタットの解説を参照（204p）

問61-5　冷却海水ポンプに用いられる合成ゴム製インペラの交換について述べた次の文のうち，適切でないものはどれか？

(1)　インペラの交換は，乾燥による破損防止のため，キングストンバルブを開いた状態で行う。
(2)　インペラが劣化するとエンジンのオーバーヒートの原因になるので，定期的に交換する。

(3)　冷却海水ポンプを開け，インペラの羽根に亀裂や欠けがあれば，まだ使えそうでも交換する。

(4)　インペラの損傷により船外に排出される冷却海水量が少なくなった場合は，直ちに交換する。

答　(1)

解　説

インペラの図を参照（204p）

インペラは海水取り入れ口弁（キングストンバルブ）を締めて，冷却海水ポンプのカバーを開けて交換する。

問61-6　間接冷却式ディーゼルエンジンにおける冷却水系統の点検について述べた次の文のうち，適当でないものはどれか？

(1)　エンジンの始動前に，海水フィルターにゴミや異物が詰まっていないことを確認する。

(2)　エンジンの始動前に，清水リザーブタンクの水位が上限と下限の間にあることを確認する。

(3)　エンジンの始動後に，冷却水排水口を目視し，排出量が適正であることを確認する。

(4)　エンジンの始動後に，冷却清水タンクのキャップを開けて冷却清水の状態を確認する。

答　(4)

解　説

エンジンの始動後に冷却清水タンクのキャップを開けると熱湯が吹き出し危険です。

冷却水について

エンジン内・外部の温度やオイルの温度を，常に適正範囲に保ち，ピストンやシリンダーライナー等が膨張して起こる焼付事故を防いだり，またオイルの温度上昇等による油膜の形成不良による異常事態を回避するなど，エンジンを円滑に運転するために必要な冷却調節の役割をしています。

冷却水系統の点検

・冷却水取入口，海水フィルター，冷却水路及び出口を点検し，詰まりの原因を取り除きます。

・海水ポンプ又は冷却水循環ポンプのポンプ駆動用のＶベルトが切れていないか，スリップしていないかを確認し，切れている場合は，予備ベルトに張り替え，スリップしている場合は，たわみ量が２～３センチメートル程度になるよう調整します。

・キングストンバルブが開いているか，あるいは開け方が不十分で十分な海水が流れていないのか点検します。

・海水ポンプのインペラが損傷していないか点検します。

・冷却清水量が不足していないか点検し，自然減少であれば，清水やクーラントを補充します。

・冷却清水が極端に減っていたり，冷却清水はあるのに冷えない場合は，ホースの破損やポンプ類に穴が開いていないかなど，水漏れの有無を点検します。

・サーモスタットが故障していないか点検します。

・エンジンオイルの油量が不足していないか点検します。

・エンジンオイルに水や燃料等不純物が混入して劣化していないか点検します。

問61-7　船内機船の冷却水系統について述べた次の文のうち，<u>適切でないもの</u>はどれか？

(1)　冷却海水ポンプのインペラは，クランクシャフトの動力をＶベルトに伝えて駆動している。

(2)　冷却海水の排出量が少ない場合や，警告灯が点灯した場合は，インペラの損傷が考えられる。

(3)　間接冷却式，直接冷却式を問わず，冷却海水経路には防食亜鉛が備わっている。

(4)　間接冷却式，直接冷却式を問わず，冷却海水経路にサーモスタットが備わっている。

答　(4)

解　説

サーモスタットは直接冷却方式では海水経路に取り付け，間接冷却方式では冷却清水経路に取り付けます。

問61-8　間接冷却式エンジンに使用するクーラントについて述べた次の文のうち，適切でないものはどれか？

(1) 時間の経過とともに効果が低下するので，定期的に全量交換する。
(2) 凍結防止の効果があるので，冷却清水に適量混合して使用する。
(3) 防錆効果があるので，冷却清水に適量混合して使用する。
(4) 寒冷時は，温暖時より冷却清水への混合割合を低くする。

答 (4)

解　説

エンジンを間接的に冷却するために清水を使いますが，間接冷却式の管の防錆と凍結防止の2点のために清水クーラントを添加します。冬季には管にある清水が凍結することがあり，氷は膨張し管を亀裂させるおそれがあります。そのために凍結防止の添加物が必要で，寒冷時にはメーカー指定の範囲で混合比割合を高くします。

問61-9　間接冷却式エンジンの冷却水系統に設けられているサーモスタットの役割として適当なものは，次のうちどれか？

(1) 船外から取り入れた海水で，エンジン内の冷却清水の温度を低下させる。
(2) エンジンオイルの温度を感知し，エンジン内の冷却清水の流量を制御する。
(3) エンジン内の冷却清水の温度によって，冷却清水の流れを制御する。
(4) エンジン内を流れる冷却清水及び冷却海水を強制的に循環させる。

答 (3)

解　説

サーモスタット：サーモスタットの解説参照（204p）。運転にともなって変化するエンジンの温度に合わせて，冷却清水の流れをコントロールします。

問61-10　間接冷却式ディーゼルエンジンで，冷却水系統のサーモスタットが破損すると，エンジンの冷却に支障をきたす理由として最も適当なものは，次のうちどれか？

(1)　清水循環ポンプが一定量しか送水できなくなるため。

(2)　適温の冷却清水がエンジン内を循環しなくなるため。

(3)　冷却水温度センサーが機能しなくなるため。

(4)　リザーブタンクの水量が減少するため。

答　(2)

解　説

サーモスタットは，適温の冷却水がエンジン内を循環するよう，冷却水の温度に応じて，間接冷却方式では清水の流れを制御しているので，破損すると適温の冷却清水がエンジン内を循環しなくなります。

電気系統

バッテリー（蓄電池）の取扱いと保守

①　電解液はバッテリー側面に表示された上限と下限の間にあることを確認します。

②　＋のケーブルを＋のターミナル，－のケーブルを－のターミナルに接続します。

③　係留，上架中はターミナルを外すか，メインスイッチを切ります。

④　ターミナルにケーブルを取り付けた際には，締め付けた後，グリスを塗ります。

⑤　充電法には，当該バッテリー電圧の 1.1 倍程度の直流電圧をかける定電圧充電法と，バッテリー容量の 1/10 の電流を流し続ける定電流充電法があります。この他，急速充電法がありますが，やむを得ない場合に限られます。

⑥　充電時は，電解液注入口を開け，温度計を差し込み，45℃以上に上昇した場合は中断するか，充電電流を減らします。酸素，水素ガスが発生しますので，換気を十分に行い，火気に注意します。

⑦　バッテリーの充電直後の比重 1.28 ～全放電 1.16 です。

バッテリーの状態	比重
完全充電	1.28
1/4 放電	1.25

1/2 放電	1.22
3/4 放電	1.19
全放電	1.16

問61-11 バッテリーの保守について述べた次の文のうち，適切でないものはどれか？

(1) 使用しない場合は，ターミナルからケーブルを外すか，メインスイッチを切る。
(2) 電解液の濃度が高くなるように，できるだけバッテリー液が少ない状態で使用する。
(3) 放電したバッテリーを充電する時には，一定の直流電圧を終始かけ続ける。
(4) ケーブルが船の振動で外れないよう，ターミナルとの接合部は確実に締め付ける。

答 (2)

解 説

電解液は常時適量（バッテリー側面に表示された上限と下限の間）にしておきます。補充する場合は，側面にある上限と下限のマークの間にあるようにします。

バッテリーについて：バッテリーの内部に溜められている電解液は，硫酸と蒸留水を混合した希硫酸です。電解液は徐々に減少するので，バッテリーに表記されている液面レベルにおさまるように蒸留水を補充します。なお，近年は蒸留水を補充する必要がないタイプのバッテリーも市販されています。

エンジン運転中はオルタネーターによって自動的にバッテリーに充電されます。バッテリーは使用しなくとも自己放電するので，久しぶりに使用する場合など，必要に応じて充電器による充電を行います。充電中は水素と酸素のガスが発生するので，換気を良くするとともに，火気の取扱いに注意しなければなりません。

問61-12 次の文は，バッテリー充電時の注意事項について述べたものである。下線部分①～④の説明として適当でないものは，下のうちどれか？

「バッテリーの充電中に電解液の温度が上昇しすぎると，①バッテリーの各部を損傷するので，②温度の上昇を防ぐ手段をとらなければならない。充電中には，バッテリーから③ガスが発生するので，換気を良くするとともに火気に注意する。充電完了の目安は，④各種の値が上がりきって一定となることで判断できる。」

(1)　①の部位は極板やセパレーターである。
(2)　②の手段は，端子やケースに水を掛けて冷やす方法である。
(3)　③のガスは，酸素と水素である。
(4)　④の値は，端子電圧や電解液比重である。

答　(2)

解　説

液温が45℃以上に上昇したら，充電電流を減らすか，一時中止します。

＜バッテリー充電時の注意事項＞

エンジン始動用バッテリーの場合は，必ず船舶から降ろして充電作業を行います。搭載したまま行うとショートなどで船舶の電気系統に重大なダメージを与える可能性があります。船舶からバッテリーを降ろす時は，必ずマイナス端子から外します。ショートの危険性を回避するためです。装備する時は逆にプラスから接続します。

バッテリーの充電時には，水素ガスが発生します。充電作業は，換気の良い場所で十分注意して行います。開放型の場合は，液口栓は外して充電し，終了後は30分程度待ってから栓を締めます。

充電器のクリップの接続時は，必ず電源をOFFにして行ってください。火花が飛ぶかもしれませんので危険です。そして，接続はプラス端子から先に行います。取り外しは逆にマイナス端子から行います。

充電中はバッテリーが熱を持つ場合があります。45度を超えるようなら充電電流を下げるか，一時中断して熱を冷まします。

問61-13　バッテリーの充電状態の目安となる，電解液の比重について述べた次の文のうち，適切なものはどれか？

(1)　液温が下がるほど低くなる。

(2)　液面が下がるほど低くなる。

(3)　放電するに従って低くなる。

(4)　充電が進むほど低くなる。

答　(3)

解　説

バッテリーの状態	比重
完全充電	1.28
1/4 放電	1.25
1/2 放電	1.22
3/4 放電	1.19
全放電	1.16

バッテリーは自己放電により，使用しなくても容量が低下します。さらに温度が高くなると自己放電が大きくなり容量の低下が早くなります。

バッテリーは温度により容量が変化します。温度が低いと容量が小さくなりエンジンの掛かりも悪くなります。

無負荷の端子電圧が12.5 V以上あることを確認し，これより低い場合は充電してください。また，電解液比重値も合わせて確認することを推奨しています。

液量が液面線間の中間以上に入っていることを確認して下さい。なおUPPER LEVEL（最高液面線）以上にすると液があふれ，機器の損傷や火災の原因となりますので，注意してください。また，LOWER LEVEL（最低液面線）以下で使用するとバッテリー内部の劣化が進み，バッテリーの寿命を縮めるばかりでなく爆発の原因となります。

端子腐食がないことを確認し，腐食している場合にはワイヤーブラシ等で腐食を取り除いてください。

ケーブル端子にゆるみが無く，バッテリーがしっかり固定されていることを確認してください。

問61-14　バッテリーの充電要領及び充電中の注意事項について述べた次の文のうち，誤っているものはどれか？

(1)　容量70アンペア時のものには，7アンペア位の電流を長時間流し続ける。

(2)　電源の＋をバッテリーの－に，電源の－をバッテリーの＋に接続する。

(3)　充電中は酸素と水素ガスが発生するので火気に注意する。

(4)　充電終期の電解液の比重は一般に1.28位である。

答　(2)

解　説

【普通充電】

バッテリーの充電状態をほぼ100%まで回復させる充電です。バッテリー容量の1/10の電流で充電するのが原則です。充電時間は，充電量0%から100%充電完了までで，約12時間です。充電時間は元々の充電状態によって変わってきますので注意が必要です。

エンジン始動用バッテリーの場合は，必ず船舶から降ろして充電作業をします。搭載したまま行うとショートなどで船舶の電気系統に重大なダメージを与える可能性があります。

船舶からバッテリーを降ろす時は，必ずマイナス端子から外します。ショートの危険性を回避するためです。装備する時は逆にプラスから接続します。

バッテリーの充電時には，水素ガスが発生します。充電作業は，換気の良い場所で十分注意して行います。開放型の場合は，液口栓は外して充電し，終了後は30分程度待ってから栓を締めます。

充電器のクリップの接続時は，必ず電源をOFFにして行います。火花が飛ぶかもしれませんので危険です。接続はプラス端子から先に行いましょう。取り外しは逆にマイナス端子から行います。

充電中はバッテリーが熱を持つ場合があります。45度を超えるようなら充電電流を下げるか，一時中断して熱を冷まします。

問61-15　バッテリーの保守について述べた次の文のうち，正しいものはどれか？

(1)　急速充電は，定電流充電法に比べ，電池の保守上好ましい。
(2)　充電終期の電解液の比重は下がりきって一定値になる。
(3)　電解液が自然減少したときは，希硫酸を補充する。
(4)　充電中は電解液の温度が上昇し過ぎないように注意する。

答　(4)

解　説

(1)　エンジンが始動できるくらいの電気を短時間で充電する方法が急速充電です。急速充電は，容量の1分の1の電流で充電します。急速充電を30分以上行うとバッテリーに重大な悪影響を与えます。いずれにしても，急速充電はバッテリーを短命化するので緊急手段です。また，ガス抜きのないMFバッテリーでは，膨張，爆発の危険がありますので，絶対に急速充電してはいけません。

(2)　電解液比重については，解説を参照（214p）。比重は1.28まで上がります。

(3)　定期的に規定液量にあるかどうかを点検し，最低液面線（LOWER LEVEL）近くまで減っていれば蒸留水を補充して規定液量を保つ必要があります。

(4)　充電中はバッテリーが熱を持つ場合があります。45度を超えるようなら充電電流を下げるか，一時中断して熱を冷まします。

問61-16　陸上でバッテリーを充電する時の注意事項について述べた次の(A)と(B)の正誤を判断し，下のうちから当てはまるものを選べ。

(A)　バッテリーの充電中に電解液の温度が上昇しすぎる場合は，一時的に充電を中止する。

(B)　充電中は酸素と水素の混合ガスが発生するので，充電は風通しの良い場所で行う。

(1)　(A)だけ正しい　　(2)　(B)だけ正しい　　(3)　ともに正しい　　(4)　ともに誤っている

答　(3)

解　説

バッテリーの充電中に発生するガスは水素ガスと酸素の混合ガスです。

電気系統の保守，整備

問61-17　ガソリンエンジンの点火プラグの保守整備について述べた次の文のうち，適当でないものはどれか？

(1)　発火部にカーボンが付着している場合は，金属ブラシ等で清掃する。

(2)　交換する場合は，メーカー指定のものを使用する。

(3)　発火部に真っ白な粒状のものが付着している場合は交換する。

(4)　絶縁体や発火部がキツネ色に焼けている場合は交換する。

答　(4)

解　説

(1)　発火部にカーボンが付着したり，黒く湿っている場合は，金属ブラシで磨き，終えたら，電極すきまを調整します。

(2)　交換は，必ずメーカー指定のものを選びます。

(3)　発火部が真っ白で，粒状のものが付着している場合は交換します。

(4)　絶縁体や発火部がキツネ色か薄いネズミ色に焼けていれば正常な状態です。

問61-18　ガソリンエンジンの電気系統の保守整備について述べた次の文のうち，適当でないものはどれか？

(1)　点火プラグの点火状態，劣化程度を点検し，定期的に交換する。

(2)　点火プラグを交換する場合は，メーカー指定のものを使用する。

(3)　ハイテンションコードに亀裂等の劣化が生じていないことを確認する。

(4)　コンタクトブレーカーのポイントに間隙が全くないことを確認する。

答　(4)

解　説

(1)　(2)点火プラグの点火状態や劣化程度を確認し，必要であれば清掃又は新替します。交換はメーカー指定のものを使用します。

(3)　ハイテンションコードは，点火コイルからディストリビューター，ディストリビューターの配電部から各シリン

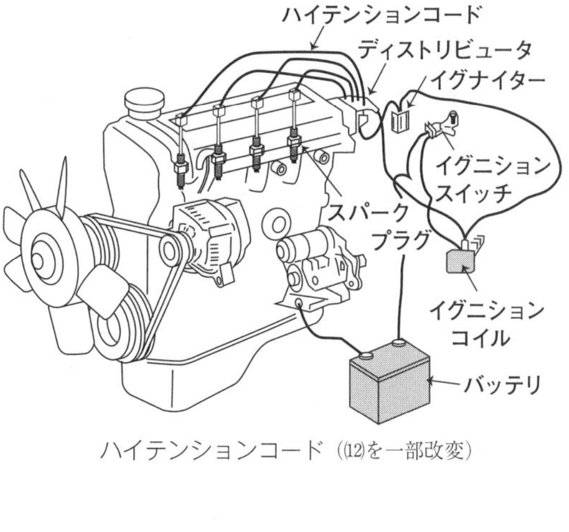

ハイテンションコード（⑿を一部改変）

ダーの点火プラグを結ぶコードを指します。点火プラグ内蔵型のディストリビューターでは，ディストリビューターから点火プラグ間のコードのみとなります。

ハイテンションコードの損傷による漏電の確認が必要です。

(4)　コンタクトブレーカーとは，点火を補助する装置のひとつです。変圧器のイグニッションコイルに対して電流を断続的に流し，圧縮された混合気・点火プラグへ火花を飛ばすというものです。なお，コンタクトブレーカー・ポイントと呼ばれる接点へは，ディストリビューター（電流分配装置）がもたらす軸回転によって電流を断続させています。

問61-19　点火プラグの保守点検要領について述べた次の文のうち，適当でないものはどれか？

(1)　点火プラグを取り外し，電極の間隔が開いていないか，電極のエッジが丸くなっていないか，あるいは，電極付近の焼け色はどうかなどを点検する。

(2)　取り外した点火プラグをハイテンションコードに接続し，電極側ネジ部をシリンダブロックに接触させてスターターモーターを瞬時回転し，火花の状態を点検する。

(3)　点火プラグの取り付けには必ずプラグレンチを使用し，プラグを斜めに差し込んだり，レンチで締めすぎたりしないよう，慎重に行う。

(4)　点火プラグの状態が良好でなく，交換が必要な場合，市販されているものならば，どのプラグを取り付けてもかまわない。

答　(4)

解　説

(1)　発火部にカーボンが付着したり，黒く湿っている場合は，金属ブラシで磨き，終えたら電極の隙間を点検，調整します。

(2)　絶縁体の発火部がキツネ色か薄いネズミ色に焼けているのは正常な状態です。

(3)　発火部が真っ白で，粒状のモノが付着している場合は交換します。

(4)　点火プラグを交換する場合は，メーカー指定のものを使用します。

問61-20　点火プラグの交換について述べた次の文のうち，適切なものはどれか？

(1)　発火部が黒く湿っている場合は，ガソリンに浸した後，電極隙間を調整する。
(2)　発火部がキツネ色か薄いネズミ色に焼けている場合は，交換が必要である。
(3)　発火部が真っ白で粒状のものが付着していれば正常で，交換の必要はない。。
(4)　航行時間が使用期間に応じて定期的に交換するため，交換時期を記録しておく。

答　(4)

解　説

点火プラグの交換時期の目安として，メーカーの推奨に従って定期的に交換することが重要です。一般的に，点火プラグは 100 時間の運転ごと，または年に 1 回（どちらか早い方）での交換が推奨されることが多いです。

エンジンの始動が困難になったり，パワーが低下したり，燃費が悪化したりする場合は，点火プラグの交換が必要かもしれません。また，プラグの発火部の色や状態を確認して，異常があれば交換することが重要です。

点火プラグの発火部が薄茶色または灰色の場合は，理想的な状態です。この色は，エンジンが適切に動作していて，燃料 / 空気の混合比が適正であることを示しています。

黒または煤けた色の場合は，エンジンがリッチ（燃料が多すぎる）またはオイル漏れがあることを示している可能性があります。これは，エアフィルターの詰まり，燃料噴射システムの問題，またはオイル消費の問題を示しているかもしれません。

白または非常に薄い色の場合は，リーン（空気が多すぎる）混合や過熱を示しています。これは燃料供給の問題や冷却システムの問題を示すことがあります。

オイルの付着や腐食している場合は，オイルがプラグに付着しているか，腐食が見られる場合であり，エンジン内部に問題が発生している可能性があります。

問61-21　点火プラグの保守整備について述べた次の文のうち，適切でないものはどれか？

(1)　発火部にカーボンが付着している場合は，金属ブラシなどで清掃する。
(2)　交換する場合は，メーカー指定のものを使用する。

(3)　発火部に真っ白な粒状のものが付着している場合は交換する。

(4)　電極部がキツネ色や薄いネズミ色に焼けている場合は交換する。

答　(4)

解　説

点火プラグの保守整備は，エンジンの効率的で安定した動作を維持するために重要です。

定期的な点検：点火プラグは定期的に点検する必要があります。これには，色や状態を確認し，摩耗や損傷の兆候を見つけることが含まれます。

プラグの発火部の色を確認して，エンジンの動作状況を評価します。理想的な色は薄茶色または灰色です。したがって，キツネ色や薄いネズミ色に焼けている場合は交換する必要はありません。

カーボンが付着した点火プラグは，ワイヤーブラシや専用のクリーニングツールで清掃することができます。また，点火プラグは定期的に交換する必要があります。メーカー指定のものを，メーカーの推奨する交換間隔に従ってください。

発火部に白い粒状のものが付着している場合は，エンジンの異常を示している可能性があり，点火プラグを交換することをお勧めします。また，以下の原因が考えられます。

①　白い粒状の付着物は，エンジンが過熱している可能性があります。これはリーンな燃料混合（空気過多）や冷却系の問題が疑われます。

②　燃料やオイルに含まれる添加物が原因で，白い粒状の物質がプラグに付着することがあります。

③　エンジンの内部部品が損傷している場合，その結果として白い粒状の物質が発生することがあります。

エンジンの始動が困難，パワーの低下，燃費の悪化などの問題が発生した場合は，点火プラグを交換することを検討してください。

問 62　動力伝達系統

動力伝達系統の装置

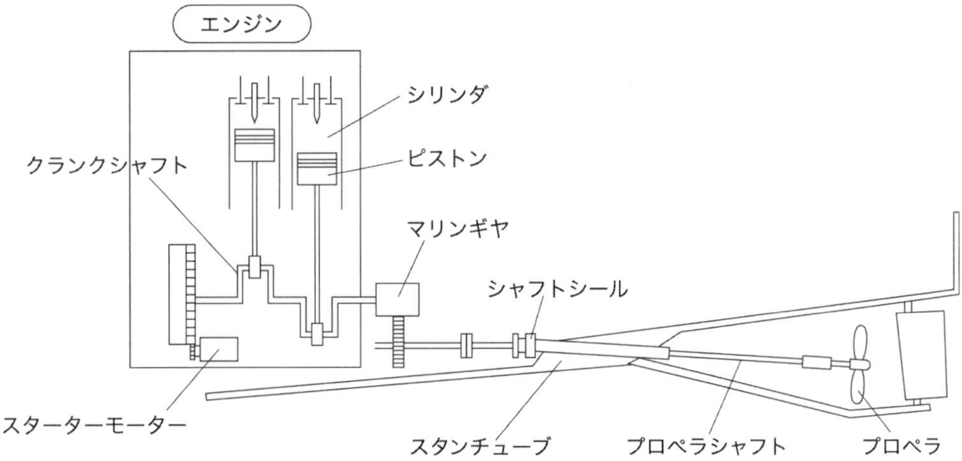

①　エンジンで発生した回転力（クランクシャフト）→②マリンギヤ　→③シャフトシール　→④スタンチューブ　→⑤プロペラシャフト　→⑥プロペラ

(1)　ピストンの上下運動を回転力（クランクシャフト）にします。

(2)　マリンギヤ内の減速装置で回転数を下げます。前進，中立，後進のクラッチの切り替えも行います。

(3)　船内側への水の浸入を防ぐシャフトシール（スタフィングボックス）が組み込まれています。

(4)　船底を貫通する箇所にスタンチューブが設置され，内面には金属に硬質ゴムを接着させたカットレスベアリング（ゴム軸受け）が装置されています。

(5)　船側外はプロペラシャフトとなり，防食亜鉛が取り付けられています。

(6)　プロペラシャフトの回転力をプロペラに伝えます。中間にダンパーラバーが組み込まれています。

プロペラシャフト

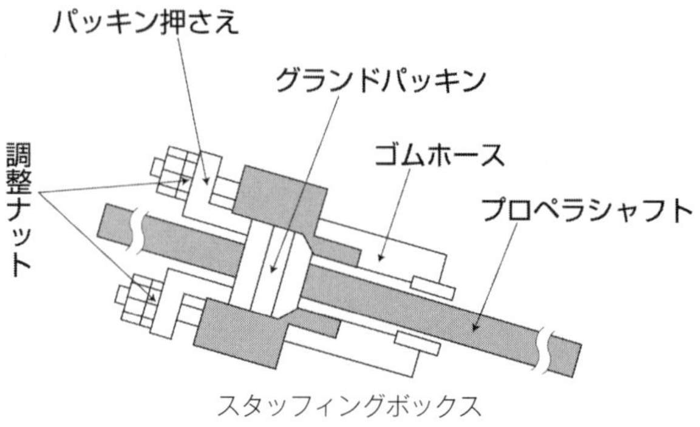

船内機船では，シャフト（軸）が船体を貫通していて，浸水しないように様々な工夫がされています。この部分には，スタンチューブ（船尾管）を装備し，内側にはスタフィングボックスを設けて水密を保っていますが，海水の浸入を防ぐためにグランドパッキンが挿入されているものとメカニカルシールのものとあります。最近ではメカニカルシールのものが主流となってきました。

問62-1 船内機船のエンジンからプロペラまでの動力伝達経路の順序として適切なものは，次のうちどれか？

(1) プロペラシャフト → クランクシャフト → マリンギヤ → プロペラ
(2) プロペラシャフト → マリンギヤ → クランクシャフト → プロペラ
(3) クランクシャフト → マリンギヤ → プロペラシャフト → プロペラ
(4) クランクシャフト → プロペラシャフト → マリンギヤ → プロペラ

答 (3)

解説

解説のページを参照（221p）。

問62-2 小型船舶の動力伝達系統について述べた次の文のうち，適当でないものはどれか？

(1) マリンギヤ内のギヤオイルは，メーカーの取扱説明書に従い定期的に交換する必要がある。
(2) スタンチューブの水密を保つ方法には，グランドパッキン方式やメカニカルシール方式がある。
(3) プロペラシャフトに取り付けた防食亜鉛は，完全になくなるまで交換する必要はない。

⑷　シフトレバーが中立でなければ，スターターモーターは作動しない構造になっている。

答　⑶

解　説

防食亜鉛は電食で摩耗したら交換，または定期的に交換する必要があります。

問62-3　船内機船のプロペラとプロペラシャフト系について述べた次の文のうち，正しいものはどれか？

⑴　スタンチューブは，プロペラナットで船体に取り付けられている。
⑵　プロペラシャフト付近に防食亜鉛が取り付けられている。
⑶　スタンチューブのカットレスベアリングには，FRP が使われている。
⑷　前進が右回りのプロペラの締め付けナットは，右ネジである。

答　⑵

解　説

⑴　スタンチューブは，船内から船外に貫通するプロペラシャフトを保護する船尾管です。支面材としてリグナムバイタ，合成樹脂の積層材，金属管の内側にゴムを接着し数本の縦溝を付けたカットレスベアリングで支えています。

カットレスベアリング
（ニュージャパンヨット HP より）

⑶　カットレスベアリングは，ラバーベアリング（rubber-bearing）とも呼ばれ，金属に硬質ゴムを接着させたものです。

⑷　プロペラの取り付けナットは，運転中に緩まないように，前進時のプロペラの回転方向と反対方向の締め付けナットを使います。前進時，右回りのプロペラであれば，左回りのナットを使用します。

問62-4　船内機船の動力伝達系統について述べた次の文のうち，適切なものはどれか？

(1)　スタンチューブは，プロペラナットで船体に取り付けられている。
(2)　プロペラ付近には，防食亜鉛が取り付けられている。
(3)　プロペラシャフトを支えるカットレスベアリングの内面には，FRP が貼られている。
(4)　前進時右回りのプロペラの締め付けには，右ねじのナットが使われている。

答　(3)

解　説

船内機船の動力伝達系統は，エンジンが生成する動力をプロペラに伝え，船を推進するためのシステムです。このシステムは，エンジンからプロペラまでの一連の構成要素で構成されており，それぞれが重要な役割を果たします。

・エンジン：船内機船の心臓部で，燃料を燃焼させて動力を生み出します。この動力は，動力伝達系統を通じてプロペラに伝達されます。
・トランスミッション(ギアボックス):エンジンからの出力を適切な速度とトルクに変換し，プロペラ軸に伝達します。トランスミッションには，前進，中立，後進のギアがあり，船の進行方向を制御します。
・プロペラシャフト:トランスミッションからの動力をプロペラに直接伝達します。このシャフトは船体を通って伸びており，プロペラを回転させます。
・スタッフィングボックス（スタフィンボックス）：船体を貫通するプロペラシャフトの部分を水密に保つ装置で，水の侵入を防ぎつつシャフトの回転を可能にします。
・プロペラ：回転することで水を押し出し，その反動で船を前進させます。
・カットレスベアリング：プロペラシャフトを支持し，回転時の摩擦を低減します。
・スラストベアリング：プロペラからの推進力を船体に伝達し，シャフトが軸方向に動くのを防ぎます。
・シャフトカップリング：エンジン出力軸とプロペラシャフトを接続します。

スタンチューブは船尾開口部に挿入され，ボルト，ナット，または溶接によって船体に固定されます。プロペラナットで船体に取り付けられるものではありません。

カットレスベアリングは，一般的には FRP（繊維強化プラスチック）製ではなく，ゴムや非金属複合材料，時には真鍮やブロンズなどの金属で作られています。

問62-5　船内機船のプロペラについて述べた次の文のうち，適切でないものはどれか？

(1)　ほとんどがテーパー方式で取り付けられており，空所にはグリースが充填されている。
(2)　取り付けナットには，前進時にプロペラが回転する方向とは逆に締めるネジが使用されている。
(3)　プロペラの取り付けナットが緩むとクラッチが滑る原因となるので，取り付け後に溶接しておく。
(4)　交換作業は，プロペラが空転しないように木片などでプロペラを固定してから行う。

答　(3)

解　説

(1)　テーパー方式は船内機船に多く採用されている方式で，テーパー部はプロペラボスによって保持され，空所にはグリースを充填します。
(2)　問の説明文のとおり。
(3)　固定ナットの緩みを止めるための割ピンを装着していますが，クラッチが滑る原因にはなりません。溶接するなどは厳禁です。
(4)　プロペラシャフトとプロペラを切り離すと風で回り出すことがあり，危険です。

アンチキャビテーションプレートとプロペラの間に角材を挟んでプロペラを固定します。
プロペラ交換（ネオネットマリン HP より）

問62-6　船内機船の動力伝達系統について述べた次の文のうち，適当でないものはどれか？

(1)　エンジンの後部に，逆転減速機とクラッチが一体となったマリンギヤが組み込まれているのが一般的である。
(2)　エンジンで発生した回転力を，マリンギヤ及びプロペラシャフトを介してプロペラに伝え，推進力としている。

(3)　減速装置は，プロペラの過回転を防止するためにエンジンの出力を抑制するためのものである。

(4)　クラッチは，エンジンの動力をプロペラシャフトに伝えたり切り離したりする装置である。

答　(3)

解　説

エンジンの回転力は，マリンギヤ内の減速装置で回転数を下げてからプロペラシャフトに伝達します。下げると弱めるとは意味が異なります。

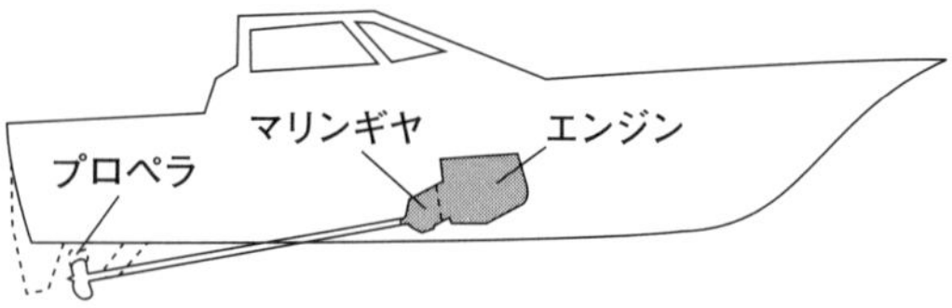

マリンギヤ（⑭を一部改変）

マリンギヤはエンジンのパワーを回転数を下げてプロペラへ伝えるだけでなく，プロペラへ動力を"伝える（航走）／伝えない（中立）"のスムーズな切換えを可能にしたり，プロペラの回転方向を変えたり（前進・後進）します。

問62-7　船内機船の動力伝達系統について述べた次の文のうち，適当でないものはどれか？

(1)　プロペラシャフトには，プロペラを電食から保護するために防食亜鉛が取り付けられている。

(2)　停泊中は，スタンチューブから水が浸入しないようにグランドパッキンを締め付けておく。

(3)　プロペラシャフトは，プロペラナットで船体に取り付けられている。

(4)　スタンチューブ内面のプロペラシャフトの軸受には，カットレスベアリングが使われている。

答　(3)

解　説

船内機船の動力伝達系統についての解説を参照（221p）。

プロペラナットは，プロペラをプロペラシャフトに取り付けるものです。

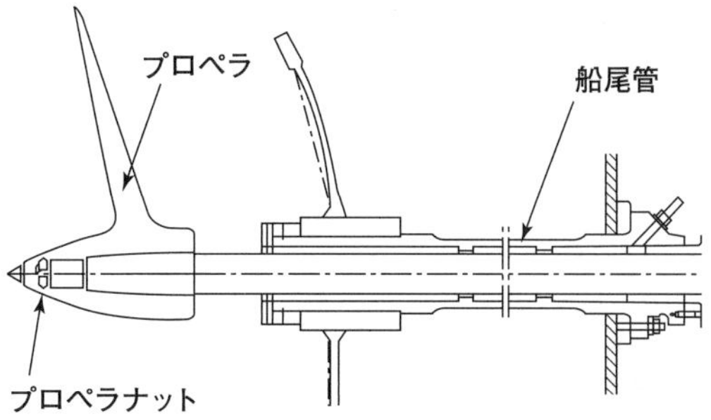

プロペラナット（(12)を一部改変）

問62-8　停泊中の船内機船においては，スタンチューブのグランドパッキンの締め付け具合はどの程度がよいか？次のうちから選べ。

(1)　絶えず水が流れ出る状態　　(2)　少しずつ水滴が落ちる状態
(3)　水がまったく出ない状態　　(4)　あふれるように水が流れ出る状態

答　(3)

解　説

グランドパッキンの締め付け具合は停泊中は水が出ずに，航行中は少しずつ水滴が落ちる状態が最適です。

船内外機

エンジンは船内にあるが，船外にドライブユニットが設置され，トランサムのすぐ後方にユニバーサルジョイント部を保護するゴム製のベローズが備えられ繋がっています。ドライブユニットはチルト（油圧）アップで角度を変えることができます。

問62-9　船内外機のパワーステアリングポンプの保守について述べた次の文のうち，適切でないものはどれか？

(1)　オイルは，取扱説明書に記載された純正またはメーカーが推奨するものを使用する。
(2)　オイル量の点検は，ドライブユニットを船首尾線に対して平行にした状態で行う。

(3) オイル量の点検は，エンジンを始動してステアリングポンプが作動している状態で行う。
(4) オイル量が不足している場合は，オイル漏れが考えられるので，損傷箇所がないか点検する。

答 (3)

解 説

エンジンが作動している状態では，オイルが各部を循環しているため，適正なオイル量の点検はできません。

問62-10 船内外機において，ドライブシャフトのベローズが破損した場合に起こる現象として適切でないものは，次のうちどれか？

(1) Vベルトが緩んだり，切れたりすることがある。
(2) ユニバーサルジョイントが錆びることがある。
(3) エンジンルームが浸水することがある。
(4) ドライブユニット付近から異音がすることがある。

答 (1)

解 説

ベローズ（日本小型船舶検査機構 HP より）

ドライブシャフトのベローズとは，ゴム製の蛇腹パイプのことで，ユニバーサルジョイントを覆っていますが，ベローズゴムに経年による亀裂が生じると水がしみ込んで錆が生じ，内部に悪影響が生じます。ユニバーサルジョイントが錆びて固着し，自在に動かなくなります。また，アルミ部品も腐食させ隙間をつくってしまいます。ドライブ側のアルミ部分が腐食するとオイルシールを傷めてしまうこともあります。オイルシールが切れればギヤオイルがベローズ内に侵入し，飛散しているサビや腐食による不純物と交じり合うことになります。

Vベルトとは直接的な関係はありません。

プロペラ

① プロペラが1回転したとき理論上進む距離をピッチと言います。3翼，4翼でも1回転で1ピッチ進むとします。

② 前進の回転時に，船尾から見て時計回りが右回り，反時計回りが左回り。

③ プロペラの取り付けナットは緩まないようにプロペラが前進時右回りならば，左締めネジを使用します。ナットには割ピンなどで回り止めにします。

④ プロペラ交換時には，木片などでプロペラの空転を抑えて作業をします。

問62-11 プロペラの交換について述べた次の文のうち，適切でないものはどれか？

(1) 小さな変形や破損でも，できるだけ修理あるいは交換する。

(2) 交換するプロペラは，指定されたピッチ及び直径のものを使用する。

(3) 交換作業は，木片などを挟んでプロペラが回らない状態にしてから行う。

(4) プロペラシャフトからの脱落を防ぐため，取り付け後にワイヤーロープで固定する。

答 (4)

解 説

(1)(2)(3)は問の説明文のとおりです。

(4)取り付け後にワイヤーロープで固定することは不適切な行為です。

(プロペラ交換要領)

・エンジンが誤ってかかってしまわないようにイグニッションキーを抜くだけでなく，シフトもニュートラルにしておきます。

・アンチキャビテーションプレートとプロペラの間に角材を挟んでプロペラを固定します。

・プロペラナットを外してプロペラを抜きます。

・プロペラが抜けなかったときは，プロペラシャフトを曲げないように慎重にプロペラを叩いたり，特殊工具プーリーを使ったりします。

・スラストワッシャーを装着して，インナーハブとアダプターがセットされたプロペラをゆっくりプロペラシャフトにはめ込みます。

・固着防止のためにプロペラシャフトには耐水グリスを塗っておきます。

・タブワッシャーとプロペラナットをはめたら，プロペラを外したときと同じように角材を挟んでボックスレンチで締め込みます。

・プロペラとハウジングが接触してないか，プロペラがスムーズに回転するか確認します。

問62-12 プロペラについて述べた次の文のうち，適切なものはどれか？

(1) 回転方向は，前進時に船首から見た場合の方向を表す。
(2) 翼が変形したり欠けたりすると，逆転することがある。
(3) 交換は，エンジンを運転している状態で手早く行う。
(4) 1回転したときに理論上進む距離をピッチという。

答 (4)

解 説

(1) プロペラの回転方向は船尾から見た場合の方向です。
(2) 翼が変形しても逆転することはありませんが，速力が落ちたり，振動があったりします。
(3) 交換は，エンジンを停止し，安全のため空転を防ぐ木片等を挟んで取り外します。
(4) 船のプロペラが1回転で軸方向に進む距離をピッチといいます。

問62-13 船外機船のプロペラ交換要領について述べた次の文のうち，適切でないものはどれか？

(1) 交換作業は，木片などを挟んでプロペラが回らない状態にしてから行う。
(2) プロペラシャフトに釣り糸が絡んでいる場合は取り除く。
(3) プロペラを装着する際には，プロペラシャフトのスプライン部にグリスを塗っておく。
(4) 交換後は，プロペラ付近に取り付けてある防食亜鉛に防錆塗料を塗っておく。

答 (4)

解　説

船外機船のプロペラ交換は，特定の手順に従って行うことが重要です。適切なツールと注意を払えば，ボートオーナー自身で行うことができます。

プロペラ交換手順

安全の確保：船外機の電源を切り，キーを抜きます。交換作業中はエンジンが起動しないように注意して行います。プロペラが回らないように木片などを挟んで行います。

アクセスの確保：船外機を上げて，プロペラへのアクセスを確保します。作業を行う際は，プロペラが回らないように木片などを挟んで行い，船外機が安定していることを確認してください。

古いプロペラの取り外し：プロペラナットをレンチで緩めて取り外します。ナットが外れたら，プロペラを軸からスライドさせて取り外します。

新しいプロペラの取り付け：新しいプロペラを軸にスライドさせ，必要に応じてワッシャーやピンを適切な位置に配置します。プロペラを軸にしっかりと取り付けた後，新しいナット（または既存のナット）を手で締めます。

ナットの締め付け：プロペラナットをレンチで適切なトルクで締め付けます。過度の締め付けは避け，メーカーの推奨するトルクを参考にしてください。

確認：プロペラがしっかりと固定され，自由に回転することを確認します。

防食亜鉛は，電気化学的な腐食から船体やその他の金属部品を保護するための重要な装置です。亜鉛は電気化学的に不貴金属であり，他の金属部品よりも先に腐食します。これにより，船体や重要な部品の腐食を防ぎます。したがって，防食亜鉛に防錆塗料を塗ってしまうと，この役割を果たせなくなります。

問62-14　プロペラの取付方法について述べた次の文のうち，適切でないものはどれか？

⑴　船内機船に多いテーパー方式では，空所にギヤオイルを充填して摩擦熱を取り除く。

⑵　船外機船に多いスプライン方式では，スプライン部にグリスを塗って固着を防ぐ。

⑶　テーパー方式では，プロペラをナットで固定した後，ナット先端を緩み止めのボルトで固定する。

(4)　スプライン方式では，プロペラをナットで固定した後，ナットの脱落防止に割ピンを入れる。

答　(1)

解　説

船内機船において，テーパー方式で接続されるプロペラシャフトとプロペラの間では，摩擦による熱の発生を防ぐための特別な対策が必要です。テーパー接続では，シャフトのテーパー部分とプロペラの内側テーパー部分が密着して取り付けられます。この接続方式の利点は，強力で信頼性が高く，簡単に取り付けられる点にありますが，摩擦による熱の問題を考慮する必要があります。

テーパー接続における摩擦熱の除去方法としては，

①　シャフトとプロペラのテーパー部分が完全に合致し，隙間なく密着するように適切な取り付けます。

②　取り付け時に特殊な潤滑剤を使用することで，摩擦を減らし，熱の発生を防ぎます。

③　適切なトルクでナットを締め付けることで，テーパー接続部分に均一な圧力をかけ，摩擦熱の発生を防ぎます。

④　冷却のために水冷システムが利用されることがあります。

しかし，ギヤオイルを充填して摩擦熱を取り除くことはありません。

一方，船外機船に多いスプライン方式では，プロペラシャフトのスプライン部分には，防錆効果のある潤滑剤を定期的に塗布します。この潤滑剤は，塩水による腐食を防ぎ，プロペラの固着を防止します。

問62-15　船内外機の動力伝達系統について述べた次の文のうち，適切でないものはどれか？

(1)　クランクシャフトの回転は，減速してからプロペラシャフトに伝えられる。

(2)　前進から後進への切り替えは，プロペラの回転方向を変えることで行う。

(3)　ドライブユニット内の歯車部分に海水を取り入れ，摩擦熱を取り除いている。

(4)　ドライブユニットの大半は，プロペラを水面上に引き上げることができる。

答　(3)

解　説

ドライブユニット内の歯車部分に海水が入ると，錆びてしまいます。

ドライブユニットは，船内外機において船内に設置されるエンジンと直結でセットされる推進システムの一部です。エンジンは船内船尾部に設置され，ドライブユニットが船尾板（トランサムボード）より外に設置されています。ギヤやクラッチなどはドライブユニットに内蔵されています。ドライブユニット内のギヤやクラッチはドライブ（ユニット）オイルで保護されています。

船外機（Outboard Engine）と同じくドライブユニットが旋転するため独立した舵がありません。また，係留時にはドライブユニットをチルトアップ（Tilt-Up）できるなど船外機と同じメリットを持っています。ただし，チルトアップ（Tilt-Up）できる角度は，メーカによって差があり，係留時完全に水面上に出るもの，一部が水面下に浸かるものなどがあります。

問62-16　小型船舶の動力伝達系統について述べた次の文のうち，適切でないものはどれか？

(1)　マリンギヤ内のギヤオイルは，メーカーの取扱説明書に従い定期的に交換する必要がある。
(2)　スタンチューブの水密を保つ方法には，グランドパッキンの方式とメカニカルシール方式がある。
(3)　プロペラシャフトに取り付けられた防食亜鉛は，完全になくなるまで交換する必要はない。
(4)　シフトレバーが中立でなければスターターモーターは作動しない構造になっている。

答　(3)

解　説

亜鉛は電気化学的にイオン化傾向が大きい金属であり，異種金属が接触していると腐食が進みます。そこで亜鉛が代わりに腐食されることによって他の金属の腐食を防ぐことを目的として防食亜鉛があります。腐食されたら交換するか，定期的に交換します。

問62-17 発航前，船内機船（油圧操舵式）のエンジンを始動してハンドルの点検を実施したところ，通常よりも重く感じられた。この場合の原因として考えられないものは，次のうちどれか？

(1) シフトケーブルが切断している。
(2) 油圧ポンプが故障している。
(3) ステアリングオイルが漏れている。
(4) 舵に異物が絡んでいる。

答 (1)

解 説

シフトケーブルはエンジンの前後進及び中立のためのものであり，操舵とは直接関係していません。

（シフト操作の異常）

シフト操作してもクラッチがつながりにくい場合

(1) シフトレバーの位置のずれを確認し，シフトケーブルを調節します。
(2) シフトケーブルの伸びを確認し，できる範囲で調整するか，予備があれば交換します。
(3) シフトケーブルの塩や錆付きによる固着を確認し，注油するか，予備があれば交換します。
(4) ギヤオイルを点検し，不足していれば補充します。

シフト操作してもクラッチがつながらない場合

(1) シフト操作がクラッチに伝わらない場合は，シフトケーブルを外し，クラッチの操作レバーを手動で操作してみます。
(2) クラッチの摩耗によりプロペラに推力が全く伝わらない場合は，水上での修理は不可能なので，ただちに救助を依頼します。

シフトレバーを中立の位置にしてもプロペラが回っている場合

(1) クラッチの焼付きにより直結状態になっている場合は，できるだけ低速で帰港します。

問62-18 船内機船の動力伝達系統について述べた次の文のうち，適切なものはどれか？

(1) プロペラシャフトを覆ってボルト締めされた防食亜鉛は，腐食しないように塗装しておく。

⑵　航行中はスタンチューブのグランドパッキンを固く締め付け，水漏れのないようにしておく。

⑶　グランドパッキンの締め付けには，振動で緩まないナットやダブルナットを使用する。

⑷　プロペラの取り付けナットは，前進時のプロペラの回転方向に回すと締まるネジを使用する。

<u>答　⑶</u>

解　説

⑴　防食亜鉛の目的から，塗装しては役目を果しません。

⑵　航行中は，適当な海水の漏洩量になるようにパッキングランドを増締めします。パッキングランドの温度は海水温度プラス 30℃までが適当と考えられるので，パッキンの締め過ぎには注意を要します。航行中は少しずつ締付け，一度増締めすると 15 ～ 30 分ぐらいは様子を見ます。漏洩量は軸径にもよりますがパッキン摺動部の潤滑，冷却の点から 5 ～ 10l／h を目安に調整するとよいでしょう。

⑶　グランドパッキンの締め付けには調整ナットとしてダブルナットなどが使用されます。

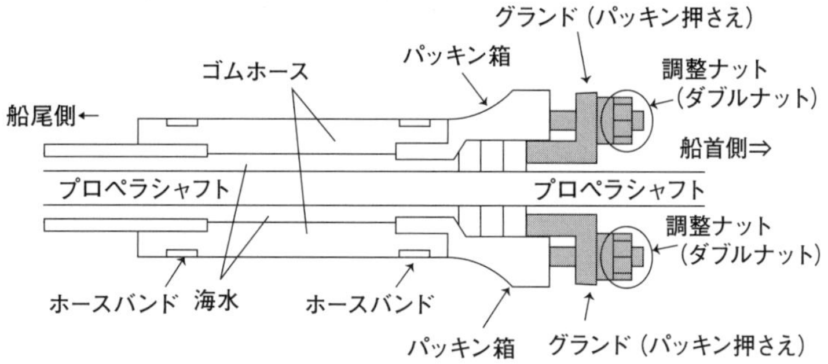

グランドパッキン（⒀を一部改変）

⑷　プロペラの取り付けナットは緩まないようにプロペラが前進時右回りならば，左締めネジを使用します。ナットには割ピンなどで回り止めにします。

問62-19　船内外機を運転中，ドライブユニット付近から異音がした場合の原因として<u>適切でないもの</u>は，次のうちどれか？

(1) スロットルケーブルが切断した。　(2) クラッチの歯車が欠けた。
(3) 減速歯車の歯の山が摩耗した。　(4) ユニバーサルジョイントの潤滑が不足した。

答 (1)

解 説

スロットルケーブルが切断してもドライブユニット付近から異音が生ずることはありません。

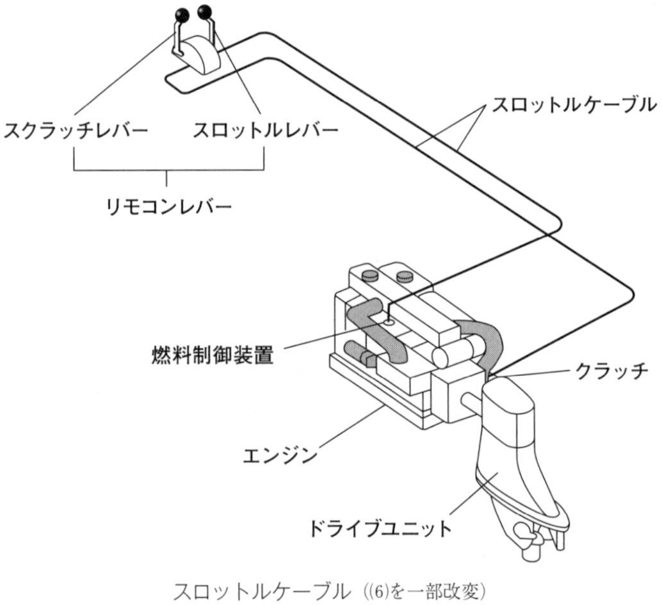

スロットルケーブル（(6)を一部改変）

機関故障時の対処

問 63　始動不良・停止・オーバーヒート

エンジンや船体の点検，整備をしておけば，トラブルはそう多く発生するものではありません。日頃からエンジンの良好な運転状況を把握しておけば，何らかの前兆に気が付き早めに対処できます。また，海上で故障が発生した場合，故障の内容にもよりますが，一般的には応急処置をし，減速して船を安全な海域まで運ぶのが最優先となります。安全を確保してからトラブルに対処します。

トラブルの区分は電気系統，燃料系統，給気系統，冷却系統（海水，清水），潤滑油系統に大別され，トラブルの症状によって点検場所を判断します。

ガソリンエンジン

燃料はガソリンです。燃焼方式は，燃料と空気の混合気をシリンダー内で 10 分の 1 に圧縮し，電気火花（点火プラグ）を飛ばして着火（爆発的燃焼）します。

問63-1　ガソリンエンジン（船内外機）の運転中に生じた次の故障のうち，エンジンが停止する直接的な原因となるものはどれか？

(1)　パワーステアリングポンプを駆動するＶベルトが切断し，ハンドルが重くなった。
(2)　燃料フィルターが目詰まりを起こし，燃料が供給されなくなった。
(3)　トリムタブが折損し，ハンドルが取られるようになった。
(4)　シフトケーブルが切断し，中立に戻らなくなった。

答　(2)

解　説

(2)は燃料が供給されなくなるので，エンジンは停止します。

劣化した燃料フィルターを使い続けると，エンジン内へゴミ，異物等の混じった燃料を供給し，燃焼不良などの悪影響を与えます。また，燃料フィルターが目詰まりすると，燃料が十分に供給されなくなり，エンジンは停止します。汚れが激しい場合，あるいは交換時期が来たら交換します。また，水分が溜まっている場合は除去します。

燃料フィルター
（アクアワールドダイイチHPより）

(1)(3)(4)はガソリンエンジンの運転とは直接的な関連はありません。

（運転中のエンジン停止の原因として，以下が考えられます。）

① 燃料に空気や水が混入している。
② 燃料フィルターやホースが詰まっている。
③ プロペラに異物が巻きついた。
④ 燃料が切れた。
⑤ オーバーヒートした。
⑥ 動力伝達系統が動かなくなった。
⑦ 点火系統に不具合が生じた。
⑧ クラッチを前進からいきなり後進につないだ。

問63-2　4ストロークガソリンエンジンにおいて，スターターモーターは回転するが始動しない場合の点検項目として<u>適当でないもの</u>は，次のうちどれか？

(1) 点火プラグの電極隙間は適切か，または点火プラグの汚れはないか。
(2) ディストリビューターに焼損または汚損はないか。
(3) ハイテンションコードの接続部の接触は良好か。
(4) オルタネーターを駆動するVベルトの張り具合は適切か。

答　(4)

解　説

(1)(2)(3)は，いずれも着火，爆発に関する電気系統のポイントです。順番に点検していきます。

(4)のオルタネーターは発電機ですが，スターターモーターは回転しているので，バッテリーは正常に機能しています。そのため，オルタネーターのVベルトの点検は不要です。

オルタネーター：バッテリーは必要な電気を供給しますが，放電されたままでは蓄電量が減少するので運転中にはどうしても充電する必要がでてきます。この蓄電量を正常に保つため充電を行っているのがオルタネータ（交流発電機）です。バッテリー充電には半導体の開発とともにオルタネータ（交流発電機）が採用されるようになり，現在ではほとんどのエンジンはオルタネーターを使用しています。

問63-3　航行中の船内外機（ガソリンエンジン）が不調な場合，その状況と考えられる原因及びその場でできる処置の方法についての関係を示した下表のうち，適当でないものはどれか？

	故障の状況	考えられる原因	処置の方法
(1)	突然エンジンが停止した	プロペラにロープが絡まった	チルトアップして絡んでいるロープを取り除く
(2)	突然エンジンが停止した	燃料がエンジンまで供給されていない	点火プラグを外し，シリンダーに直接かガソリンを注入する
(3)	スピードが十分に出ない	クラッチがスリップしている	できるだけエンジンをとめないようにして早めに帰航する
(4)	スピードが十分に出ない	オーバーヒートしている	チルトアップして冷却水取入れ口の詰まりを確認する

答　(2)

解　説

応急処置として点火プラグの孔から少量のガソリンを注入してエンジンを始動することはできますが，燃料がエンジンまで供給されないので，直ぐに停止してしまいます。燃料供給系統を点検すべきです。

問63-4　ガソリンエンジンがオーバーヒートする原因として適切でないものはどれか？

(1)　燃料フィルターに水がたまって，燃料を正常に送り出せなくなった。
(2)　冷却水循環ポンプを駆動するＶベルトが劣化のため切断した。
(3)　サーモスタットが作動不良を起こして，エンジン内の冷却水が適正に流れなくなった。
(4)　船底やドライブユニットに貝類や海藻などが付着して，冷却水取入れ口を塞いだ。

答　(1)

解　説

(1)　燃料が正常に供給されなければ，エンジンの回転数は下がる，または停止するため，オーバーヒートの危険性は無いと考えられます。
(2)　冷却水は，船底のキングストンが取り入れ口となります。その口にゴム製のインペラがあり，回転して水を吸い込みます。駆動部の回転力でＶベルトを介してインペラを回転させます。Ｖベルトが切断すると，インペラが作動しなくなるため，冷却水が取り入れられず，オーバーヒートの原因となります。
(3)　サーモスタット（温度調節器）が故障すると，冷却水の温度調整ができずオーバーヒートの原因になります。
(4)　冷却水が取り入れられないとエンジンが冷却できず，オーバーヒートの原因となります。

（エンジンがオーバーヒートする場合，以下が考えられます。）
①　冷却水系統が詰まっている。
②　海水ポンプ，冷却水循環ポンプが故障している。
③　キングストンバルブが開いていない。
④　冷却清水量が不足している。
⑤　冷却水が漏れている。
⑥　サーモスタットが故障している。
⑦　エンジンオイルの油量が不足している。
⑧　エンジンオイルに水や燃料等不純物が混入して劣化している。

問63-5　ガソリンエンジンの低速運転が不安定で止まりやすい場合の原因として適当でないものは，次のうちどれか？

(1)　ハイテンションコード及びプラグキャップに亀裂や損傷がある。

(2)　コンタクトブレーカー，点火コイル，ディストリビューター等が故障している。

(3)　燃料フィルターが詰まっている。又は水，空気，不純物が混入している。

(4)　燃料噴射ポンプ，燃料ポンプ，ガバナー等が故障している。

答　(4)

解　説

(1)(2)は電気系統，(3)は燃料系統で，これらに支障があれば低速運転は不安定になります。

(4)燃料噴射ポンプ，燃料ポンプの故障は燃料を送れないため，エンジンは作動しません。ガバナー（調速機）は，定格回転数以上にならないように燃料の噴射量を調整する装置ですから，同様に作動しません。そのため最初から運転できないので，低速運転とは関係ありません。

（エンジンの回転が不安定な場合には，以下の原因が考えられます。）

①　燃料フィルターが目詰りしている。

②　燃料に水が混入している。

③　燃料系統の属具（燃料フィードポンプ，燃料噴射ポンプ，（ガソリンエンジン）キャブレター）に異常がある。

④　プラグが点火していないシリンダーがある。

問63-6　ガソリンエンジンの回転数が十分に上がらない場合の原因について述べた次の文のうち，適当でないものはどれか？

(1)　燃料系統の不具合により，燃料が十分に送られていない。

(2)　キャブレターの混合気割合が不適切である。

(3)　プロペラのダンパーラバーが滑っている。

(4)　スロットルワイヤーが調整不良である。

答　(3)

解　説

(1)　燃料の噴射量が少なければ，回転数は上がりません。

(2)　混合気割合が不適切であれば，回転数は上がりません。

(3)　プロペラのダンパーラバーは，プロペラシャフトのスプライン部にあります。このラバーが滑るとシャフトの回転数がスリップするだけでプロペラの回転数が落ちますが，エンジンの回転数は変わりません。

(4)　リモコンレバーの操作とエンジンの回転数が一致しなくなります。

(エンジンの回転が上がらない場合の原因としては，以下が考えられます。)

①　燃料が円滑に供給されていない。・燃料フィルター，燃料ホース等に詰まりや汚れがある。・燃料フィードポンプの破損等の不具合がある。・燃料噴射装置の不調や故障により燃料の噴霧状態が悪いか，噴射圧力が低下している。・キャブレターの不良により，混合気の状態が悪い。

②　エンジン本体に不具合がある。・バルブ・クリアランスの調整が不良。
・ピストンリングやシリンダーライナーの摩耗により圧縮圧力が低下している。・ターボチャージャーの不調
・スロットルワイヤーが調整不良。

③　プロペラピッチが合っていない（ピッチが大きすぎる)。

問63-7　ガソリンエンジンを運転中，エンジンの出力が低下する原因として適切でないものは，次のうちどれか？

(1)　プロペラに何かが当たって変形した。

(2)　ハイテンションコードが漏電した。

(3)　燃料フィルターにゴミが詰まった。

(4)　冷却水量が不足してオーバーヒートした。

答　(1)

解　説

プロペラが変形すると速力が落ちますが，エンジンの運転とは直接的な関連はありません。

問63-8　ガソリンエンジンの低速運転が不安定で止まりやすい場合の原因として適切でないものは，次のうちどれか？

⑴　ハイテンションコード及びプラグキャップに亀裂や損傷がある。
⑵　コンタクトブレーカー，点火コイル，ディストリビューターのいずれかが故障している。
⑶　燃料フィルターが詰まっている，又は燃料に水，空気，不純物が混入している。
⑷　冷却水温度計，油圧計，電流計のいずれかが故障している。

答　⑷

解　説

問 63-5　参照（241p）。

問63-9　ガソリンエンジンの出力が十分に出ない原因として適切でないものは，次のうちどれか？

⑴　燃料フィルターがゴミによる目詰まりを起こした。
⑵　シフトケーブルが長時間の使用により伸びた。
⑶　キャブレターの混合気の濃度が適正でなかった。
⑷　エンジンルームの通風が悪く，十分に空気が取り込めなかった。

答　⑵

解　説

問 63-6　参照（242p）。

ディーゼルエンジン

燃料は軽油。燃焼方式は，空気のみをシリンダーでガソリンエンジンの 2 倍近く（18 分の 1 に）圧縮し（圧縮された空気は 600° の高温になる），高温になった空気に燃料油を噴射（250° で火が付く）し，自然着火（爆発的燃焼）させます。

問63-10　航行中の船内機船（ディーゼルエンジン）が不調な場合，その状況と考えられる原因及びその場で対応できる処置の方法についての関係を示した下表のうち，適当でないものはどれか？

	エンジンの状況	考えられる原因	処置の方法
(1)	オーバーヒートする	エンジンオイルの量が少ない	エンジンオイルを計測しながら補充し，適量にする
(2)	オーバーヒートする	熱交換器内の冷却清水が極端に減っている	とりあえず冷却清水を補充しながら低速にて帰航する
(3)	突然エンジンが停止する	プロペラに何かが絡みつき，回らなくなった	船底に潜り，異物を取り除く
(4)	突然エンジンが停止する	ターボチャージャーのエアフィルターが目詰まりしている。	ターボチャージャーを取り外して，空気の流れを良くする

答　(4)

解　説

ターボチャージャーはエンジンの出力を増加するための補助装置ですので，エアフィルターの目詰まりで出力が十分でないことはありますが，突如エンジンが停止することは考えられません。停止の原因は，燃料系統か，エンジン本体の故障と考えられます。

問63-11　ディーゼルエンジンの出力が十分に出ない原因として適切でないものは，次のうちどれか？

(1)　燃料フィルターが詰まり気味である。
(2)　ターボチャージャーが汚れている。
(3)　排気管にカーボンが堆積している。
(4)　バッテリーの充電が不足している。

答　(4)

解　説

ディーゼルエンジンの燃焼方式は，圧縮して高温化した空気に燃料を噴射します。圧縮着火方式なので，エンジンが始動してしまえば，バッテリーの電圧はエンジンの作動には直接的な影響はありません。ガソリンエンジンは電気でプラグから火花を起こすためバッテリーの充電が必要です。

問63-12　航行中の船内機船（ディーゼルエンジン）が不調な場合，その状況と考えられる原因及び処置の方法についての関係を示した下表のうち，適当でないものはどれか？

	故障の状況	考えられる原因	処置の方法
(1)	船体の振動が大きくなりスピードが十分でない	プロペラの一部が欠損している	エンジンに負荷をかけないよう低速で帰航し，プロペラを交換する
(2)	スロットルレバーを操作しても出力が十分出ない	ターボチャージャーのエアフィルターが目詰まりしている	とりあえずエアフィルターを清掃する
(3)	なんの前触れもなくエンジンが停止した	燃料系統に空気が入り，燃料噴射ポンプが作動しない	セジメンタ下部のドレンプラグを緩め，混入している空気を抜く
(4)	冷却清水は十分あるのにオーバーヒートする	オイルパンの油量が減っている	予備のエンジンオイルがあれば補充し，低速で帰航する

答　(3)

解　説

セジメンタ下部のドレンプラグは，燃料に混入している水を抜くのであって，空気を抜くのはプライミングです。

問63-13　ディーゼルエンジンの運転中，突然エンジンが停止した場合の原因として適切でないものはどれか？

(1) ピストンやクランクシャフトの焼き付き
(2) ガバナーの作動不良又は故障
(3) 高圧燃料管の破損，又は水や空気などの燃料への混入
(4) ターボチャージャーのエアフィルターの汚れ

答 (4)

解 説

ターボチャージャー（過給機）とは，エンジンのシリンダーに強制的に空気を送り込む機構のことで，突然のエンジン停止には直接的な関連はありません。

問63-14 航行中，エンジンの回転数は上がるが，速力が十分に上がらない原因として適当でないものは，次のうちどれか？

(1) プロペラのピッチが過小である。
(2) 船底に貝殻や藻類が付着している。
(3) キャビテーションが起きている。
(4) 燃料フィルターにゴミが詰まっている。

答 (4)

解 説

(1) プロペラのピッチが過小であれば，速力は上がりません。
(2) 船底に貝殻や藻類が付着すると，水の流れの抵抗となって速力は落ちます。
(3) キャビテーション（空洞現象）とは，低速運転から急激に高速回転した場合，そのプロペラの縁辺部が蒸発状態となり，無数の気泡（空洞）が生じることでプロペラが空転して速力が出ない現象です。
(4) 燃料フィルターが詰まれば，エンジンの回転数は上がりません。

問63-15 ディーゼルエンジンの出力が十分に出ない原因として適切でないものは，次のうちどれか？

⑴　燃料フィルターが詰まり気味である。　⑵　ターボチャージャーが汚れている。
⑶　排気管にカーボンが堆積している。　⑷　バッテリーの充電が不足している。

答　⑷

解　説

⑷　ディーゼルエンジンの始動後はバッテリーからの電気の供給は必要としません。

オーバーヒート

①　冷却水が足りない（海水系統，清水系統）：水量不足，冷却水系の詰まり，循環ポンプ故障，サーモスタット故障，ベルトの緩み等

②　潤滑油が足りない：オイルパンの油量不足，フィルターの詰まり等

③　過負荷運転：プロペラの寸法が規定に合っていない，過積載，船底その他の汚れ等

問63-16　船の速力が十分に出ない原因について述べた次の文のうち，適当でないものはどれか？

⑴　エンジンがオーバーヒートや過負荷運転になっている。
⑵　プロペラのピッチ，直径などが規定のものより小さい。
⑶　シフトケーブルのワイヤーが，古くなって伸びている。
⑷　船体，舵，プロペラに貝殻や藻などが付着している。

答　⑶

解　説

⑴⑵速力が出ない原因になります。

⑶リモコンレバーの操作と速力が一致しなくなりますが，速力が出ない原因ではありません。

⑷船底等に貝殻や藻が付着すると，水の抵抗が増すため速力が落ちます。

問63-17　航行中，オーバーヒートを起こした場合の措置について述べた次の文のうち，適当でないものはどれか？

(1)　リモコンレバーを中立にし，回転数を下げる。
(2)　周囲の水をエンジンにかけ，温度を下げる。
(3)　ドライブ部分を引き上げ，冷却水取入れ口を点検する。
(4)　Vベルトの張り，損傷，プーリー部分の点検をする。

答　(2)

解　説

(1)　リモコンレバーは中立とし，回転数を下げて様子を見ます。再始動できなくなる危険があるので，エンジンを停止することは避けます。

問63-18　航行中，エンジンがオーバーヒートを起こしたと思われる場合に行う処置として適切でないものは，次のうちどれか？

(1)　海水取入口や海水フィルターが詰まっていないかどうかを確認する。
(2)　海水ポンプまたは冷却水循環ポンプの駆動ベルトに損傷がないかどうかを確認する。
(3)　リザーブタンク内の冷却水が規定量あるかどうかを確認する。
(4)　直ちに冷却清水タンクのキャップを開けて内部の冷却水があるかどうかを確認する。

答　(4)

解　説

航行中にエンジンがオーバーヒートすることは，船舶の安全にとって非常に重要な問題です。エンジンのオーバーヒートが疑われる場合には，迅速かつ適切な対処が必要です。

オーバーヒートの兆候を感じたら，すぐにエンジンを停止させてください。次に船が安全な位置にあることを確認し，必要に応じて錨を下ろして位置を固定します。

冷却水が不足している，または循環していないことが考えられますので，海水取入口や海水フィルターが詰まっていないか確認します。また，冷却水のレベルに損傷がないかを確認します。

直ちに冷却清水タンクのキャップを開けることは非常に危険です。特にエンジンがオーバーヒートしている状況では，冷却システム内部は非常に高い圧力と温度になっている可能性があります。高温の冷却水や蒸気がキャップから噴出する可能性があり，火傷の危険があります。エンジンを一度完全に停止させ，十分に冷えるまで待ち，エンジンが十分に冷えたならば，キャップをゆっくりと慎重に開けます。

問63-19　エンジンが始動しない場合の点検項目として<u>適切でないもの</u>は，次のうちどれか？

(1)　スターターモーターが回転しない場合は，メインスイッチがONになっているか確認する。
(2)　スターターモーターが回転しない場合は，バッテリーの容量を確認する。
(3)　スターターモーターが回転する場合は，プロペラが変形していないか確認する。
(4)　スターターモーターが回転する場合は，燃料コックが開いているか確認する。

答　(3)

解　説

プロペラが変形していても，エンジンは始動します。

(エンジンが始動しない場合には，以下が考えられます。)

①　スターターモーターが作動しない場合
- メインスイッチ（バッテリースイッチ）が入っていない。
- バッテリーの容量が不足している。

②　スターターモーターは作動する場合
- 燃料が無い。
- 燃料系統のバルブ（コック）が閉じている。
- 燃料フィルター等が目詰りしている。
- 燃料系統に漏れがある。
- 燃料噴射装置に異常がある。
- 燃料停止装置に異常がある。
- 点火プラグの火花が弱い。

・点火系統に異常がある。

問63-20　ディーゼルエンジンを始動後，回転数が不安定になり，エンジンが停止する場合の原因として適切でないものは，次のうちどれか？

(1)　燃料フィルターが詰まっている。
(2)　燃料噴射弁の噴射口が詰まっている。
(3)　バッテリーターミナルが緩んでいる。
(4)　燃料系統に水や空気が混入している。

答　(3)

解　説

ディーゼルエンジンの燃焼方式は，圧縮して高温化した空気に燃料を噴射します。圧縮着火方式なので，エンジンが始動してしまえば，バッテリーはエンジンの作動には直接的な影響はありません。

エンジンはかかるので，燃料系統の異常を疑ってみます。

問63-21　荒天航行中のエンジンに対する注意事項について述べた次の文のうち，適切でないものはどれか？

(1)　風浪による船体の動揺で，燃料タンク内部の不純物が燃料系統に流入することがある。
(2)　燃料の残量が少なくなっていると，燃料系統に空気を吸い込むことがある。
(3)　風浪によりプロペラが水面上に飛び出し，エンジンの回転数が急上昇することがある。
(4)　風浪により冷却水ポンプの吐出圧力が変化し，冷却水が逆流することがある。

答　(4)

解　説

荒天時，風浪などにより冷却水ポンプ吸引／吐出圧力が変化し，エアーを噛んだり，十分な冷却水供給ができなかったりすることはあっても，逆流することはありません。

問 64　異常振動・臭気・異音

エンジン始動

問64-1　アイドリング運転中のエンジン回転数が不安定で，異常な振動を起こす場合の原因として考えられないものは，次のうちどれか？

(1)　燃料に水や空気が混入している。
(2)　ディストリビューターのキャップが損傷している。
(3)　作動していないシリンダーがある。
(4)　クラッチがスリップしている。

答　(4)

解　説

(1)　燃料系統に水や空気が入っていると，爆発が異常になるため，回転不安定で振動が発生します。
(2)　電気の流れが不規則になるから回転数が不安定となり異常振動があります。
(3)　作動していないシリンダーがあると，回転数が不安定，異常振動が発生します。
(4)　クラッチのスリップとエンジンの回転数，異常振動とは直接的な関連はありません。

ディストリビューター（配電器）に導かれた高電圧を，点火順序に従って順次各シリンダーの点火プラグに配電します。

クラッチは前進，中立，後進の切り替えを行います。

(動力伝達系統におけるクラッチ)

船内外機方式：

エンジン⇒ユニバーサルジョイント⇒クラッチ⇒プロペラシャフト⇒プロペラ

船外機方式：エンジン⇒ドライブシャフト⇒クラッチ⇒プロペラシャフト⇒プロペラ

船内機方式：エンジン⇒マリンギヤ（減速歯車・クラッチ）⇒プロペラシャフト⇒プロペラ

問64-2　ガソリンエンジンの異常について述べた次の文のうち適切なものはどれか？

(1)　冷却水の量が足りなかったり冷却水循環不良が起こると，クラッチが入りにくくなる。

(2)　オーバーヒートすると，エンジンから油が焼けるような臭いや異音が発生する。

(3)　燃料フィルターが詰まっていると，スターターモーターが回らなくなる。

(4)　点火プラグが汚れていると，燃焼が弱くなりオーバークール（適温まで暖まらない）状態になる。

答　(2)

解　説

(1)　冷却水循環とクラッチ操作との関連はありません。

(2)　オーバーヒートすると，異臭が発生します。

(3)　スターターモーターはバッテリーに直結しており，燃料フィルターとの関連はありません。

(4)　オーバークールはオーバーヒートの反対の現象で，エンジンが適正温度より低すぎる現象で，症状としてエンストが起きやすくなります。ヒーターが効かない，エンジンが焼き付き故障する等があります。原因としてサーモスタットの故障，水温センサーの故障，その他のコンピューター等の不具合，外気温が低すぎる場合もあります。

（エンジンがオーバーヒートする場合）

①　冷却水系統が詰まっている。
②　海水ポンプ，冷却水循環ポンプが故障している。
③　キングストンバルブが開いていない。
④　冷却清水量が不足している。
⑤　冷却水が漏れている。
⑥　サーモスタットが故障している。
⑦　エンジンオイルの油量が不足している。
⑧　エンジンオイルに水や燃料等不純物が混入して劣化している。

問64-3　ディーゼルエンジンの出力が十分でない場合の原因について述べた次の文のうち，適当でないものはどれか？

(1)　リモコン用スロットルワイヤーの接続が緩んでいる。

(2)　ターボチャージャーの空気フィルタが汚れている。

(3)　燃料管のバルブ（コック）が開いてない。

(4)　エンジンルームの通風が悪い，または空気温度が高い。

答　(3)

解　説

(1)　接続部が緩むとスロットルバルブの作動が小さいため，出力が十分出ません。

(2)　フィルタが汚れていると空気の流通がスムーズにいかず，出力が十分出ません。

(3)　燃料管のバルブが開いていなければ燃料が流れないため，エンジンが始動しても直ぐに停止してしまいます。

(4)　エンジンルームの通風が悪かったり，温度が高かったりすると混合気に悪影響を及ぼし，出力が十分出ない原因になり得ます。

問64-4　ディーゼルエンジンの出力が十分でない原因として適当でないものは，次の文のうちどれか？

(1)　燃料フィルターが詰まり気味である。

(2)　ターボチャージャーが汚れている。

(3)　排気管にカーボンが詰まり気味である。

(4)　クラッチがスリップしている。

答　(4)

解　説

(1)(2)(3)出力が十分に出ない原因になります。

(4)クラッチは，エンジンの回転力をプロペラに伝えたり，切り離したり，前・後進に切り替えたりする装置ですので，エンジンの出力とは関係ありません。

問64-5 航海中に異常振動やエンジン回転数の変動を感じた場合，考えられる原因として，適当でないものは，次のうちどれか？

(1) 燃料系統に，水や不純物が混入した。
(2) ハイテンションコードの接続部に緩みが生じた。
(3) スターターモーターが作動不良になった。
(4) 何かにぶつかってプロペラが損傷した。

答 (3)

解 説

(1) 燃料系統に，水や不純物が混入すると，異常振動や回転数の変動があります。
(2) ガソリンエンジンの点火コイルの二次側の高電圧をディストリビューター（配電器）により，各シリンダーの点火プラグに配電します。この間を繋いでいる線をハイテンションコードといい，高圧なので高絶縁材質で被覆しています。もし，亀裂やひび割れ等があると漏電の恐れがあり，点火が弱まり，各シリンダーの回転が不揃いになり，振動や回転数に変動を生じます。また，高周波ノイズが発生します。
(3) 航行中なので，スターターモーターの作動不良は関係がありません。
(4) プロペラの羽根が変形したり，損傷を受けると異常振動があります。

問64-6 船内機船のプロペラシャフトに生じる振動が大きくなる原因について述べた次の文のうち，適当でないものはどれか？

(1) シャフトの中心線がズレているため。
(2) カットレスベアリングの摩耗が大きいため。
(3) プロペラの羽根が折損したり，曲がっているため。
(4) グランドパッキンでシャフトが大きく損耗したため。

答 (4)

解　説

(1)　シャフトが何らかの衝撃で曲がった（中心線がずれる）ため，振動を生じます。

(2)　シャフトと接しているカットレスベアリングが摩耗すれば振動が生じます。

(3)　プロペラの羽根の損傷は振動を生じます。

(4)　グランドパッキンでシャフトが摩耗することはありません。摩耗するのはグランドパッキンの方です。

問64-7　プロペラに動力が伝わると振動する場合に考えられる原因として適切でないものは，次のうちどれか？

(1)　プロペラのピッチが合っていない。
(2)　プロペラが変形又は損傷している。
(3)　プロペラシャフトの中心がずれている。
(4)　プロペラに異物が絡んでいる。

答　(1)

解　説

プロペラに動力が伝わる際に振動する場合，次のような原因が考えられます。

①　プロペラが曲がっている，損傷している，または錆びていることでバランスが崩れる，などのプロペラのバランス不良。

②　海藻，貝殻，線状のゴミなどがプロペラに絡まるなどのプロペラの汚れや付着物によるバランスが崩れることによる問題。

③　プロペラシャフトが曲がっている，バランスが悪い，または支持軸受に問題があるなどのプロペラシャフトの問題。

④　エンジンとプロペラシャフト間のアライメント（整列）が適切でない場合。

⑤　エンジンマウントが摩耗しているか，緩んでいることでエンジンの位置がずれている場合。

⑥　ギアボックス内のギアが摩耗していたり，潤滑不足の場合。

⑦　プロペラシャフトを支持するカットレスベアリングが摩耗している場合。

これらの問題は，船舶の運用や安全性に直接的な影響を与える可能性があるため，振動を感じたら早めに原因を特定し，適切な対応を取ることが重要です。

プロペラのピッチが合っていない場合は，以下の問題がありますが，振動の原因とはなりません。

ピッチが大きすぎる場合は，エンジンへの過負荷となり，エンジンに過度のストレスがかかります。また，加速が遅くなったり，燃料効率が悪化したりする可能性があります。

一方，ピッチが小さすぎる場合は，エンジンが必要以上に高回転し，エンジンの寿命を縮めたり，プロペラが十分な推力を発生させられず，船の最高速度が出なかったりする可能性があります。

問64-8　航行中，速力が十分に上がらない場合，考えられる原因として適当でないものは，次のうちどれか？

(1)　ロープやビニールがプロペラに絡んだ。
(2)　ドライブユニットを極端にチルトアップした。
(3)　プロペラ翼が何かにぶつかって損傷した。
(4)　プロペラナットを強く締め過ぎた。

答　(4)

解　説

(1)　プロペラにロープやビニールが絡めば速力は落ちます。
(2)　船内外機でドライブユニットをチルトアップ（上向き）にすれば，プロペラも上向きになるため，速力はでません。
(3)　プロペラ翼が損傷すると，速力は上がりません。
(4)　プロペラナット（取り付けナット）を強く締め過ぎても，速力とは関係ありません。

問64-9　船内外機で航行中，プロペラにゴミが絡まったため，チルトアップして取り除いた。作業終了後チルトダウンしようしたところ，ドライブが全く降りなくなってしまった。この症状が発生した場合に考えられる原因として適当でないものは，次のうちどれか？

(1)　パワートリムポンプ（チルトポンプ）のヒューズが溶断した。
(2)　ドライブのベローズに穴が空いて，水が侵入した。
(3)　パワートリムポンプのオイルレベルが低下し過ぎて，エアーを咬んでしまった。
(4)　パワートリム装置のオイルホースが破損して，適切な油圧が得られなくなった。

答　(2)

解　説

(1)(3)(4)はドライブユニット油圧でチルトアップしますので油圧系，電気系に異常があれば作動しなくなります。

(2)トランサムの直ぐ外側にあるユニバーサルジョイント部を保護しているゴムがベローズです。ベローズに穴が空けば，浸水してドライブが影響を受けます。

一方，パワートリムポンプ（チルトポンプ）は別系統であるので，チルトダウンとは関係ありません。

問64-10　小型高速ディーゼルエンジンの運転中，軸受面が発熱し，油の焼ける臭いがした場合，最初に取るべき処置として最も適切なものは，次のうちどれか？

(1)　エンジンの回転数を下げる。
(2)　オイルフィルターを掃除する。
(3)　エンジンを直ちに停止する。
(4)　エンジンオイルを補充する。

答　(1)

解　説

(1)　エンジンの回転数を下げるのが最初の措置です。ただし，停止させてしまうと，エンジンが始動しなくなる可能性があるので，回転数を下げて状況の変化を観察します。
(2)　この場合，オイルフィルターとは関係ありません。
(3)　エンジンは中立にして様子を見ます。再始動ができなくなる危険があるので，エンジン

停止は避けるべきです，

(4)　設問が，最初に取るべき措置なので，点検，補充等は次の行動となります。

問64-11　ガソリンエンジンをアイドリング運転中，エンジンの回転が不安定で異常な振動を起こす場合の原因として適切でないものは，次のうちどれか？

(1)　燃料に水や空気か混入している。　　(2)　アイドリング回転数の調整が適切でない。

(3)　エンジンが十分に暖まっていない。　(4)　スロットルケーブルが伸びている。

答　(4)

解　説

(4)　スロットルケーブルが伸びていてもエンジンの回転が不安定や異常振動を起こすことはありません。

問64-12　船内外機船（ガソリンエンジン）で航行中エンジンルームから何かが滑ったり，こすれたりするような（キューキューといった）連続音が聞こえてきた場合，考えられる原因は，次のうちどれか？

(1)　シフトケーブルの接続部が緩んでいる。

(2)　バッテリーケーブルの取り付けが緩んでいる。

(3)　Ｖベルトの張りが緩んでいる。

(4)　ディストリビューターのキャップが緩んでいる。

答　(3)

解　説

（異常な音がする場合）

①　キンキン，コンコンといった叩くような音がする場合：燃焼不良や燃料の不良などによりノッキングを起こしています。

② キューキュー，キュルキュルといったこするような音がする場合：

・Vベルトが緩んでいます。

・回転部分にコードやケーブルが触れています。

③ ガラガラ，ゴロゴロといった音がする場合：

・マリンギヤやドライブユニットなどの潤滑を必要とする箇所が油切れを起こしています。

・水分が混入してオイルが劣化しています。

④ カタカタ，カラカラといった音がする場合：

・エンジン内の可動部の隙間が大きくなっています。

・プーリーなどのエンジン外部の可動部やオルタネーターなど属具の取付け部の緩み，隙間の広がりなどが考えられます。

問64-13 アイドリング運転中のガソリンエンジンの回転数が不安定で，異常な振動を起こす場合の原因として考えられないものは，次のうちどれか？

(1) 燃料に水や空気が混入している。

(2) キャブレターの調整が不良である。

(3) 作動していないシリンダーがある。

(4) クラッチがスリップしている。

答 (4)

解　説

アイドリング運転中ですから，クラッチの操作はありません。クラッチがスリップするのと，回転数の不安定，異常振動との関連はありません。

問64-14 ガソリンエンジン搭載船で航行中に異常振動やエンジン回転数の変動を感じた場合，考えられる原因として適切でないものは，次のうちどれか？

(1) 燃料系統に水や不純物が混入した。

(2) ハイテンションコードの接続部に緩みが生じた。

(3) スターターモーターが回転しなくなった。

(4) プロペラが何かにぶつかって損傷した。

答 (3)

解 説

(3) スターターモーターはバッテリーで駆動し，エンジン始動時にのみ使用します。

問64-15 船内機船で航行中，異音とともにエンジンから煙が噴き出し，航行不能となった。この場合の原因として考えられないものは，次のうちどれか？

(1) エンジンオイル量の不足により，エンジン内の可動部が焼き付いた。

(2) Ｖベルトの切断により，冷却水循環ポンプが作動しなくなった。

(3) 発電機の故障により，バッテリーが充電されなくなった。

(4) ビニールなどの吸込みにより，冷却水取入口が塞がった。

答 (3)

解 説

船内機船で航行中，異音とともにエンジンから煙が噴き出し，航行不能となった場合，いくつかの原因が考えられます。

① 冷却水の漏れや不足，水ポンプの故障，サーモスタットの故障などによるエンジンのオーバーヒート。

② オイル漏れ，オイルポンプの故障，オイル不足，またはオイルの劣化により，エンジン部品が十分に潤滑されず，過度の摩擦熱が発生すること。

③ ピストン，コンロッド，クランクシャフトなどのエンジン内部部品の故障や損傷といったエンジン内部の機械的損傷。

④ 排気マニフォールドの亀裂や漏れ，排気管の詰まりなど，排気系統の問題。

⑤ 燃料漏れ，燃料供給の問題，燃料フィルターの詰まりなどの燃料系統の問題。

発電機の故障により，バッテリーが充電されなくなった場合，バッテリーの電力が徐々に消耗し，やがてエンジンを始動するための十分な電力がなくなります。本件の原因とは考えられません。

ディーゼルエンジンの排気色

白い場合	黒い場合
①　潤滑油がシリンダー内に入りすぎた。 ②　オイルパン内の潤滑油が多すぎる。 ③　ピストンリング，オイルリングが折損。 ④　シリンダー内に冷却水が漏洩。	①　エンジンに負荷が掛かり過ぎている。 ②　シリンダー内に燃料が多く入り込んでいる。

問64−16　エンジン故障時の対処について述べた次の文のうち，<u>誤っているもの</u>はどれか？

(1)　エンジンが異常に振動する場合は，エンジンの取り付け，燃料への水の混入等を調べる。

(2)　排気色が黒い場合は，高回転運転を行った後にエンジンオイルの量を確認する。

(3)　異常な臭気がある場合は，エンジンオイルの量，冷却水温度計，電気関係の配線等を確認する。

(4)　警告灯が点灯した場合は，直ちにエンジンを中立にし，点灯した箇所の系統を調べる。

答　(2)

解　説

排気色が黒い場合は不完全燃焼の場合で，オイル関連は白い排気色となります。

問64−17　ディーゼルエンジンの運転中，排気色が白い場合の原因として<u>正しいもの</u>は，次のうちどれか？

(1)　エンジンに負荷がかかり過ぎている。

(2)　ターボチャージャーの空気フィルターが汚れている。

(3)　燃料噴射バルブが詰まり気味である。

(4)　エンジンオイルがシリンダー内に入り過ぎている。

答 (4)

解 説

ディーゼルエンジンの排気色の表を参照（261p）。

問64-18 ディーゼルエンジンの排気色について述べた次の文のうち，適当でないものはどれか？

(1) エンジンオイルがシリンダーに入り過ぎると，黒煙が出る。
(2) エンジンに高い負荷がかかると，黒煙が出る。
(3) 燃料油にガソリンや灯油を使用すると，白煙が出る。
(4) 外気温が低く，暖気運転が不十分だと，白煙がでる。

答 (1)

解 説

ディーゼルエンジンの排気色の表を参照（261p）。エンジンオイルがシリンダーに入り過ぎると，排気色は白色になります。

問64-19 ディーゼルエンジンの排気色が通常より黒くなる原因として適切でないものは，次のうちどれか？

(1) ピストンリングが摩耗して，シリンダー内にエンジンオイルが入りすぎている。
(2) エンジンに高い負荷がかかった状態で運転しているため，燃焼効率が悪くなっている。
(3) ターボチャージャー内にカーボンが堆積し，空気を効率よく送れなくなっている。
(4) 燃料噴射ノズルにカーボンなどが詰まって，噴霧状態が悪くなっている。

答 (1)

解　説

ディーゼルエンジンの排気色が通常より黒くなる原因は，主に燃焼過程での不完全燃焼や燃料と空気の混合比の問題に起因します。黒い排気ガスは，燃料が適切に燃焼していないことを示している可能性が高く，いくつかの原因が考えられます。

① エンジンへの燃料供給が過剰，または空気の供給が不足することで，燃料と空気の混合比が悪くなった場合。

② エアフィルターが汚れていたり詰まっていたりすると，エンジンに十分な空気が供給されず，燃料が完全に燃焼しない場合。

③ 燃料噴射ノズルの詰まりや噴射タイミングの誤調整が原因で，燃料が適切に燃焼しない場合。

④ エンジンに過度の負荷がかかると，燃料の燃焼効率が低下する場合。

⑤ ターボチャージャーが正しく機能していないと，エンジンに十分な空気が供給されず，燃料が完全に燃焼しない場合。

ピストンリングが摩耗して，シリンダー内にエンジンオイルが入りすぎた場合，エンジンオイルがシリンダー内で燃焼すると，排気ガスが青白い色を帯びることがありますが，黒くなることはありません。

問64-20　ディーゼルエンジンの排気色について述べた次の文のうち，適切でないものはどれか？

(1) 燃料噴射ノズルが詰まって，燃料油の噴射圧力が低下すると，排気が白色になる。
(2) ターボチャージャーのエアフィルターが汚れて吸入空気が不足すると，排気が黒色になる。
(3) エンジンに高い負荷がかかった状態で運転すると燃焼効率が悪くなり，排気が黒色になる。
(4) ピストンリングが摩耗してエンジンオイルがシリンダー内で燃焼すると，排気が白色になる。

答　(1)

解　説

燃料噴射ノズルが詰まって燃料油の噴射圧力が低下する場合，ディーゼルエンジンの排気色は，黒くなります。

問64-21　ディーゼルエンジンの排気色が通常よりも黒くなる原因として適当でないものは，次のうちどれか？

(1)　ピストンリングが摩耗して，シリンダー内にエンジンオイルが入りすぎている。
(2)　エンジンに高い負荷がかかった状態で運転していたため燃焼効率が悪くなっている。
(3)　ターボチャージャーの内にカーボンが堆積し，空気を効率よく遅れなくなっている。
(4)　燃料噴射ノズルにカーボン等が詰まって，噴射状態が悪くなっている。

答　(1)

解　説

(1)エンジオイルが燃焼すると，排気色は白色になります。

(2)(3)(4)は，不完全燃焼の状態になっているので，排気色は黒色になります。

問64-22　ディーゼルエンジンの排気色が通常より白くなる原因として適切でないものは，次のうちどれか？

(1)　オイルパン内のエンジンオイルが多すぎる。
(2)　ピストンリングのオイルリングが摩耗している。
(3)　シリンダーに亀裂が入って冷却水が漏れている。
(4)　各シリンダーの出力が不揃いで，過負荷のものがある。

答　(4)

解　説

ディーゼルエンジンの排気色の表を参照（261p)。

(1)　エンジンオイルが多すぎると，巻き上げて燃焼し，排煙が白くなります。

(2)　ピストンリングのオイルリングが摩耗していると，オイルがシリンダ内に漏れて排煙は白くなります。

(3)　シリンダー内に冷却水が漏れると，排煙は白くなります。

(4)　出力が過負荷になると不完全燃焼となり，排煙は黒くなります。

ディーゼルエンジンの排気が通常より白くなるのは，いくつかの原因が考えられます。白い排気ガスは通常，エンジン内で何らかの形で水分や未燃焼の燃料が関与していることが考えられます。

① 　エンジンが冷えているときや，湿度の高い条件下で，排気系統内に凝縮水が形成されることがあり，この水分が，エンジンが暖まるにつれて蒸発し，白い排気ガスを発生させます。

② 　エンジンの冷却系統から冷却液が漏れて燃焼室に入り込むと，冷却液が燃焼して白い煙が排出されることがあります。

③ 　燃料噴射システムに問題がある場合，ディーゼル燃料が適切に燃焼せず，未燃焼の燃料が排気ガスとして発生することがあります。

④ 　特に低温環境下では，エンジンが適切な運転温度に達するまでの間，燃焼が不完全になりやすく，白い排気ガスが発生することがあります。

⑤ 　オイルパン内のエンジンオイルが多すぎる場合，燃焼室内でオイルが燃焼し，白い煙が排気ガスとして排出されることがあります。

問64-23　エンジンが異常を示した場合の対処について述べた次の文のうち，適切でないものはどれか？

(1)　エンジンが異常に振動する場合は，エンジンの取り付けや，燃料への水の混入などを調べる。

(2)　排気色が黒い場合は，高回転で運転を行った後にエンジンオイルの量を確認する。

(3)　異常な臭気がある場合は，エンジンの回転数を落とし，冷却水温度や電気配線などを確認する。

(4)　警告灯が点灯した場合は，直ちにシフトレバーを中立にし，点灯した箇所の系統を調べる。

答　(2)

解　説

(2)　排気色が黒い場合は，不完全燃焼の場合が多くあります。排気色が白であればオイルの燃焼です。

問64-24　ディーゼルエンジンの警報盤について述べた次の文のうち，適切でないものはどれか？

(1)　警報盤のスイッチは，エンジンを始動し，十分に暖機運転してから入れる。
(2)　放置するとエンジンに大きな支障をきたすような主要系統の異常を監視している。
(3)　運転中にエンジン各部のセンサーが異常を検出すると警報ランプや警報ブザーで知らせる。
(4)　オルタネーターが故障した場合は，チャージランプが点灯したままとなる。

答　(1)

解　説

(1)　警報装置はエンジンのスタータースイッチを入れると同時に作動開始します。
(4)　オルタネーターは，エンジンが回転する力の一部を電力に変換し，電力を各部に供給する装置です。余力の電力はバッテリーに蓄えられます。

問64-25　警報装置の充電警告灯が点灯した場合にとる処置として適切でないものは，次のうちどれか？

(1)　オルタネーターの配線接続部を確認する。
(2)　Ｖベルトが緩んでいないか確認する。
(3)　エンジンオイル量が不足していないか確認する。
(4)　バッテリーターミナルの接続状態を確認する。

答　(3)

解　説

充電警告灯なので，バッテリー関係に対する処置となります。

(3)エンジンオイル量については，充電警告灯は関係ありません。

(1)(2)オルタネーターによるバッテリー充電に関係しています。

・オルタネーター：エンジンのクランクシャフトで直接，またはVベルトで駆動される交流発電機です。この電気を直流に変換して，バッテリーを充電するとともに，各電気装置へ給電します。

問64-26　警報装置の冷却海水流量警告灯が点灯した場合にとる処置として適切でないものは，次のうちどれか？

(1)　キングストンバルブが開いているか確認する。
(2)　冷却水系統のホースから水漏れがないか確認する。
(3)　海水ポンプが故障していないか確認する。
(4)　オイルフィルターが詰まっていないか確認する。

答　(4)

解　説

冷却海水流量警告灯の点灯なので，冷却水系統の以下について確認します。

1）キングストンバルブが開いていないか，又はゴミが詰まっていないか。
2）冷却系統のホースから水が漏れていないか。
3）海水ポンプが故障していないか。

オイルフィルターは冷却水関係ではなく，潤滑油系統であり潤滑油圧警告灯が点灯した場合に確認します。

問64-27　船内外機で航行中，シフトレバーを操作してもクラッチがつながらず，前後進にシフトできなくなった場合，その原因として考えられないものは，次のうちどれか？

(1)　シフトケーブルが切断した。
(2)　クラッチの歯車が滑るまですり減った。

(3)　シフトレバーとシフトケーブルの接続部が外れた。

(4)　プロペラに何かが当たって変形した。

答　(4)

解　説

シフトレバー，シフトケーブル，クラッチ関連の異常が原因と考えられます。プロペラの変形は前後進へシフトには関係しません。

図の出典一覧：

番号　出典

（1）　アドベクション　https://advectionfog.net/voyage/setouchi-kanmon.html

（2）　ウィキペディア　https://ja.wikipedia.org/wiki/%E6%B5%B7%E9%99%B8%E9%A2%A8

（3）　お天気.com　https://hp.otenki.com/4315/

（4）　海技塾.com　https://kaigijyuku.com/archives/3635

（5）　海上保安庁　https://www.kaiho.mlit.go.jp/02kanku/sakata/root_sea_safety/root_sea_safety1/2-1-4rigan-kakou.pdf

（6）　舵社「小型船舶操縦士　学科教本Ⅰ、Ⅱ」http://www.kazi.co.jp/public/book/bk06.html

（7）　気象庁　https://www.jma.go.jp/jma/kishou/know/typhoon/2-1.html

（8）　グーグルマップ　https://www.google.co.jp/maps?hl=ja

（9）　国土地理院　https://www.gsi.go.jp/KIDS/KIDS08.html

（10）　コトバンク https://kotobank.jp/word/%E4%BD%8E%E6%B0%97%E5%9C%A7-99924

（11）　成山堂書店「読んでわかる 三級航海 航海編　改訂版」https://www.seizando.co.jp/book/4303/

（12）　日本財団 電子図書館　https://nippon.zaidan.info/seikabutsu/2002/00200/contents/023.htm

（13）　満点星　https://mantenbosi.exblog.jp/29646391/

（14）　ヤンマー　https://www.yanmar.com/jp/about/technology/technical_review/2020/0326_6.html

小型船舶操縦士免許関連ホームページ（2024年2月現在）

・（一財）日本海洋レジャー安全・振興協会「ボート免許」
http://www.jmra.or.jp

名称	住所	電話番号	FAX	メールアドレス
北海道事務所	〒047-0031 北海道小樽市色内 1-9-1 松田ビル 1F	0134-32-5123	0134-32-4371	hokkaido @jmra.or.jp
東北事務所	〒985-0016 宮城県塩竈市港町 1-4-1 マリンゲート塩釜 2F	022-364-2281	022-364-2287	tohoku @jmra.or.jp
信越事務所	〒950-0982 新潟県新潟市中央区堀之内南 3-1-21 北陽ビル 3F	025-283-1996	025-283-1994	shinetsu @jmra.or.jp
関東事務所	〒231-0005 神奈川県横浜市中区本町 4-43 A-PLACE 馬車道 7F	045-201-1222	045-201-1088	kanto @jmra.or.jp
中部事務所	〒460-0021 愛知県名古屋市中区平和 1-23-16 ミタチ第 2 ビル 5F	052-331-0185	052-331-0180	chubu @jmra.or.jp
近畿事務所	〒534-0025 大阪府大阪市都島区片町 1-5-13 大手前センチュリービル 2F	06-6882-5846	06-6882-5848	kinki @jmra.or.jp
四国事務所	〒760-0018 香川県高松市天神前 10-1 高松天神前ビル 2F	087-837-6399	087-837-6385	shikoku @jmra.or.jp
九州事務所	〒801-0852 福岡県北九州市門司区港町 6-2 九州ビル 3F	093-332-1537	093-332-1337	kyushu @jmra.or.jp
沖縄事務所	〒900-0016 沖縄県那覇市前島 2-21-13 ふそうビル 11F	098-861-0474	098-868-5636	okinawa @jmra.or.jp
特定事業本部	〒231-0005 神奈川県横浜市中区本町 4-43 A-PLACE 馬車道 9F （旧：セボン関内第 2 ビル）	045-264-4172	045-264-4197	main @jmra.or.jp

著者紹介

片寄 洋一（かたよせ よういち）

一級海技士（航海），一級海技士（通信），海事補佐人，海事代理士，通関士，他資格・免許多数。

外航船船長，通信長を歴任（日本籍，米国籍，ポルトガル籍，ギリシャ籍，パナマ籍船等）。

法政大学文学部地理学科，同史学科，中央大学法学部，慶応義塾大学経済学部，各卒。

現在，海事事務所代表，高等専門学校講師，著述活動，その他。

國枝 佳明（くにえだ よしあき）

神戸商船大学卒業

独立行政法人航海訓練所練習船船長

国立大学法人東京海洋大学教授を経て

現在：独立行政法人国立高等専門学校機構

　　　富山高等専門学校校長，一級海技士（航海）

新訂　ステップアップのための
一級《いっきゅう》小型船舶操縦《こがたせんぱくそうじゅう》士《し》試験問題《しけんもんだい》
【模範解答《もはんかいとう》と解説《かいせつ》】　改訂増補版

定価はカバーに表示してあります。

2021 年 7 月 28 日　初版発行
2024 年 3 月 28 日　改訂増補初版発行

著　者　片寄　洋一，國枝　佳明
発行者　小川　啓人
印　刷　三和印刷株式会社
製　本　東京美術紙工協業組合

発行所 株式会社 成山堂書店
〒 160-0012　東京都新宿区南元町 4 番 51　成山堂ビル
TEL：03（3357）5861　　FAX：03（3357）5867
URL　https://www.seizando.co.jp
落丁・乱丁本はお取り換えいたしますので，小社営業チーム宛にお送りください。

ISBN 978-4-425-00087-6